U0382377

本书为国家社科基金艺术学项目（08CA59）最终研究成果、
江西省2011协同创新中心和国家社科基金重大招标项目（12&ZD132）
资助阶段性成果

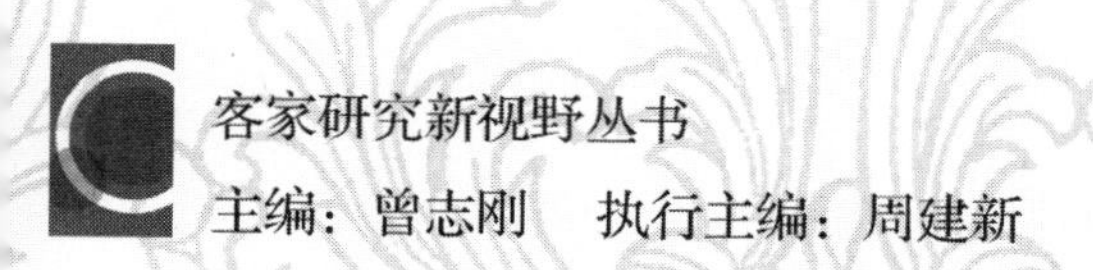

客家服饰的艺术人类学研究

周建新　张海华◎著

中国社会科学出版社

图书在版编目（CIP）数据

客家服饰的艺术人类学研究/周建新，张海华著．—北京：中国社会科学出版社，2015.3
（客家研究新视野丛书）
ISBN 978－7－5161－5249－2

Ⅰ.①客… Ⅱ.①周… ②张… Ⅲ.①客家人—服饰文化—文化人类学—研究—中国 Ⅳ.①TS941.742.811

中国版本图书馆CIP数据核字(2014)第297506号

出 版 人 赵剑英
责任编辑 卢小生
特约编辑 林 木
责任校对 邓雨婷
责任印制 王 超

出 版 中国社会科学出版社
社 址 北京鼓楼西大街甲158号
邮 编 100720
网 址 http://www.csspw.cn
发 行 部 010－84083685
门 市 部 010－84029450
经 销 新华书店及其他书店

印刷装订 三河市君旺印务有限公司
版 次 2015年3月第1版
印 次 2015年3月第1次印刷

开 本 710×1000 1/16
印 张 17.5
插 页 2
字 数 296千字
定 价 65.00元

凡购买中国社会科学出版社图书，如有质量问题请与本社营销中心联系调换
电话：010－84083683

总　序

客家人是汉民族的重要支系，主要居住于闽粤赣三省交界区域，分布遍及全球各地，是世界上分布范围最广阔、影响最深远的族群之一。客家人在中华民族悠久的历史进程中做出了卓越的贡献，在长期的迁徙和发展中，客家人吸纳了中华民族不同历史时期、不同地域的文化养分，汇成了蔚为大观、源远流长的客家文化，在方言、饮食、建筑、风俗、岁时节庆、民间信仰等方面特色鲜明、内涵丰富。自20世纪30年代罗香林先生开创客家学以来，客家研究取得了长足的发展，客家学作为一门独立的学科，借鉴了历史学、人类学、民族学、民俗学、语言学等学科的理论与方法，逐步发展成为一门以“客家”为研究对象，以“客家”的历史、现状、未来及客家语言、族群认同等为主要内容，并揭示“客家”的形成、演变的综合性学科。

客家文化是汉民族中一个系统分明的地域文化，具有我国地域文化普遍特征的文化形态，是中华民族文化不可或缺的重要组成部分；客家文化又是一个极具特色的族群文化，客家人对自身文化与族群有着高度的自觉与认同感，以对文化的坚守和传承及其突出的族群凝聚力和向心性而著称。客家社会处于汉族边陲地带，他们的特殊性展现在发展过程中长期与少数民族维持密切的互动，但在族群意识上又坚称自我为汉族血统之精粹。所谓的客家文化即在这两种不同张力的互相拉锯中形成。因此，客家社会文化研究，不能停留在汉文化或客家文化的种族中心论视野，必须从族群互动的角度，探讨客家社会在不同区域的族群关系与历史文化发展过程。

自清代以来，聚居于闽粤赣交界区的客家人在与土著的摩擦和接触中渐渐发展出显著的族群意识，他们宣称，自己是中原南迁的汉人后裔，保持了纯正的汉人文化与传统，以此区别于周边族群。客家的族群认同也随着客家人迁居海外及我国港澳台地区而四处播散，成为全球性的族群认同。在我国众多族群中，这种强烈的族群文化传播与认同具有相当的独特性，因此，对客家族群与文化的研究应更多地注重其自身的认同，并尽量从客家人自己的言说来理解客家族群的历史，从认同的角度切入，将客家族群视为一个动态的历史过程。

客家是中华民族的重要成员。以客家文化为纽带，以客家学术研究为媒介，可以充分发挥客家人在海内外交流"文化使者"的作用，对客家族群与认同的研究，将有助于我们深刻地理解中华民族多元一体的格局，是阐释作为文化传统具有延续性的中华民族认同的一个典型案例。关于客家文化与认同、客家族群意识的探讨，其中最具代表性的是华裔澳大利亚学者梁肇庭。梁肇庭先生结合施坚雅的宏观区域理论与人类学族群理论，对客家史研究进行全新的理解。客家人在宣扬族群认同的同时，又十分强调其中国性，保持着明确的国家认同，表现尤其明显的是后来迁居于海外及我国港澳台地区的客家人，他们的寻根意识及各种社团皆以爱国为宗旨，形成族群认同与国家认同的高度统一。比如，在中国台湾，客家人有450万人之多，他们对中国台湾的政治、经济和文化起着举足轻重的作用。通过客家历史文化研究，可以充分体现海峡两岸客家同根同源、同文同种，台湾人民与祖国大陆不可分割的血脉关系。

自人类起源，就开始了迁移，伴随着迁移，人类开始分化并构成不同的人群和社会。即便在安土重迁的中国文化中，任意打开一本族谱，迁移是最重要的历史记忆。因此，作为一个历史悠久的移民性族群，对客家的研究有助于丰富我们对中华民族历史的理解，深化我们对中华民族统一多民族共同体的深刻认识。正如全国人大常委会原副委员长许嘉璐先生所说："客家文化可以说是中华文化的缩影、典型、样板，或曰范式，是中国人民献给人类的一份厚礼。保护、弘扬和创新客家文化，是客家之所急需，中国之所急需，世界之所急需。"因此，深入研究客家文化，既有着重要的理论价值，又具有重大的现实意义。

在这里回顾过往的客家研究，不仅是为了理清客家学之历史脉络，更是为了表达一个期望，即希望客家学研究可一路向前，而"客家研究新视野丛书"正是其中的浓墨重彩的一笔。该丛书由江西省2011协同创新中心、江西省首批高校人文社会科学重点研究基地、江西省首批非物质文化遗产研究基地赣南师范学院客家研究中心策划，旨在推出一批高质量、高水平的客家研究著作，选取当前客家学界一批中青年学者的最新研究成果，力图呈现研究论著视野的新颖性、理论的前沿性与文献资料的完整性和系统性，提升客家研究的理论水平，扩大客家学在国内外学术界的影响。

丛书的编者和作者相信，现阶段的客家研究不应该是宏大叙事风格下的、面面俱到的研究取向，而应该是通过具体事项、具体区域或具体个案的具体研究以表达出对客家问题的整体了解。因此，丛书的作者突破了过往研究试图通过某单一学科，如历史学或人类学，研究客家问题并将其置于学科分类体系之下的构想，而采取了跨学科的研究取向，而努力将各个学科的前沿理论与方法应用其中。文献分析法与田野调查方法、文字史料与口述史、共时性分析与历时性分析、社会结构范式与社会行动范式等在其中得到了应用，并有了极佳的切合点。虽然每一本书的研究问题、研究对象都可以说是相对独立的个案，但每一个个案却与客家研究整体把握相联系，立足于客家研究的整体关怀中。换句话说，每一位作者都是以具体区域、具体事项或具体个案的研究分析以回应宏大的客家问题，这个问题是历史学意义上的，是人类学意义上的，是普遍学科意义上的。

这一套丛书最大的意义在于：

第一，视野的新颖性，即由关注客家问题的“共同性”向“地方性”转变，同时将“结构”与“变迁”两个概念很好地结合在一起，从而关注到了地域文化、地方崇拜、社会经济变迁及族群问题等的动态过程。同时，丛书的作者已经认识到，客家研究不仅要阐述客家历史的客观性，而且要关注客家人在构建“客家”过程中的能动性，甚至要反思客家研究本身是如何在“客家”构建过程中被结构化及这种结构如何影响客家人的行动。

第二，理论的前沿性，即将历史学、人类学、民族学、民俗学、符号学、现象学及考古学等引入研究中；西方人类学领域的象征人类学理论应用于阐释如服饰、饮食、民居、音乐、艺术及信仰等具体的客家文化事项，族群理论应用于解释客家族群意识、形成、互动等问题；社会经济史领域的区域研究理论应用于地方社会变迁及构建等问题。与此同时，丛书作者采用了多种学科的理论与方法，并贯穿在研究过程之中。“深描”、“族群边界”、“结构过程”等前沿理论概念在丛书作品中也被不同程度地使用。

第三，文献资料的完整性与系统性，即突破以往研究只注重文字资料的使用，而开始采用口述史资料。丛书的作者没有枯坐在书斋里，而是开始接触具体的研究对象，进行实地调查，把“获得材料与死文字结合起来”。丛书作者结合使用田野调查与文献分析的方法，到具体的地域，采访地方精英与普通民众，收集地方文献与民间文书。由此，正式史料、民间文献与口述传说、民间表述等综合应用到客家研究的“全息信息”采集分析过程之中。

近一个世纪以来，世界范围内的客家研究由肇始阶段走向学科建设和蓬勃发展之时，研究成果已在梳理史料、论证源流、文化考究等方面颇有建树。然而，诸前辈研究之视野始终未有突破，学科界限依然清晰可见，且分散性的研究止于就事论事而未能形成理论体系。直至今日，客家研究仍未能对客家问题形成整体性、系统性的学术关怀。近年来，江西、福建、广东等地的中青年客家学者引入多个学科的前沿视角，收集多个领域的翔实材料，形成了一批深入讨论客家问题的成果与论著。赣南师范学院客家研究中心顺势而为，选取其中一些相对独立而又相互连贯的精品著作，组织出版“客家研究新视野丛书”，构建一个相对系统的客家研究丛书库，力图对客家问题形成整体性关怀。

此次出版的“客家研究新视野丛书”为第一辑，由曾志刚教授任主编，周建新教授任执行主编，本辑共有 8 部著作，其研究对象与时空范围涉及唐宋以来客家文化的多个面向。唐宋以来儒家文化开始在赣闽粤边区传播，邹春生博士著的《文化传播与族群整合——宋明时期赣闽粤边区的儒学实践与客家族群的形成》指出，儒家文化在赣闽粤边区的传播促使当地多元族群产生“文化认同”，从而形成“客家”共同体。宋元时期，汀州社会经济历经巨大变迁，靳阳春博士著的《宋元时期汀州区域开发与客家民系形成》提出，宋代闽西山区交通的发展促进汀州经济发展，而元初以来的畲汉联合抗元斗争促进族群融合又壮大了在南宋形成的客家民系。明中期以来，赣闽粤边界地区普遍经历“正统化”过程开始，黄志繁博士等合著的《明清赣闽粤边界毗邻区生态、族群与“客家文化”——晚清客家族群认同建构的历史背景》一书以赣南营前镇、粤东百侯镇为个案力证在晚清“客家文化”被建构成“中原正统文化”的历程中，“正统化”在其中起着重要作用。黄韧博士著的《神境中的过客：从曹主信仰象征的变迁看岭南客家文化的形成与传承》一书独辟蹊径，结合民间信仰、早期移民、族群互动与区域经济等方面，采用历史人类学、结构人类学和解释人类学等研究范式，并纳入历史学、政治学、社会学及区域研究的理论视角，深入研究了广东北部曹主信仰。在人类学整体性视阈中深入阐释了粤北地区宗教信仰的文化变迁与地方社会发展的密切联系，指出北江流域的商业活动带动曹主娘娘信仰的传播，同时神话系统内又整合了不同群体的流动、互动、融合及冲突的记忆。该著作以全球化视角与中国人在国外的在地化经验研究重新审视客家问题，可谓是客家学研究又一新的视野。

历史上，随着大批中原族群南迁至赣闽粤边区，当地社会经济得以迅速发展，国家统治及儒家文化亦纷至沓来，使得赣闽粤边区由“化外之地”转为“化内之地”，客家文化认同遂于此发轫。同时，交通的发展进一步增强了闽粤赣地区各个族群间互动与融合，文教的发展促进了客家文化形成。最终，客家人的自我认同在波澜壮阔的冲突与斗争中形成并不断得以发展壮大。其中，“客家文化”在一定程度上是在生态变迁和族群关系中借由赣闽粤边界地区普遍经历的“正统化”过程所建构的。然而，“客家”并非是一个恒定不变的范畴，其往往在与“他者”的互动过程中不断变化，且客家族群的世界性流动经验往往不折不扣地在超自然象征系统中呈现。总之，客家族群的形成既是一个自我认同的过程，也是“他者”所建构认知的过程。故此，上述四部著作是将“客家”置于族群认同与族群互动中，结合共时性研究与历时性研究、静态分析与动态分析，全方位地考察了客家族群形成与发展的过程及其内外因素。

同时，“客家研究新视野丛书”第一辑著作涵盖了对多种客家民俗文化事象的深入探讨。该丛书第一辑由曾志刚教授任主编、周建新教授任执行主编。周建新教授与张海华副教授将客家服饰置于客家文化历史脉络之中进行多视角、多层次的跨学科研究，其著《客家服饰的艺术人类学研究》完成了对客家服饰的视觉识别、行为识别及理念识别过程，并指出其属于“器物文化”、“活动文化”及“精神文化”的范畴，所呈现的是客家文化与精神特质。肖文礼博士对赣南地区礼俗仪式中的艺术行为和音乐活动进行分析，她在《岁时节日体系中的赣南客家仪式音乐研究》一书中提出，客家文化在岁时节日体系中是具化的事项，即具体的时空下借由祭祖、庙会、独有仪式及国家展演所呈现的族群情感与族群关系等。王维娜博士在具体的语境中考究了福建长汀客家山歌，写成《传承与口头创作：地方知识体系中的客家山歌研究》，认为长汀客家山歌未因演唱空间改变而消失，根本在于其地方性知识体系的传承，同时地方性知识中还蕴含着歌手演唱和创作的根源。温春香博士关注宋元以来赣闽粤毗邻区的族群认同与文化表述问题，其著《文化表述与族群认同——新文化史视野下的赣闽粤毗邻区族群研究》指出，明代闽粤赣毗邻区的大规模动乱及明中后期以来的社会重组导致文化表述的转变，即借用一套文化的逻辑和汉人的意识以达成历史书写，并与历史进程并驾齐驱促成族群身份认同。

服饰乃个体与群体进行自我身份标识的最直接手段之一，客家服饰在视觉、行为及理念上的差异，蕴含其中的往往是族群性的范畴，即客家族群所持的独特属性。而音乐作为沟通人与天地的神圣手段，仪式上音乐所呈现的是客家人的宇宙观、价值观、人生观及族群认同的观念，形成了一套客家人所共享的独特精神文化。同样，声音作为人与人之间交流信息与传承文化的载体，客家山歌体现了客家人的价值观、爱情观、历史观和社会观念，传承客家山歌的背后是对客家文化及其精神特质的传承。最后，客家族群区别于其他任何族群在很大程度上是借由历史及文本的书写所表述的，而现阶段所呈现的任何一种文化特质都是一种由文化表述所构建的文本。总的来说，上述四部著作将学科关怀转向民俗学，通过考察非常具体且物化的民俗，呈现出具体民俗作为文本的表象及其背后的文化意涵，展示了客家族群的“异”与“同”。

诚然，“客家研究新视野丛书”的每一著作都归属于“客家研究”这一大命题，既在一定程度上继承了前辈的研究成果，也在已有研究的基础上阔步前行，深入把握客家之意涵，拓宽研究客家之视野，明确探索客家之方法。客家人是一个既重视传承又注重创新的族群，坚守着其独有的族群文化特质，开放地流向于全球的每一个角落并吸收“他者”优异的文化特质而具有极强的生存力。随着全球化过程的推进，传统的客家文化与客家精神也在全球范围内生根发芽。因此，“客家研究新视野丛书”的出版必然对整体把握客家、了解客家，甚至对重新理解客家、建构客家都有着深奥而久远的意义。同时，该丛书力图建立一门独立的客家学学科，并超越地方性研究的范畴，而将其推向单一族群全球性流动研究的领域。我也衷心祝愿客家研究取得更多更大的成果。

中国正处在急剧的变迁之中，社会转型、文化转型成为重要的学术命题，笔者提出，中国从地域性社会向移民社会的转型就是其一。这就是随着人群流动的频繁，城市化的加速，那种单一人群构成的地域社会不复存在，而更多地表现为多人群多族群共生构成的移民社会。作为地域性特征明显的客家族群也正在经历着这一变迁，而这种经历、变化也对客家研究提出了新的挑战！

是为序。

2015年春于康乐园

（周大鸣：长江学者特聘教授、中山大学社会学与人类学学院教授）

序

客家传统服饰是客家人在长期的生产、生活中所创造的服饰艺术，其种类多样，工艺精湛，文化内涵丰富，融入了客家人的民俗风情、艺术智慧和审美情趣，是汉族服饰艺术的一朵奇葩。同时，客家传统服饰又具有朴素耐脏、宽松肥大、实用性强以及以靛青、蓝色、黑色等素色为主要色彩和以夏布、葛布和棉布为主要制作材料等特点，体现了客家人与自然和谐共处的能力。客家人是汉族的一支，是真正的汉族，以尊崇传统、敬奉祖先、勤于耕读著称。当大多数汉族传统服饰已在生活中基本消失的时候，客家人却还保持着自己的传统服饰，实为难得可贵。总体来看，客家服饰虽源于中原传统服饰，但是同时也吸收与借鉴了客家人迁徙地的瑶、畲以及壮等南方少数民族服饰的长处，从而形成了客家服饰既区别于中原传统服饰又不同于当地少数民族的特色。也正是它的这种融合多元文化的特征，伴随着客家研究热潮的掀起、客家族群意识的不断崛起以及客家传统服饰保护、传承与创新发展的现实需求，客家服饰成为了中国民族服饰研究中的典型个案，从而不断走入学者的视野。

摆在我面前的这部《客家服饰的艺术人类学研究》大作，无疑就是这方面的代表性成果，显示出两位作者深厚的功力与水平。特别是周建新博士，他是一位十分优秀的中青年学者，也是我曾经一起工作过的同事和朋友。我认识他是在广州中山大学的一次访问中，当时他正在该校攻读文化人类学博士学位，导师为著名人类学家周大鸣教授。周建新博士给我的印象是治学态度严谨，知识结构完整，勤奋好学，聪慧敏锐，英气俊朗，具有很高的专业素养和业务水平。因此，我力邀他前来北京服装学院，与我一道建设中国民族服饰博物馆。当时我馆是中国民族服饰研究会的依托单位，并拥有中国民族服饰文化研究中心、少数民族艺术学科硕士点、传统工艺实验室等多个重点科研学科平台以及多个精美的民族服饰展馆。在对博物馆做了一番考察后，周建新博士毅然放弃了几所著名大学的邀请，来到北京服装学院，进入民族服饰研究领域，协助我建立了中国博物馆学会服装专业委员会、举办学术研讨会、指导研究生……。他以雄厚的学术功底，运用人类学研究理论与方法，投入大量的时间进行民族服饰文化及传统技艺等方面的资料收集和理论研究，著书立说，取得了不菲的成绩，很快就在这一领域崭露头角。当我正为他的快速成长而由衷高兴时，周建新博士提出要调离北京。说句心里话，在我眼里他是一位难得的优秀人才，我很希望他能继续留在北京从事学术研究，但他态度诚恳、心意坚定，我只好忍痛割爱，与他依依惜别。

客家研究是学术界的一门显学。赣南是客家人的主要聚集地，地处该地的赣南师范学院客家研究中心则是国内最著名的客家研究基地之一。周建新博士充分利用当地丰富的客家文化资源、基地浓厚的学术氛围以及自身在客家研究方面的学术积淀，在学术研究的道路上不断前进，专注于田野调查，潜心于著书立说，其研究成果和理论观点已经受到了学界前辈和同行的高度评价和充分肯定。正是这种坚持，使他在学术研究上取得了令人瞩目的成就，日益成为客家研究的新生代领军人物。尤其令我欣慰的是，回到客家聚居地的周建新博士找到了更大的事业平台，但他没有放弃服饰研究，而是从客家文化和人类学的视野将目光投向了客家服饰研究。《客家服饰的艺术人类学研究》就是新近涌现的一部力作。该成果以艺术人类学为视角，以田野调查和地方志书资料以及客家服饰实物为主要依据，将客家服饰作为客家文化的重要载体，采用宏观和微观相结合的方式展开了深入研究。具体来看，作为第一部从文化人类学视角专门研究客家服饰的专著，其主要价值在于：

第一，本著作具有集客家服饰研究之大成的重要意义。作为迄今我国客家服饰研究领域最全面的、最新的成果，其填补了客家服饰研究的空白。在该著作中，作者以古证今，在综合大量历史文献、实物资料以及前人研究成果的基础上，结合考察调研，对古代和现代客家服饰做了细致的分析梳理，并以客家主要聚居地——赣闽粤边区的客家服饰为主要研究对象，从客家服饰的形成演变、移民精神、文化融合、民俗特色、服装材料、制作工艺、艺术风格、当今状况等方面，对客家服饰做了详尽的阐述，尽可能反映出了客家服饰的原有风貌和穿着习俗。

第二，本著作不但从宏观视角梳理了客家服饰研究的现状，并以客家服饰的形成发展为依据，明确界定了“客家服饰”、“客家传统服饰”、

“客家现代服饰”三个概念；划分了客家服饰形成发展的五个历史阶段；提出了客家服饰所具有的移民精神、文化融合和地理环境特色及其“雪球模式”，而且从微观视角发掘了赣闽粤边区客家传统服饰的表征意义与符号价值。这些无疑是一种具有创新意义的学术突破。

第三，本著作具有重要的现实意义，符合我国当前保护各民族处于濒危状态中的非物质文化遗产的方针。其从艺术人类学的视角，不但清晰而客观地梳理了客家服饰的文化渊源、文化特色以及文化意义，而且坚持文化多样性，强调文化持有者对于自身文化的自觉意识以及文化保护中内外因素的重要作用的思考，从而表现出作者高超的人文学养和积极的现实关怀。而其对于客家服饰的整体解说和重塑客家传统服饰识别系统的作为，则不但有利于在理解客家传统服饰的基础上，将具有典型性的赣闽粤边区的客家传统服饰艺术与文化纳入国家非物质文化遗产保护范围，进行保护传承以及推进客家现代服饰设计和客家现代服饰文化的建构，而且有利于在立足于经济发展的大背景下，合理开发客家服饰潜在的商机，促进地方经济与文化的双赢。

作为客家人，我对于周建新博士专注于客家研究怀着一份感激之情，也对客家文化的未来发展充满期待。

是为序，并衷心祝愿周建新博士取得更大成绩，实现新跨越！

杨　源

2015 年初春于北京

目　录

第一章　绪　论

人类与服饰有着零距离的密切关系，人们常把服饰喻为“第二皮肤”①，在人类创造的所有物质文明中，它可以被视为最直观、最形象反映人们日常生活及观念的文化形式，是人类文化变迁及文化心理外化的重要载体。由此足见服饰的意义与价值是在蔽体、保暖与装饰的同时承载特定的文化信息，它可以帮助我们探寻一个民族/民系的历史及心理的发展变迁，帮助我们识别一个民族/民系的文化特征。

色彩斑斓的民族服饰是我国珍贵的民间艺术和文化遗产。目前我国学术界对其研究主要集中在少数民族服饰上，并已取得较丰硕的成果，然而对于占我国人口绝大多数的汉族服饰文化，其研究却十分薄弱，这是一个很大的缺憾。

客家是我国汉族的一个重要支系，客家服饰是汉族服饰的重要组成部分和典型代表，是客家人在长期生产、生活中，以中原汉服为基础，吸收了生活在赣闽粤边区的畲、瑶等少数民族的服饰元素，并逐渐适应当地地理环境而发展起来的艺术结晶。它源于中原汉人服饰，又有移垦生活和在地化的强烈特征，具有独特而丰富的文化内涵、艺术特色和浓郁的地方色彩，是我国传统服饰的一朵奇葩。但自近代以来，客家服饰和其他传统服饰一样，不断受到现代服饰时尚化、潮流化和世界化的冲击，逐渐被边缘化，甚至面临消失的危险。这让本研究具有强烈的必要性以及紧迫性。

---

① ［美］玛里琳·霍恩：《服饰：人的第二皮肤》，乐竟泓、杨治良译，上海人民出版社1991年版。

第一节　客家服饰研究的目的和意义

我们党和国家历来高度重视弘扬传统文化、保护文化遗产，党的十六大明确提出“扶持对重要文化遗产和优秀民间艺术的保护工作”，2005 年 3 月和 12 月，国务院先后下发了《关于加强我国非物质文化遗产保护工作的意见》和《关于加强文化遗产保护的通知》，并决定从 2006 年起每年 6 月的第二个星期六为我国的“文化遗产日”。这为本书的写作提出了要求，明确了方向。

本书的研究目的可概括为以下几点：

（1）通过梳理客家服饰的形成原因、流变阶段、品类形制、装饰特点、工艺流程、民俗习惯、审美特质与精神内涵等内容，构建客家传统服饰文化特色的识别体系，促进对客家服饰的整体理解。

（2）分析归纳并比较客家服饰与中原民间服饰、畲族服饰之间的异同，促进认知和体验客家民系与中原汉族及不同族群间的文化关联，进而促成族群间的认同与融合，使文化朝着多元与一体的辩证方向发展。

（3）通过对客家服饰不同层次形态的分析，提炼出对其保护与传承的要点及启示。

本书具有较大的学术价值和现实意义，主要体现在以下几个方面：

（1）本书首次对赣闽粤边区这个客家大本营的客家服饰进行全面系统研究，可加深对汉族服饰和民间艺术的认识，有助于丰富和构建我国民族服饰文化和民间美术的学科体系。因此无论研究内容还是研究范围，都具有较强的综合性和广泛性。

（2）本书通过借鉴人类学、艺术学、哲学、美学、心理学、传播学、地理学和符号学等学科的新成果、新方法，探寻多角度、多层面解读和全景式解读的方法，特别是将客家服饰纳入文化生态中进行思考，探寻一种生态解读方式。这些探索无疑将会具有一定的学术价值和理论新意，具有一定的前沿性。

（3）本书将客家服饰整体、系统地放在文化遗产保护的语境中进行思考，为人们认识、识别客家服饰提供资料与思路，有利于传承和弘扬客家传统服饰文化，促进我国民间艺术遗产的整体保护，具有重要的现实意义。

（4）本书研究将客家传统服饰与现代设计相结合，进行创新应用，不仅提升了研究的层次，而且有利于为客家地区的社会经济发展服务。作为客家人用以展演族群文化及身份的象征，客家服饰具有潜在的商机。随着海内外客家人联谊恳亲、文化交流和商贸洽谈等活动的普遍开展，亟须统一的、有代表性的客家传统服饰，促进客家人的认同，加强对外交往和客家文化、中华文化的传播，增强中华民族凝聚力。本研究将促进客家传统服饰资源转化为经济价值、文化力量，并应用于创意产业、教学和现代设计等领域，具有很大的应用价值。

第二节 客家服饰研究的现状与对象

一 客家服饰相关文献综述

客家学是当前学术界的一门显学，关于客家人的起源和形成、风俗习惯、宗教信仰、宗族社会、民居建筑等客家历史和社会文化是该学科研究的热点和重点。客家服饰研究借国内服饰的专题研究和客家学的兴起，得到一些学者的关注，取得了一定成果，但比较而言，客家服饰文化和艺术研究则不为人们所重视。

客家服饰研究缘起于“客家热”的不断升温和客家学术研究的不断深入。最早以“客家传统服饰”称谓为主题的直接研究是中国台湾学者林成子教授于 1981 年撰写的《六堆客家传统衣饰的探讨》[①]，这是首次从服装视角出发，讨论客家男装、女装、童装造型与轮廓尺寸的专题研究，并涉及了客家常服、礼服、发型，以及与闽族服饰的比较，采用了大量田野调查的第一手图片与笔记。1995 年，大陆学者郭丹与张佑周合著了《客家服饰文化》[②]，这是第一部客家传统服饰研究专著，该书参考《六堆客家传统衣饰的探讨》中的款式图片，从客家历史文化、民情风俗入手，对客家传统服饰文化进行了研究。这本专著也是学术界较早，而且是为数不多的探讨了客家传统服饰与中原、畲族服饰及文化关联的著作。此外，

① 参见杨舜云《从传统到创新：台湾客家服饰文化在当代社会的过渡与重建》，硕士学位论文，台湾辅仁大学织品服装研究所，2008 年，第 14 页。

② 郭丹、张佑周：《客家服饰文化》，福建教育出版社 1995 年版。

近年来与客家服饰相关的期刊文章、硕士论文有近百篇，主要涉及品类、纹样、工艺、历史和文化等方面，主要采用说明、概述、介绍、归纳的方法，较少使用比较分析等方法。对这些客家服饰的研究文献，本书主要从客家服饰的实物研究、文化内涵研究和综合研究三方面逐一进行述评。

（一）客家服饰的实物研究

客家服饰最有特色的是女性服饰和儿童服饰，典型代表是蓝衫（大襟衫）、大裆裤、冬头帕、凉帽、童帽、绣花鞋等，因此尽管客家传统服饰研究所涉及的研究范围是相当广阔的，但却又相对集中在女性和儿童服饰中的一些典型代表上。范强对客家妇女蓝衫的款式特点作了介绍，与中原服饰进行了文化差异的比较，还探讨了蓝衫风格与客家围屋的关联和蓝衫独特的审美意义。① 张海华、周建新将客家冬头帕的纹样符号分为祈福、生活用品、动植物、文字四类，并作了详细的考释，试图从中解读客家人的生存意识与状态。② 熊青珍、周建新对客家凉帽与妇女服饰造型的色彩关联性作了探讨，认为客家凉帽与客家妇女服饰色彩上是协调呼应的，二者是色彩上的“点”对形的关系。③ 王建刚等还着重分析了客家传统服饰及其色彩，认为客家传统服饰色彩较为单一，主要以黑、灰、蓝、白为主，这些朴素的颜色很符合客家人外柔内刚、勤劳节俭的性格特征。④ 陈东生等对客家儿童服饰作了分门别类的研究，认为儿童常服与大人服饰在款式上没有多大差异，仅是在选用面料上较之更为鲜艳，并指出客家童帽的图案、造型等具有别样的审美性。⑤ 张海华、肖承光深入田野取得资料，对客家童帽的造型结构、装饰、制作工艺进行了整体的分析论述，并指出了客家童帽文化目前面临着消亡的挑战与非物质文化保护的机遇。⑥ 周建新、钟庆禄对客家传统服饰的制作原材料苎麻、葛、棉、蚕桑和蓝靛等在赣南的种植、出产及相关贸易的情况进行了梳理和考察。⑦ 台

---

① 范强：《客家妇女蓝衫服饰》，《装饰》2006 年第 7 期。

② 张海华、周建新：《江西三南客家妇女头饰——冬头帕》，《装饰》2006 年第 10 期。

③ 熊青珍、周建新：《凉帽与客家妇女服饰造型色彩的呼应》，《装饰》2006 年第 3 期。

④ 王建刚、刘运娟、甘应进、陈东生：《客家服饰与色彩浅析》，《东华大学学报》（社会科学版）2009 年第 3 期。

⑤ 陈东生、刘运娟、甘应进：《客家儿童服饰研究》，《武汉科技学院学报》2007 年第 12 期。

⑥ 张海华、肖承光：《客家童帽文化初探》，《赣南师范学院学报》2003 年第 1 期。

⑦ 周建新、钟庆禄：《赣南客家传统服饰原材料之历史考察》，《华南农业大学学报》（社会科学版）2010 年第 2 期。

湾郑惠美则详细解析了台湾客家蓝衫的形制结构、襟头装饰、材质色彩和特色扣子，并论及创意蓝衫的新风貌。认为蓝衫的裁剪形式、襟头装饰及扣子的装卸方式，都隐藏着客家人勤劳节俭的生活智慧。[①]

服饰包括服装和配饰。目前学界对客家服装及其文化内涵的研究相对集中，对客家配饰的研究很少。笔者在中国期刊网上仅搜得甘应进、陈东生、刘运娟三人合写的一篇《客家妇女的配饰艺术》。此文重点研究了客家妇女的头饰、帽饰、足饰和首饰，认为客家妇女的配饰多以简朴为美，不尚奢华，把功能作用摆在首位，装饰摆在其次。[②]

（二）客家服饰的文化内涵研究

客家服饰文化与客家人和客家文化的形成具有密切关系，客家服饰是中原汉族服饰与南方少数民族服饰融合发展而来的。柴丽芳考察了客家民系的迁移史、迁居地的地理环境资源和民风等历史文化背景对客家传统服饰风格的影响，认为在上述历史背景下，客家传统服饰不可能奢华艳丽，只能形成简朴之风。[③] 魏丽对客家传统服饰的整体特点进行了详尽的论述，认为客家传统服饰既保持了中原汉族服饰的古风，又融合了南方少数民族服饰的特点，具有融合性[④]；刘运娟、陈东生、甘应进三人也认同此观点。[⑤] 反之，李筱文则从客家服饰特点看到了客家文化与南方民族文化的融合性，从反面也认同了魏丽等人的观点。[⑥]

客家服饰总体特色明显，即款式变化少，色彩较单调，材质就地取材，装饰不多，体现出自然简朴，不尚华丽，实用功能强的风格。李小燕对客家传统服饰文化作了简明扼要的介绍。[⑦] 刘运娟、陈东生、甘应进对客家女子服饰的演变作了整体的考述，将客家女子服饰的演变划分为明代中期至清末、清末民初和民初至 20 世纪中叶三个时期，并将各个时期客

---

① 郑惠美：《台湾客家蓝衫》，《客家文博》2013 年第 2 期。

② 甘应进、陈东生、刘运娟：《客家妇女的配饰艺术》，《东华大学学报》（社会科学版）2008 年第 4 期。

③ 柴丽芳：《“客家”民系的历史文化背景对其传统服饰风格的影响》，《安徽文学》2008 年第 4 期。

④ 魏丽：《浅谈客家传统服饰的特点》，《文化学刊》2008 年第 5 期。

⑤ 刘运娟、陈东生、甘应进：《浅析客家服饰文化的根源性与融合性》，《武汉科技学院学报》2008 年第 3 期。

⑥ 李筱文：《从客家服饰看其文化与南方民族文化之融合》，《中央民族大学学报》（哲学社会科学版）2002 年第 5 期。

⑦ 李小燕：《客家传统服饰谈》，《广东史志》2002 年第 3 期。

家女子服饰的形制及特点进行了归纳总结。[①] 周思中、张琳也将客家妇女服饰划分为明代、清代和民国三个时期进行了研究。认为明代是客家妇女服饰的形成期，服饰形制与中原服饰基本保持了一致；清代是成熟期，客家妇女服饰形制和文化特征基本形成；民国是消亡期，客家妇女传统服饰与现代服饰并存。[②] 孙倩倩也对客家女性服饰的制作材料、色彩特征、配饰和文化内涵作了归类介绍。[③] 邹春生对客家传统服饰的地域特征和服饰习俗进行了研究，认为客家传统服饰深受客家地区自然环境和族群文化的影响。[④] 刘利霞以近现代客家刺绣图案为研究对象，探讨了客家刺绣的图案构成、色彩等特点和呈现出来的文化特征。[⑤] 陈金怡、赵英姿对客家婚庆礼仪服饰进行了研究，认为客家婚庆礼仪服饰强调精神象征和注重嫁妆绣品的装饰。[⑥]

客家服饰是客家文化的有形物质，是客家文化的重要载体，凝聚着客家人历史文化的印迹、深层的集体意识、鲜明的族群特点、顽强的生存哲学、强烈的情感态度和丰富的艺术内涵，具有极高的文化和艺术价值。周建新、钟庆禄通过分析传唱传统客家服饰文化的客家山歌，认为客家传统服饰艺术蕴含着极高的艺术性和大量的生活信息，真实地再现了客家人的生产、生活和服饰习俗。[⑦] 钟福民考察了客家绣花鞋垫女红艺术，从中得出客家妇女具有节俭、热爱美、富有觉悟、有责任感、多情、勤劳等品性。[⑧] 吴秀娟详细分析了客家花帽的艺术，认为客家花帽在色彩上追求和谐平衡，在图形上存在象征寓意，并提出了要加强客家花帽的保护、理论研究和艺术创新。[⑨] 熊青珍深入探讨了客家妇女围身裙的艺术美，认为客家妇女围身裙在纹样造型结构上的单纯化，具有朴拙的线条美，在色彩上讲求实用，淡化等级礼制内涵。[⑩] 同时，她还在另一篇文章中阐述了凉帽

---

① 刘运娟、陈东生、甘应进：《客家女子服饰的演变》，《纺织学报》2008 年第 9 期。

② 周思中、张琳：《明清赣南客家妇女服饰的历史演变》，《创意与设计》2013 年第 4 期。

③ 孙倩倩：《客家妇女服饰研究》，《重庆科技学院学报》（社会科学版）2012 年第 22 期。

④ 邹春生：《客家传统服饰文化》，《寻根》2014 年第 2 期。

⑤ 刘利霞：《赣南客家刺绣图案和文化特征研究》，《黄河之声》2013 年第 20 期。

⑥ 陈金怡、赵英姿：《客家婚庆礼仪服饰的文化表现》，《艺术评论》2013 年第 11 期。

⑦ 周建新、钟庆禄：《客家服饰的艺术传唱与真实再现——以客家山歌为分析文本》，《艺术评论》2012 年第 10 期。

⑧ 钟福民：《从客家女红艺术看客家女性品格》，《赣南师范学院学报》2006 年第 4 期。

⑨ 吴秀娟：《客家花帽艺术语言》，《科技信息》（学术研究）2007 年第 19 期。

⑩ 熊青珍：《客家妇女“围身裙”的艺术美》，《江西金融职工大学学报》2007 年第 10 期。

在实用与线条造型的有机结合、追求线条的形式美感和独特的色彩结构式样等方面的艺术特色。① 张天涛就赣南客家传统服饰的礼制、色彩及纹饰作了考证，认为由于客家人生活环境、条件和远离政治中心等原因，致使服饰上的等级与礼制淡化，色彩上以素面为主，妇女和儿童服饰比较讲究装饰纹饰。② 郭起华从客家传统服饰的角度探讨了客家文化的特质，认为客家传统服饰体现了客家文化兼收并蓄的态度、务实避虚的作风、质朴无华的风尚、勤俭节约的美德和保守恋旧的文化心态。③ 肖承光、刘勇勤认为客家人崇尚蓝色，是源于族群长期漂泊、渴望宁静生活的心理需求及思念故土的忧伤情怀，也是为了适应异地环境、祈求子孙繁荣的精神寄托。④ 陈东生等通过分析客家妇女传统服饰的外在特征，得出客家妇女具有纯朴保守、勤劳节俭、坚忍刻苦、外柔内刚、心灵手巧等文化特质。刘运娟等从客家传统服饰的面料、款式、颜色等方面来说明客家人的节俭风俗。⑤ 陈东生等对客家传统服饰与闽南服饰、畲族服饰进行比较研究，发现客家传统服饰与畲族服饰有许多类似之处，而与闽南妇女服饰上的差异主要表现在发型和是否缠足上，同时客家传统服饰还展示出其简朴的民族特性。⑥ 金惠、陈金怡通过客家传统服饰与中原服饰、当地服饰的差异性、延续性和融合性三方面论述了客家传统服饰的边缘审美。⑦ 赵莉从客家文化内涵入手，对闽西客家传统服饰的风格特征进行了分析，认为客家传统服饰崇尚自然，不尚奢华。⑧

20 世纪以来，特别是改革开放以后，客家传统服饰逐渐退出客家人衣着的主流，现在除了在客家老一辈人的衣箱柜底能找出一些客家传统服饰外，很难发现还有人日常穿用。一般都是一旦老人过世，子孙们一把火

---

① 熊青珍：《客家妇女头饰——凉帽的艺术特色》，《嘉应学院学报》（哲学社会科学版）2005 年第 4 期。

② 张天涛：《赣南客家传统服饰的礼制特点和色彩纹样》，《艺术理论》2008 年第 4 期。

③ 郭起华：《从客家服饰看客家文化特质》，《韶关学院学报》（社会科学版）2008 年第 1 期。

④ 肖承光、刘勇勤：《客家服饰中的蓝色情结》，《赣南师范学院学报》2003 年第 3 期。

⑤ 刘运娟、甘应进、陈东生：《客家衣饰文化中的节俭之风》，《武汉科技学院学报》2007 年第 3 期。

⑥ 陈东生、刘运娟、甘应进：《论福建客家服饰的文化特征》，《厦门理工学院学报》2008 年第 2 期。

⑦ 金惠、陈金怡：《论客家服饰的边缘审美》，《丝绸》2005 年第 8 期。

⑧ 赵莉：《闽西客家传统服饰研究》，《山东纺织经济》2013 年第 3 期。

将其化为灰烬，这种璀璨的古老艺术目前正面临着前所未有的危机，它的保护、传承与创新是今天学界的义务与责任。在这方面有不少学者正在努力，做着一些抢救性的工作。柴丽芳解析了客家大裆裤的结构，并对其工艺进行了分析研究，认为客家大裆裤款式沿袭古风，简朴大方、宽松舒适，便于劳动；在裁剪上，节省布料，布料利用率高。① 陈金怡通过论述客家传统服饰之“俭”的四方面表现，得出对现代设计的启示：生态设计的关注，理性设计的提倡，简约设计的推崇，现代设计中的应用。② 李艳在《论赣南客家民间工艺的传承与创新》中也论及了客家传统刺绣艺术，认为客家传统民间工艺的传承与创新应坚持弘扬客家文化、光大客家精神、发展客家经济为主题。③

文化是一个综合体，是多种文化因子或不同文化相互碰撞与交融的结果，客家传统服饰文化的交融性尤为明显。因此，一方面，我们要将它与其他文化进行比较研究以发现其特色和内涵；另一方面，则要继续吸纳其他文化的元素来保护、传承、创新客家传统服饰文化。熊青珍、周建新通过对陶瓷青花与客家妇女蓝衫服饰的色调分析，阐述了它们在色彩组合、运用方面构成的独特色彩结构式样的色调美。④ 吴秀娟详细介绍了客家传统服饰文化的艺术特征和陶瓷装饰艺术特征，提出将客家传统服饰中的图案、色彩、文化精神等应用到陶瓷的装饰中去，论述了客家传统服饰文化与陶瓷装饰交融的创新观点。熊青珍将客家妇女服饰的造型、色彩以青花艺术的形式加以表现，运用陶瓷青花装饰艺术来诠释客家妇女服饰文化。⑤ 这些方法都是很有创意的，是传承与创新客家传统服饰文化的绝佳范例，值得倡导。

（三）客家服饰的综合研究

迄今为止，客家服饰文化研究的专著仅有郭丹、张佑周的《客家服饰文化研究》一书。⑥ 该书开篇介绍了客家人的形成、生活的地理环境和客家民俗风情，然后分门别类地介绍了客家男性服饰、客家女性服饰、客

---

① 柴丽芳：《客家大裆裤的结构与工艺分析》，《广西纺织科技》2009 年第 1 期。

② 陈金怡：《客家服饰之“俭”及其对现代设计的启示》，《丝绸》2009 年第 3 期。

③ 李艳：《论赣南客家民间工艺的传承与创新》，《赣南师范学院学报》2007 年第 5 期。

④ 熊青珍、周建新：《从审美角度审视陶瓷青花与客家妇女蓝衫服饰的色调美》，《中国陶瓷》2009 年第 5 期。

⑤ 熊青珍：《客家妇女服饰色彩与陶瓷青花装饰的结合》，《美术观察》2009 年第 2 期。

⑥ 郭丹、张佑周：《客家服饰文化研究》，福建教育出版社 1995 年版。

家儿童服饰及各类配饰。配饰包括客家男性配饰，如钱袋、腰带、烟袋等；客家妇女发式、首饰、头饰等；儿童发式、帽饰等。最后作者还阐述了蕴藏在客家传统服饰中的文化、艺术及精神内涵。全书从客家服饰的有形物质介绍到文化内涵的分析，从总结客家传统服饰的整体特点到分析各种服饰的款式、颜色、纹样等，具有一定的系统性。该书还收集了一部分客家传统服饰的珍贵资料，配有一些彩图，插入了部分黑白图片，并进行了分类介绍，使之图文并茂。

对客家服饰的综合研究，还有数篇硕士毕业论文。台湾辅仁大学宋佳妍的《台湾客家妇女服饰之研究：1900—2000年》①，研究了台湾客家妇女服饰的百年流变。同为台湾辅仁大学的杨舜云的《从传统到创新：台湾客家服饰文化在当代社会的过渡与重建》，检视了客家传统服饰从传统到创新的兴替流变，从而发掘客家传统服饰文化的特色，进而探索客家传统服饰在当代社会过渡重建的策略。② 天津工业大学陈金怡的《客家服饰研究——论客家服饰的设计意识》，运用艺术设计的理论深入研究和探讨了客家服饰的设计意识及其所体现的文化内蕴，系统地归纳出客家服饰具有生态、理性、大众化和形象取义的设计意识，并分析了客家服饰设计所具有的独特审美特征，以及客家服饰在现代设计中的实际应用和创新问题。③ 赣南师范学院钟庆禄的《客家传统服饰研究》，通过田野调查和史料梳理，分门别类地介绍了各类客家传统服饰，比较客观地展现了客家传统服饰的原始风貌和习俗风情，同时还专门梳理了客家传统服饰原材料的生产与贸易情况和制作工艺流程，并探讨了客家传统服饰的形制、色彩和纹样特征。④ 同为赣南师范学院的杨玉琪的《赣南客家女红艺术与女性生活》，从客家女红和女性生活的视角，研究了客家女红艺术和客家女性生活，认为客家女红艺术较多受到理学思想的影响，体现了客家女性勤俭持家、热爱生活和积极支持革命事业的觉悟等品格。⑤

---

① 宋佳妍：《台湾客家妇女服饰之研究：1900—2000年》，硕士学位论文，台湾辅仁大学，2004年。

② 杨舜云：《从传统到创新：台湾客家服饰文化在当代社会的过渡与重建》，硕士学位论文，台湾辅仁大学，2008年。

③ 陈金怡：《客家服饰研究——论客家服饰的设计意识》，硕士学位论文，天津工业大学，2005年。

④ 钟庆禄：《客家传统服饰研究》，硕士学位论文，赣南师范学院，2011年。

⑤ 杨玉琪：《赣南客家女红艺术与女性生活》，硕士学位论文，赣南师范学院，2013年。

综上所述，客家服饰研究取得了不小的成绩，主要表现在这么几个方面：一是对客家服饰的物质文化研究和艺术审美分析较透，客家女性服饰和儿童服饰研究成果较多，研究领域仍在不断拓宽；二是研究方法多样化，从开始较单一的历史学或艺术学的方法，发展到运用文化人类学、民族学、文字学、文学等学科的方法来研究，跨学科研究越来越多。

笔者认为，目前客家服饰研究在以下方面还存在不足：一是对客家服饰的研究主要集中在客家服装及其文化内涵上，集中在女性服饰和儿童服饰上，对客家传统服饰的材质、制作工艺技术、民俗风情、创新应用和具有丰富内涵的配饰的研究不够，对富有特色的赣南采茶戏服等的研究还没有纳入客家传统服饰研究中来；二是综合性研究少，目前的研究大都是个别的实物分析和艺术解构，缺乏深入的人类学田野调查，掌握的第一手资料不足，导致无法完整地将客家传统服饰文化作整体的考察与研究，所以专著仅有一部，硕士学位论文仅有数篇，目前还没有博士以客家服饰研究作为毕业论文；三是缺乏内部的比较研究和历史地理学方面的考察，赣南、闽西和粤东地理环境殊异，民俗风情也有差别，体现在客家服饰文化上也存在着内部的差异。

我们还认为，客家服饰研究在以下四个方面值得深入：一是拓展研究内容。除客家日常生活服饰外，客家戏曲舞蹈服饰、客家宗教服饰、不同客家地区服饰的比较研究、客家传统服饰文化地理、中央苏区时期的客家传统服饰等，都可进一步拓展。二是拓宽研究领域。应科际整合，进行跨学科研究，鼓励践行艺术人类学等交叉新兴学科。三是夯实研究基础。大力搜集和整理客家服饰的历史文献记载和实物、图片资料，开展深入的田野调查，全面了解和记录客家服饰历史文化和工艺技术的传承。四是加强应用创新，设计具有时代风格的“新客家服饰”，实现保护和发展的双赢互动。

二　客家服饰相关概念的界定

（一）客家民系与客家文化特点

在中华民族大家庭中，有一支由北至南迁徙、历经千年积淀而成，并在世界范围分布广泛、影响深远的汉族民系——客家。这一民系概念的出现不过百年，但是，它却不断吸引国内外学者探究，学术界已经从历史学、民族学和社会学等方面对其研究，并取得了较为丰富的成果。这使得客家学成为当前学术界的一门显学。出现这种研究现状的原因主要是客家文化的独特性。

任何一种独特文化的形成，都与文化参与者的独特性密切相关。参与独特文化建构的人群，按照发挥的作用及功能可以分为开拓者、传承者、整合者和传播者（见图1－1）。

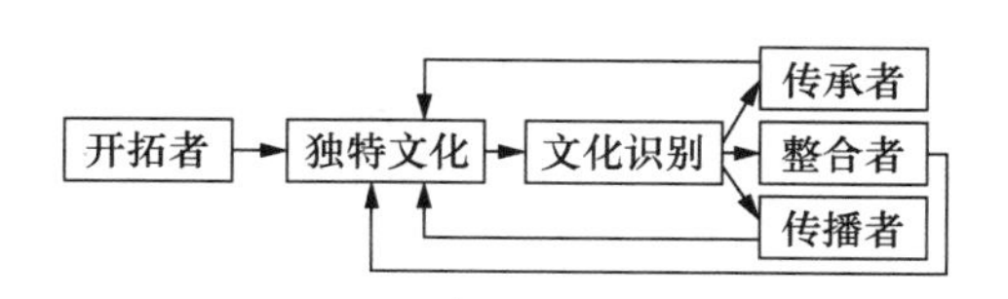

图1－1　独特文化建构的参与人群

1. 移民文化及精神、多元融合

独特文化的开拓者往往是特定人或人群。客家文化直接的开拓者主要是客家先民和客家人。客家先民是一批批中原南迁的汉族移民，客家文化呈现出一种独特的“移民文化及精神”。还有，客家文化间接的开拓者是赣闽粤边区的土著居民和畲、瑶等少数民族。他们通过斗争、竞争、协作和学习等互动方式，客观上促成了客家文化的形成。特别是那部分与客家人通婚或汉化了的当地居民，他们渐渐转变成了客家文化直接的开拓者。这使客家文化呈现出“多元融合”的特点。

2. 多元共建、国际化、精英积极建构

客家文化传承者、整合者与传播者之中的人群细分显得较为复杂。它们不单包括客家人，还包括相当一部分具有客家文化认知的异族人和异国人。这些异族人和异国人的外延非常大，只要愿意传承、整合、传播客家文化，哪怕是一位浅肤色、高鼻梁、黄褐头发的欧洲人也可以成为相应的传承者、整合者与传播者。特别是随着客家人迁移地及分布地在世界范围的扩展，越来越多的异族人和异国人带着不同目的（经济、政治、文化等）参与客家文化建构。这使客家文化呈现出“多元共建”和“国际化”的特点。还需要注意两点：（1）在客家文化特色整合与传播中，“精英”起到了极为重要的作用，如“客家起源”、“客家血统”、“客家美德”等特色的建构就由国内外学者和国外传教士等精英发起并积极参与。这使得客家文化具有“精英积极建构”的特点。（2）客家文化特色的传播者包括正面传播者和反面传播者，他们共同实现客家文化的传播。积极接受客家文化，对其产生认同的是正面传播者；相反，否定、抵触客家文化的是反面传播者。这说明客家文化特色是冲突中“自称”与“他称”、对比中“自我”与“他者”的产物。

3. 中原情结、在地化

以上四类参与客家文化建构的人群中，客家人扮演着开拓者、传承者、整合者和传播者多个角色，是客家文化建构的主力军。客家人的人种来源一直是学术界争议的焦点之一，有以罗香林为代表的“中原纯正说”，以房学嘉为代表的“土著主体说”，等等。近年来一些学者以遗传学方法提供了新的依据，如李辉等人在福建长汀进行的客家人遗传学调研：当地客家男性的染色体“与中原汉族最近，又偏向于苗瑶语族群中的畲族”，客家女性“与畲族很近，不同于中原汉族”。① 还有，蔡贵庆在广东梅州的调研：“广东梅州地区客家人与福建长汀客家人的遗传背景非常近似……客家人群与同一地域的其他人群如广东汉族、广西壮族之间遗传距离非常近。”② 依据以上遗传学的调研可见，不同地区客家人的母系接近当地的畲族、汉族或壮族，表明南迁汉人与当地已有人群曾经有过频繁的通婚关系。这种现实状况使客家先民男子与当地女性通婚成为必然，如客畲混居以及为共同利益联合奋斗等事实促成了他们间的通婚关系。所以，再回头看“中原纯正说”或“土著主体说”，都似乎只是对客家人成长的某个历史阶段、某个历史地域的描述。从整体看，客家人的体质具有中原汉人与土著人的融合性。

“通婚关系”客观上促成了客家人以中原汉人为主体不断融合途经地、驻足地和定居地其他族群体质特点的面貌。从文化人类学看，“通婚关系”还促成了与之对应的生活方式，是客家人重要的生存策略之一。客家人生活方式是客家先民不断融合异地、异族群生活方式，寻求生存的过程。他们现实选择折中策略，一边保留中原文化生活模式，一边接受、融合新加入族群的生活方式，这就是客家文化中表现出的“中原情结”和“在地化”。

经过婚姻，那些现实融入或被同化到中原汉族中的异族群使客家人的血缘纽带渐渐转变为共同生活方式、共同方言、共同心理基础及文化素质

① 李辉等：《客家人起源的遗传学分析》，《遗传学报》2003 年第 9 期。

② 蔡贵庆等：《广东梅州客家人起源的线粒体遗传学分析》，《中山大学学报》（医学学科学版）2005 年第 S1 期。

或同一认同意识等多项纽带上，客家渐渐成为一个文化概念。① 特别是引入“族群”概念以来，客家人的外延在不断扩大，同时也在日渐模糊。这就使得客家人、客家文化不断经历着建构的过程。

综上所述，客家文化这一独特的地域文化和族群文化，是多元文化碰撞和多元人群互动共建的结果。

（二）客家服饰、客家传统服饰与客家现代服饰

现有研究表明，对客家服饰文化特色的阐述主要停留在近代客家传统服饰的形态上，而对客家服饰特色形成的历史阶段缺乏梳理，对客家服饰各阶段特点缺乏挖掘和整体概括。这就形成了对“客家服饰特色”狭义、片面的第一印象和学术习惯，即特指“近代客家服饰特色”。造成这一现象的客观原因是服饰不易保存，学者能收集、看到的客家传统服饰实物多为近代。还有，目前可见的文献记载也主要是清代以后，明代的相关文献记载并不多见，明代以前的记载更是少之又少。

与客家服饰理论研究不足形成鲜明反差的是，近年随着“客家热”的升温，客家服饰（复兴）设计的呼声不断高涨，出现了诸多全新面貌的、冠以“客家服饰”名称的现代服饰设计。② 这时“客家服饰特色”由原来特指近代客家传统服饰特色，扩大至包含现代客家服饰特色的范围。加上现代客家服饰设计中很多方面与近代客家传统服饰特色脱节，而与其他传统服饰的创新设计相似、雷同，如视觉符号方面与中原汉服创新设计常常混淆，有的甚至与西方现代服饰设计效果相混淆。于是“客家服饰特色”由原来鲜明的特指变得模糊不清，这将给那些没有客家文化历史及客家传统服饰认知的识别者带来误导。笔者在一次世界客属恳亲大会上亲历了以下情景：大会组织学者去一个客家乡村参观围屋，品尝传统点心，同时赠送学者蓝印花布的围裙。在离开参观地的汽车上，一位香港学者非常兴奋地套上围裙，马上成为颠簸汽车里的焦点，同伴纷纷为其拍

① 对于“客家”概念的界定，是进行客家研究的前提。罗香林先生从种族和血统角度认识和论证客家，影响极其深广。直至20世纪八九十年代，还有人致力于客家血统的追寻，进而以客家血统的高贵论证客家民系的优秀、客家精神的卓杰。在改革开放后新一轮客家研究的热潮中，一些学者对罗香林先生关于客家源流的观点进行了反思，如房学嘉认为“客家先民不是来自中原的移民，其主体是南方的古百越族人”。后来，谢重光又从客家属于汉族的民系这一公认的事实出发，参照民族学、人类学的基本理论，提出了“客家是一个文化的概念”的观点。这些观点日渐引起学界的重视和肯定。

② 这种现象的形成有政治促进、经济发展、族群认同和利益驱使四个主要原因。

照，笔者旁边的一位学者感叹道："客家以前的花裙蛮好看的。"深入研究后得知，情景中出现的蓝印花布围裙不是当地客家围裙的形制，蓝印花布在当地传统社会里也不流行。当地人的解释是：那是客家人的新设计，展示客家人的新面貌。就这样蓝印花布围裙被赋予"新客家服饰"身份并被生硬地引入了那个特定的文化情境中。这在事实中已经误导、阻隔了识别者对客家服饰（客家传统服饰）历史真实面貌的识别、记忆与传播。更何况所谓的"新设计"是带有鲜明个体建构意识的行为，其思路还有待斟酌。

于是，对"客家服饰"、"客家传统服饰"、"客家现代服饰"等概念进行梳理和界定很有必要。

首先，从现有的服饰成品及相关行为呈现出的特点来分析"客家传统服饰"和"客家现代服饰"。"客家传统服饰"是历史积淀而来的客家文化精神及特质最为集中的物化载体之一，表现出强烈的本土文脉，并以群体面貌活生生展示在乡土民众的日常生活中。在物质财富相对不足的农耕时代，乡土民众对待服饰之物的态度是"虔诚"、"真诚"，甚至是将它们视为拟人化、神明化的生命体，这些生命体相互平等、相互渗透、能量相互转换。这也是我国古代人"生态和谐的拜物观"的体现。

"客家现代服饰"这是世纪之交、后工业文化转型背景的反应，它游离于客家文化精神及特质上，更多表现了一体化的效果。主要是在经济、政治、名利等驱使下出现在历史舞台上，整体呈现浮躁面貌（见表1-1）。

表1-1　　客家传统服饰与现代服饰的特点比较

比较项	客家传统服饰	客家现代服饰
与客家文化的关系	客家文化精神及特质的集中体现	游离在客家文化精神及特质上
与外来文化的关系	途经地、驻足地、定居地的文化	西方文化、少数民族文化
哲学精神	观象制器、传承与开拓、人文地理	新拜物观、新精神面貌
造物核心	生存、实用	多元（名利、经济、政治、文化精神）
行为主体	普通民众	官方、设计师、模特
时间跨度	古代、近代、现代	现代、当代
视觉符号	中原符号传承、创新符号	少数民族符号传承、创新符号
材料	天然	化纤
工艺	手工	机械化
行为方式	日常生活、群体行为	服饰秀、展览、个体行为
传播方式	迁徙中传播、日常生活中传播	观赏中传播、炒作与宣传中传播

接着，从概念的核心内容方面来界定“客家服饰”、“客家传统服饰”和“客家现代服饰”。

“客家服饰”应该包括以下几个核心内容：（1）客家服饰是一个时间概念，其包含古代、近代、现代与当代的时空序列。按照时间动态反映客家文化精神的变迁。（2）客家服饰是一个地域概念，不断与地域环境磨合，具有浓郁的地方特色。（3）客家服饰是一个文化概念，融于客家人的民俗文化，丰富于日常生活之中。

“客家传统服饰”具体表现为以下几个核心内容：（1）客家传统服饰是农耕手工时代及遗留于现代的服饰形制。（2）客家传统服饰最为集中地反映了客家文化精神。（3）客家传统服饰是以我国古代经典哲学思想为基础，以“生存”为核心，“实用”为标准，源于中原汉族服饰，兼有移民生活特点和南方地域特征的服饰形式。

“客家现代服饰”包括以下几个核心方面：（1）客家现代服饰体现历史时空中积淀而来的客家文化精神及特质。（2）对客家传统服饰的元素进行保护性传承，积极创意及合理创新，充分且正确地反映客家文脉。（3）回顾日常生活，建构诚实、实用的客家现代服饰形制。

（三）本书研究对象及内容

地理上跨越了江西、广东、福建三省的“赣闽粤边区”被学术界誉为是最大、最集中的客家聚居地和大本营，也是客家文化最为集中、特色最为鲜明、最具代表性的区域。所以，笔者选择此区域的客家传统服饰文化与艺术作为研究对象。“赣闽粤边区”一般是指赣南、闽西、粤东，具体包括今天江西的赣州，福建的龙岩、漳州、三明，广东的梅州、韶关、河源等客家地区。本书立足广义“赣闽粤边区”范围内的田野资料，并侧重江西赣州、广东梅州和福建闽西，以此开展研究。

客家传统服饰在“客家服饰”概念范畴内时间跨度大，文化底蕴深厚，对客家现代服饰的发展具有重大意义及深远影响。但是，随着政治与经济的误读，客家传统服饰的特征与精神不是被贬低，就是被泛化、雷同化，甚至消失，因此保护这项活态的非物质文化遗产成为迫在眉睫的事。加上客家传统服饰研究不足与客家现代服饰盲目创新的矛盾，很容易造成割裂真实历史和历史虚无的后果。于是，我们本次研究将重点落在客家传统服饰上，力求梳理其历史、整理其识别系统、启示客家现代服饰建构。

客家传统服饰的品类分为服装与装饰物两大类。① 其中服装主要以头衣、上衣、下衣和鞋袜四部分构成；装饰物主要有头饰、耳饰、项饰、腰饰和手饰等。这些大体保留了中原服饰系统的基本内容，但是，其中具体服饰形态上却凝结了鲜明的地方特色，如较少穿着内衣、妇女冬天佩戴冬头帕、夏天佩戴凉帽、穿无跟鞋与木屐等习俗。同时在这些服装品类的基础上附着了大量富有特点的装饰图形，这些图形语言是识别客家传统服饰的关键，是解读客家人文化心理的密码。再有，与客家传统服饰相关的行为也是本文研究的重要内容，如客家传统服饰原材料生产加工、客家传统服饰制作工艺和客家传统服饰的民俗行为等。

第三节 客家服饰的研究方法

任何民族的服饰都是一个文化系统。它不只是我们看到或触及的服饰品类、形制、图案纹样等视觉形态和物质形式。民间服饰之所以被称为非物质文化遗产，其原因就在于它总是在民俗行为中展示它的活态魅力，在视觉物态和服饰行为中凝结一个民族无形的文化心理与精神。如苗族传统服饰上的图案就是他们形成、发展的一部史诗，客家传统服饰亦是如此。

于是，我们在研究中力图克服单纯从客家服饰视觉形式入手研究的方法，而把客家传统服饰文化分为三个递进又相互依存的层次：表层形态、中层形态和深层形态。这三个层次共同构成客家传统服饰文化的识别系统（见图1－2）。表层形态属于视觉识别，具体包括服饰品类、形制和符号（图案）；中层形态属于行为识别，包括客家人日常生活、民俗活动和服饰技艺及传承等内容；深层形态是理念识别②，具体包括客家民系及其服饰的精神、心理、审美和哲学。其中表层形态与深层形态互为表里，形成“文与质”、“器与道”的相互关系，二者的关系又具体、真实、活态地反映在中层形态，即中层形态是表层形态与深层形态关系得以实现的纽带。于是，三者相互依存、协调。我们的研究正试图依据这三个层次渐次深入

① 服装：名词，衣服鞋帽的总称，一般专指衣服。服饰：名词，衣着和装饰。中国社会科学院语言研究所词典编辑室编：《现代汉语词典》第5版，商务印书馆2005年版，第419页。

② 文中涉及的“视觉识别”、“行为识别”与“理念识别”原为企业形象识别系统（CIS）理论中的三个部分。文中借用意为表明“服饰文化系统”正是一个族群的象征与形象识别。

梳理客家传统服饰文化的识别系统。

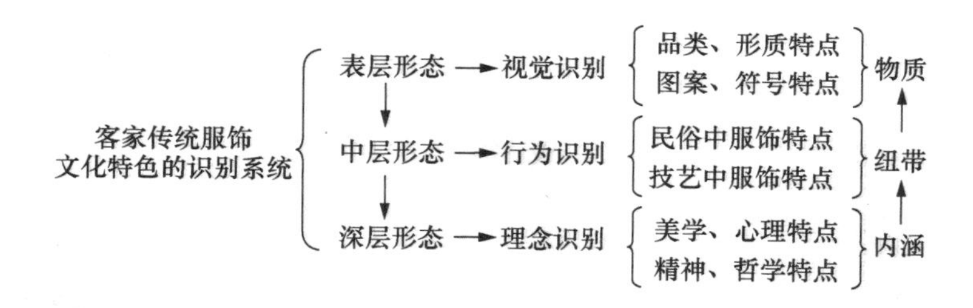

图1－2　客家传统服饰文化识别系统

笔者还通过参与观察、深度访谈等田野调查方法获取客家传统服饰主体心理活动第一手资料；通过录像、拍照等调查手段获取客家传统服饰的第一手实物资料；结合文献分析、咨询专家等方法丰富资料和解决难题。总之，本书立足实证研究，疏理典型个案，引入人类学、艺术学、心理学、民俗学、哲学和美学等，进行跨学科的研究；结合中原服饰特点、畲族服饰特点，对客家传统服饰进行跨地域、跨族群的比较分析。

第二章　演变轨迹

——客家服饰发展史

英国人类学家爱德华·泰勒认为："衣物决不是凭借单纯的幻想发明的，而是在已经存在的事物之逐渐演变的过程中出现的。"① 这正好能说明客家服饰特色是从客家民系的形成、南迁人群的阶级心理、时代政治经济背景和服饰艺术自身发展规律中逐渐演变而来。

服饰的形成与演变一般可以按照朝代更迭、古今时空、大事件等方法来划分。其中，朝代更迭法是目前汉族传统服饰分期使用最多的方法，如沈从文的《中国古代服饰研究》、华梅的《中国服饰文化》、楼慧珍的《中国传统服饰文化》、周锡保的《中国古代服饰史》、宗亦耘的《衣者心之表——中国传统服饰》等服饰研究论著都主要以朝代更迭法来划分服饰阶段。这种方法的优点是能够清晰地概括、呈现出各朝服饰的整体面貌和典型特点，而缺点在于关注朝代更迭交叉时段的服饰面貌及文化心理方面还是显得有些不够。朝代更迭时，服饰文化往往表现出时而滞后、时而超前不与朝代更迭同步的面貌。这是因为服饰文化的发展不单与政治因素相关，还与经济、文化心理等因素相关，在不同时期它们作用于服饰的力度不尽相同。

此外，服饰作为一种实用艺术形式，它也有着自身的演变规律，经历着从孕育到凸显、成熟，再走向失落，而后谋求创新的阶段性。基于此，对于客家传统服饰的形成与演变，我们将以客家传统服饰自身的形成与演变规律为主线，并结合朝代更迭、大事件、古今时空等方法探析其特色形成与演变的规律（见表2－1）。

---

① ［英］爱德华·泰勒：《人类学——人及其文化研究》，连树声译，上海文艺出版社1993年版，第220页。

表 2－1　　客家服饰形成与演变阶段的划分

<table>
<tr><th rowspan="2">客家民系形成与演变的历史阶段</th><th colspan="4">客家服饰形成与演变的阶段</th></tr>
<tr><th>朝代更迭法</th><th>大事划分法</th><th>服饰规律法</th><th>两段法</th></tr>
<tr><td rowspan="5">孕育</td><td>秦</td><td rowspan="6">数次南迁</td><td rowspan="5">孕育</td><td rowspan="12">传统服饰
（古代、近代、现代）</td></tr>
<tr><td>汉</td></tr>
<tr><td>两晋</td></tr>
<tr><td>南北朝</td></tr>
<tr><td>唐</td></tr>
<tr><td rowspan="2">形成阶段</td><td>宋</td><td rowspan="2">凸显</td></tr>
<tr><td>元</td><td>蒙族易服</td></tr>
<tr><td rowspan="3">发展壮大</td><td>明</td><td>恢复汉唐服制</td><td rowspan="2">成熟</td></tr>
<tr><td>清</td><td>太平天国运动
土客械斗</td></tr>
<tr><td>民国</td><td>西学东渐</td><td rowspan="3">失落</td></tr>
<tr><td rowspan="3">全面发展</td><td rowspan="3">新中国</td><td>文化大革命</td></tr>
<tr><td>改革开放后</td></tr>
<tr><td>客家热潮</td><td>创意、转变</td><td>新兴服饰（现代、当代）</td></tr>
</table>

注：从本表可见客家近代服饰特色仍然延续客家古代服饰特色，特别是延续明清形成的特色。所以客家近代服饰特色呈现出缺失状态。于是，我们将客家古代、近代服饰统称为客家传统服饰，以此对应客家新兴的现代服饰。

第一节　客家服饰孕育阶段（秦—唐）

目前学术界一般认为，与客家人形成有关最早的中原南迁移民可以追溯到秦朝；从秦至唐，除持续不断的小股南迁移民外，中原汉人先后经历了三次较大的南迁；大批南迁至赣闽粤边区的中原汉人属客家先民，这期间是客家民系孕育的过程。与此同时，客家传统服饰特色也在悄然地孕育。

一　秦代服饰与客家传统服饰的关系

《史记》载“秦王使尉佗、屠睢将楼船之士，南攻百越”①，又载：

① （汉）司马迁：《史记》卷112《平津侯主父列传》。

“（尉佗逾五岭攻百越）使人上书，求女无夫家者三万人，以为士卒衣补。始皇帝可其万五千人。”①《淮南子》载曰：“始皇二十六年……使尉屠睢发卒五十万为五军：一军塞镡城之岭，一军守九嶷之塞，一军处番禺之都，一军守南野之界，一军结余干之水，三年不解甲弛弩。”② 其中守南野之军即是“一支十万人的军队驻扎在今天赣州至大余一线的章江流域”③，为了方便驻军及调集武器、粮食等军需，秦王朝在赣南设置了南壄县。这是在赣闽粤边区上设置的第一个县，是一个基于军事目的而设置的行政建制。

“军事移民”相比自然灾害、战乱造成的移民，具有以下特点：

（1）军事移民的目的明确，都是为了扩张势力、加强统治。

（2）一般规模较大，移民时间和分布区域都较为集中。

（3）首先移民人群的身份以士兵最多、最典型，其次是农民和军属，也有少部分难民。

（4）移民人群性别以男性居多（特别是青壮年），这是为了满足戍守和开垦的军事需要。

这些特点决定了中原服饰文化与赣闽粤边区原住民的服饰文化交流不会太深，相互影响不会太大。因为秦军是军事上的武力征服者和文化上的强势者，不屑于模仿和吸收古越族人相对落后的服饰文化习俗；并且士兵是一个具有很强纪律约束的群体，他们的衣着打扮既统一，又等级森严。而对于赣闽粤边区古越族人来讲，异族服饰文化在最初的民族交往中，由于身份认同等原因，吸引力很有限，何况军事服饰本身也缺乏这方面的吸引力。因此，因为民族心理、军事群体纪律和军事服饰缺乏吸引力等客观原因，双方服饰文化相互影响不大。北方汉民只是将汉族服饰文化带入了赣闽粤边区。

这个时期，中原汉族日常服饰一般是男女头梳椎髻，上着右衽大襟衣（缊袍），下着裙、裤（蔽膝），腰间系带，脚穿麻鞋。秦军士兵服饰的整体特点是头戴冠或椎髻，上身袍、甲，下身裤、袴，脚穿翘头履（见图2-1和表2-2）。秦代服饰体系及特色与秦开辟封建王朝、统一中华的意义及价值一样，它对后世服饰具有重大、深远的影响。《新唐书》曰：

---

① （汉）司马迁：《史记》卷118《淮南衡山列传》。

② （汉）刘安：《淮南子·人间训》。

③ 韩振飞等：《古城赣州》，江西美术出版社1992年版，第4页。

“后之有天下者，自天子百官名号位序、国家制度、宫车服器一切用秦”。①

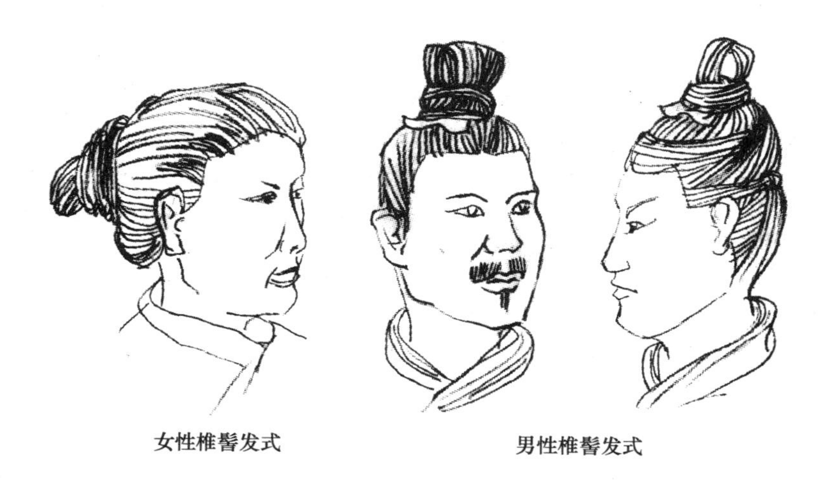

女性椎髻发式　　　男性椎髻发式

图 2－1　秦代成年男女椎髻发式

表 2－2　秦代服饰整体特点

比较项		概况	典型人群	
			士兵	农民
原材料		丝麻葛皮毛	皮	粗麻、粗葛
形制品类	头	冠巾冕帻胜	长冠、椎髻	帻巾、椎髻
	上身	衣、裳、裙、深衣、衣、袍、褐、中衣、小衣、裘、衫子、皮衣	袍、甲	褐衣、缊袍、衫、襦
	下身	袴、裹腿衣、蔽膝	裤、袴、蔽膝	蔽膝、袴
	足	履、木屐、丝鞋、麻鞋	翘头履、木屐、脚衣	麻鞋、秦綦履、脚衣
色彩		红、绿、蓝、紫、褐、白、黄	红、紫、褐	蓝、褐
工艺		纺绩、缝纫、冶铸		

资料来源：此表根据周汛《中国古代服饰大观》、朱和平《中国服饰史稿》、高春明《中国古代的平民服装》、骆崇骐《中国历代鞋履研究与鉴赏》、周锡保《中国古代服饰史》、王明泽《中国古代服饰》、原田淑人《中国服装史研究》和孙机《中国古舆服论丛》等专著概括而来。

① 许嘉璐主编：《二四十史全译·新唐书》第一册，汉语大词典出版社 2004 年版，第 229 页。

二　汉代服饰与客家传统服饰的关系

汉代，朝廷为了加强对赣南的控制，汉高祖六年（公元前201年）增设了赣县和雩（于）都两县，建武元年（公元386年）改南壄县为南野县。三国时期，统治者在赣南共设置了南野、雩（于）都、赣县、阳都、平阳、安南和揭阳七个县。从行政建制情况可以看出一个地方的人口密度和开发层次，显然此时期赣南人口众多，开发层次较高。同一时期的闽西和粤东两地则还未置县，开发层次要比赣南低很多。该时期汉族与古越族交错杂居，风俗相互影响，比如砖墓室葬俗开始在该地区流行，即古越族受中原文化的影响。但此时二者的影响是不对称的，主要是先进的中原文化对古越族文化的影响较深。就服饰文化而言，这种影响是有限的，因为当时的汉族人口相对于长期在此繁衍生息的百越族来说，显然是少数。

汉初，统治者汲取秦亡教训，对农民采取轻徭薄赋的休养生息政策。各项制度多为"因循而不革"冠服制度也大都承袭秦制。后来，随着经济的繁荣，对外交往的扩大，服饰穿戴也逐渐丰富考究，形成了公卿百冠和富商巨贾竞尚奢华、"衣必文绣"、贵妇服饰"穷极丽美"的状况。东汉明帝"博雅好古"，以三代古制重新制定了祭祀服制和朝服制度，冠冕、衣裳、鞋履、佩绶等都有严格等级差异。习尚以四季节气而为服色之别，如春青、夏赤、秋黄、冬皂。

20世纪八九十年代，赣南出土了一批东汉画像砖，留存了一些原住民的服饰形象（见图2-2）。"出行图绳纹砖"和"谒拜图绳纹砖"为南康蟠龙镇武陵狮子山一座早年被盗的东汉墓中出土。"牛头饰人面纹画像砖"为瑞金壬田镇出土，"髡发人面纹画像砖"为定南县历市镇焦坑村出土。

"出行图绳纹砖"侧面模印"出行图"，图中二人骑马，一人佩刀荷枪在前引导，一人配刀在后护卫；"谒拜图绳纹砖"侧面模印"谒拜图"，图上方垂布幔，正中为端坐于几案后面的主人，左边有三名侍从，其中一人掌扇，二人佩刀伫立，右边一人弓身跪伏在地上，作谒拜状，旁边站立白雉一只，门边有一人持枪佩刀守卫；"牛头饰人面纹画像砖"侧面模印一人头像，大眼、大耳、张嘴，头扎牛头饰品；"髡发人面纹画像砖"侧面模印一髡发留须人面。

东汉出行图绳纹砖

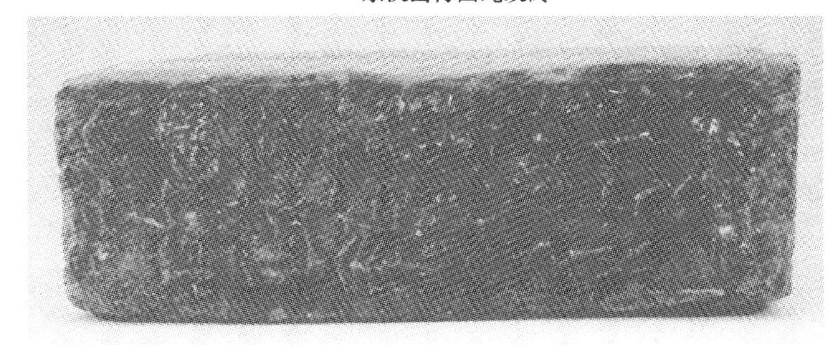

东汉谒拜图绳纹砖

东汉牛头饰人面纹画像砖

东汉髡发人面纹画像砖

图 2－2　赣南东汉画像砖

“出行图绳纹砖”和“谒拜图绳纹砖”显然是墓主日常生活的画面，图中人物众多，骑马坐车，侍卫贴身，前呼后拥，威武壮观，呈现中原士大夫的气派。而“牛头饰人面纹画像砖”和“髡发人面纹画像砖”画面相对简单，没有侍从车马，也没有完整的人物形象，仅有单一的头（面）部形象。从“牛头饰”和“髡发”等特征看，与汉人的服饰形象完全不同，应是古越族人形象。“髡发”是古代少数民族常见的发式，以契丹族为代表，特征是将头顶部的头发全部或部分剃除，只在两鬓或前额部分留少量余发作装饰，根据性别、民族、历史时期及个人成长阶段不同，髡发有多种发式。髡发在我国古代南方各少数民族中也常见，牛头饰则更常见。这与古越族人“断发文身”的特征相合。

中原汉民进入了赣闽粤边区后，先进的中原文化深刻地影响了当地文化。正是受中原文明的影响，从东汉起，赣南便开始流行砖室墓。砖室墓始于西汉，盛行于东汉及以后各代。中原汉人将这一风俗带到赣、闽、粤边区后，也影响到了古越族，所以古越族人下葬时，学习汉人风俗将死者形象印制在墓砖上。这些画像砖形象，正好说明了汉代汉族服饰文化与古越族服饰文化出现了交融，但差别还很明显。

三 魏晋南北朝服饰与客家传统服饰的关系

北人第二次南迁是在魏晋南北朝，“五胡乱华”和长达16年之久的“八王之乱”（公元291—306年）给中原地区带来了外扰、内乱的巨大灾难。特别是“永嘉之乱”后，中原地区陷入百年战乱。这期间出现了我国历史上一次大规模的南迁，主要体现在以下几方面：

（1）移民人群的身份空前丰富，皇室、官宦、士族、农民和手工业者等不断逃往南方。

（2）移民人群的人口数量多，例如“南北朝时……迁移人口约96万。”[①] 这一现象在一定程度上改变了南北人口格局，使南北人口渐渐接近。

（3）迁徙时间长，此阶段多为自发迁徙的难民，在战乱期间持续不断。

（4）此次南迁人群分布广，围绕长江中游广泛分布在湖北、四川、江苏、安徽等地，还有一部分继续南迁到赣南，也有一部分再经宁都、石城迁至闽西、粤东北等地。

此时期，由于北方各族入主中原，将北方民族服饰带到了这一地区，同时，大量民族服饰文化也影响和同化了北方民族的服饰。服饰文化出现了一种各民族之间相互吸收、互相融合的局面。

四 唐代服饰与客家传统服饰的关系

北人第三次南迁是在唐朝，因“安史之乱”和黄巢起义，同魏晋南

---

① 李默：《客家来源与形成》，载黄钰钊主编《客从何来》，广东经济出版社1998年版，第33页。

北朝一样是为了避开战乱，中原大批难民向南迁逃，同样也几经辗转进入赣、闽、粤边区。如“南云村……卢氏始祖宗泰公墓碑及《范阳卢氏族谱》载：唐先天年（公元713年），宗泰三子公明、公达、公显因安史之乱由幽州（河北范阳）经湖南桃源抵虔化县洛口清音里坊。公明居南岭，公达居麻田，公显居下沽（后裔迁南康唐江）”。[①]

“战乱移民”是这两次南迁共同的特点之一。此外，它们的共同特点还表现在移民人群的身份上，从史料可见这两次南迁都有皇室、官宦、衣冠士族、农民、手工业者、商贾、士兵和流民等人群参与，牵动了社会的各个阶层。其中依据影响力，最典型的人群是皇室、官宦、士族和手工业者。

（1）皇室和官宦在中原是实权阶层，有过较好的物质生活，接受过较好的文化教育。他们面对赣、闽、粤等地的山地丘陵和贫瘠耕地，一方面，在心理上形成了落差，使他们对中原故土的思念之情倍增，处处尽力遵循、维护中原习俗，例如将“宁卖祖宗田，不忘祖先言”列为世代家训；另一方面，为了在异地巩固地位，而善思谋变。

（2）士族在我国封建文化中是一个非常特殊的群体，他们既具有经济依附性，又常常追求人格的独立与崇高，余英时先生《士与中国文化》一书就对古代知识分子的“俳优”与“修身”两种品性作了分析。[②] 因此他们在南迁后表现出的服饰态度与官宦一样。

（3）手工业者属于自由职业者，往往掌握了先进生产技术，特别是在家园重建中起着非常重要的作用。但是，手工业者在封建“四民”[③] 等级中排第三，地位一直不高，与地主阶级的矛盾明显。所以，他们有相应的社会变革性。

值得注意的是：上等阶层（皇室、官宦、士族）在服饰上相比平民更加注重精神指向，即此阶段对中原文化坚持的精神——中原情结。而平民服饰更注重实用指向，即注重服饰在劳动中的实际作用，于是，平民服

---

① 张海华、刘加鸿、廖振新：《江西宁都南云村客家中秋节俗考察》，《客家文化研究通讯》2009年第10期。

② 余英时：《士与中国文化》，上海人民出版社1987年版，第113—129页。

③ 李文娟等释注：《管子》，广州出版社2001年版，第143页。曰：“士农工商四者，国之石民也。”这是我国古代首次将社会平民分为四等，并且一直在封建社会沿用千年。第一等为士，等级最高，一般包括仕途学子和读书之人等文人；第二等为农，主要指农民；第三等为工，主要含是手工业者和劳动者等不同行业的工匠；第四等为商，包括商与贾。

饰在劳动生产、家园重建中会更快适应新地域环境需要。概言之，以上人群整体表现出“坚持与适应”、“传承与思变”的矛盾，在它作用下服饰文化的新面貌显现得较为缓慢，服饰与同时期中原汉人无大异，特别是与盛世唐代服饰无大异。此时，常见的服饰组合特点是：男性头戴幞巾，上身穿袍、束腰带，下身穿裤或蔽膝，足穿靴；女性梳髻，上身穿衫、襦与披帛，下身穿裙、蔽膝，足穿履（见表 2－3）。

表 2－3　　　　唐代服饰整体特点

		概况		典型人群		
		男	女	官宦	士族	劳动人民
原材料		丝、麻、葛、皮毛	罗、绢、纱、縠、棉、锦、绫、丝绸	绫、罗、丝、绢、细麻	细麻、葛	草、麻
形制品类	头	幞头、角巾、纱帽、帷帽、浑脱帽	鬟、笄、髻（螺髻、半翻髻、高髻、椎髻等）	幞头、衮冕、毳冕、玄冕、鷩冕等	帻巾	笠帽
	上身	袍（长袍、襕袍等）、衫（圆领衫、襕衫等）、束腰带、袄	衫、襦、袍、袄、半臂、披帛、束带、男装	圆领袍衫（青袍、襕衫）、胡服，佩戴鱼符、革带	麻布衣、白袍、襕衫	短褐衣、麻布衣、蓑衣
	下身	裤、裹腿衣、蔽膝	裙、裤、袴、蔽膝	裤、袴、蔽膝	袴、蔽膝	蔽膝、短裤
	足	靴、履（半月履、飞云履等）、舄	履、靴、鞋、舄	皮靴（皮靴、麻靴、短腰靴等）	麻鞋、木屐、蒲鞋	麻鞋、草鞋、木屐
色彩		红、绿、蓝、紫、褐、白、黄	红、紫、绿、青、白、黄	青、紫、绿、白、褐等	本色、蓝、褐	本色、白
工艺		纺绩、缝纫、印染				

资料来源：此表内提供是典型、常见服饰类型，难免以偏概全，仅供参考。

此表根据周汛《中国古代服饰大观》、杨志谦《唐代服饰资料选》、戴钦祥《中国古代服饰》、周锡保《中国古代服饰史》、原田淑人《中国服装史研究》、王明泽《中国古代服饰》和孙机《中国古舆服论丛》等专著概括而来。

据许多学者考证，先秦至唐的南迁汉人虽然促进了南方经济和文化发展，并在一定程度上改变着北多南少的人口格局，但是，这时期的南迁移民规模相对宋元时期来说还是小些，并且相对定居地原住民的人口数量也较少。加上迁移中典型人群的心理特征，都表明这个时期南北文化交融的程度还不深。尽管如此，“文化一般具有适应性，而且大多数情况下是整合的，这两点都意味着文化是不断变迁的”。① 可见，相应的新兴文化——客家服饰文化处在孕育之中。

第二节　客家服饰特色凸显阶段（宋、元）

一　从心理、经济、文化和政治角度看客家传统服饰特色的凸显

先秦至唐的南迁汉人发展到宋代呈现两种分流：一是北宋初年社会安定，部分汉人回迁故土；二是部分留下来的人群与当地土著杂居，在岁月长河里渐渐形成了文化和谐。为了在异地“生存”，他们学习了土著的诸多优点，甚至部分习俗趋于融合，成为“第一期客家先民”。他们为此后迁入的中原汉人快速融入当地的经济、文化奠定了基础，也为客家民系的形成奠定了基础。

随后，宋、元时期与客家民系形成有关的大规模南迁，依据众多学者研究还有两次。一次是“靖康之乱，中原涂炭，衣冠人物，卒于东南”；再如金人南侵，建炎南渡，部分官吏士民走洪、吉、虔州，再由虔州入汀州，其中部分滞留赣南各县。另一次是南宋末年，元军大举南下，又迫使大批中原、江浙等地民众迁移沿海，途径赣闽粤边区，部分滞留于此。②

由以上史料可见，宋、元时期大规模南迁亦属于“战乱移民”，并且是异族入侵中原之乱。南迁人群更是涉及社会各个阶层，有皇室、官宦、衣冠士族、农民、手工业者、商贾等，这些人群都成为移民大军中的重要成员，也成为“第二期客家先民”的主要成员。他们的文化心理与“先秦至唐”时期不同身份移民的心理基本一样，同时还表现出更为普遍、强烈的中原汉文化情结。这是因为异族入侵（特别是面对异族统治）使他们在痛失家园后，在文化对比之下添加了文化的悲怆与悲愤感，同时汉

---

① ［美］C. 恩伯、M. 恩伯：《文化的变异——现代文化人类学通论》，杜彬彬译，辽宁人民出版社 1988 年版，第 48 页。

② 李默：《客家来源与形成》，载黄钰钊主编《客从何来》，广东经济出版社 1998 年版，第 34 页。

文化繁荣昌盛的景象也时刻在记忆中显现，并慰藉、激励着他们的灵魂。如赣州南宋诗人曾吉甫主张抗金，曾遭秦桧打击，他在《寓居吴兴》① 中就流露出对社会的悲愤与忧国之情。再如，他们常以汉族正统、衣冠士族自居。在这些文化心理作用下他们对服饰的态度依然是多承袭中原汉制（祖制）②，依然是在"传承与思变"的矛盾心理下学习土著服饰优点。

"文化变迁的社会情境对理解变迁本质是有帮助的。"③ 除了上述移民活动和心理情境外，还有时代经济、文化和政治等情境。经过这期间的大规模移民补充，赣闽粤边区的汉人数量超过了当地原住民。随后他们杂居在一起，特别是在抗击元军中为共同利益并肩作战，等等。这些加速了他们间的文化融合。还有在此期间，中原汉人的南迁客观上促进了南方的经济发展，全国的经济重心南移。这不能排除客家先民在南迁悲怆之后，积极乐观重建家园的功劳。他们给赣闽粤边区带来了较先进的生产方式，促进了当地手工业和商品业的发展。杂居及共同的经济生活也促进了客家先民与土著人的文化融合。这些为他们相互学习创作了共同的地域条件和经济条件，促成了客家民系形成于宋代或宋末元初。这时赣闽粤边区服饰呈现出中原汉服与土著服饰融合的发展趋势，并渐渐偏离中原汉制，而带有楚韵畲风，特色渐渐凸显。

随着经济重心的南移，南方文化思想也得到了快速发展，理学思想在朱熹等人的继承和发展下成为一个对后世影响深远的体系。他们主张：天理至善，人欲万恶，存天理，必须灭人欲。类似思想符合宋代人在内忧外患时局下无过多精力满足服饰欲望的心理，据《宋史·舆服志》载：绍兴五年，高宗谓辅臣曰："金翠为妇人服饰，不惟靡货害物，而侈靡之习，实关风化。已戒中外，及下令不许入宫门，今无一人犯者。尚恐士民之家未能尽革，宜申严禁，仍定销金及采捕金翠罪赏格。"④ 此时皇家都主张涤除服饰奢华的欲望，力从简朴。同时，理学思想还特别能慰藉南迁汉人在颠沛流离中面对风餐露宿时的心理，并符合重建家园中艰辛的实践

---

① 曾吉甫《寓居吴兴》："相对真成泣楚囚，遂无末策到神州。但知绕树如飞鹊，不解营巢似拙鸠。江北江南犹断绝，秋风秋雨敢淹留？低回又作荆州梦，落日孤云始欲愁。"

② 这里所指的"中原汉制（祖制）"主要是宋代中原地区的汉服饰文化及相关体制。

③ ［美］乔纳森·弗里德曼：《文化认同与全球性过程》，郭建如译，高丙中校，商务印书馆出版2003年版，第46页。

④ 许嘉璐、倪其心主编：《二四十史全译·宋史》第五册，汉语大词典出版社2004年版，第2949页。

情况。由于这些文化氛围，赣闽粤边区服饰也呈现出色彩较简，形制质朴、自然的发展趋势。

与此同时，在政治方面北方整体呈现出从战乱、分裂走向统一和民族大融合的特点。百年的多民族战乱客观上促进了北方民族间的文化交流，尤其是在“澶渊之盟”和“元朝统一”后，出现了北方民族大融合。反映在服饰上为北方的服饰兼容女真（金）、契丹（辽）、蒙古（元）和汉族（宋）特色，可谓异彩纷呈（见图2－3）。如金在占领宋的土地后，参照宋的服饰制度，结合女真、契丹服饰的形制特点改革服制。随后蒙古建元后更是一边学习宋的服饰制度，一边彰显他们的服饰追求。仿佛是暴富后的心理：元代服饰华丽，喜金，追求金光闪闪的视觉刺激，这时出现了织金锦，金织衣物大量应用。总之，这期间北方的中原汉服饰带有异域风韵，呈现出艳丽奢华的发展趋势。

辽契丹服饰①　　金女真服饰②　　元蒙古服饰③

图2－3　契丹、女真、元蒙古服饰

赣闽粤边区多山地丘陵，相对封闭，加上当地汉人抗金反元情绪较强，所以在宋元时期其服饰较少受金服制与元服制的影响，而按照自己的

① 王维忠等绘编：《艺用服饰资料》，辽宁美术出版社1993年版，第104页。图中人物头髡发，身穿圆领束腰长袍，脚穿靴。

② 图中人物左男右女，男戴翅巾、女梳髻，都穿方圆领长袍、护围和靴。

③ 甘肃安西榆林窟元壁画，图中人物左男戴笠子帽、穿右衽交领小袖袍与靴，右女戴姑姑冠、穿右衽宽袍与靴。

文化心理和气域要求[①]发展。就在这样的文化分野中赣闽粤边区的服饰特色进一步凸显了出来。

二 从福州南宋黄升墓考古资料看客家传统服饰特色的凸显

1975年10月，在福州市浮仓山发现了南宋黄升墓，其中考古发掘了大量南宋贵族女性服饰，共201件，包括22个品类，如褙子[②]、单衣、背心、裤、裙、抹胸、肚兜、卫生带、裹脚带、巾、鞋袜、银钗、和金佩饰等。此外，与服饰有关的梳妆品、丝织品和布的剩料还有200余件，包括以往出土不多见的漆尺。黄升墓出土文物中的以褙子衣形最多、最具典型性，它的特色反映了中原南渡贵族的服饰心理与服饰演变情况。

褙子的形制应该由唐代披衫演变而来，其特点是直领对襟，襟上一般不施襻带和纽扣，领口襟口绲花边；袖子有宽有窄，一般都为齐腕长袖；衣型两侧一般从腋向下开衩，也有的从腰位向下开衩，少部分不开衩；此衣长的可以及脚踝，短的一般在膝盖偏上；穿着时两襟分离，自然垂于胸前，襟口绲边使人的线条显得很是修长、笔直。这体现了宋代不同于唐代展示丰腴、清代展示线条的服饰美，展示了女子纤细、轻盈的身姿（见图2－4和图2－5）。

黄升墓出土的所有上衣无交领、偏襟，几乎都与褙子同形制：直领对襟、垂襟分离，衣两侧开衩等。即便是广袖礼服也只是袖口非常宽大，形成宽袖褙子的款式；单衣、夹衣，也和褙子的形制极为相似，只是比褙子短，它们通常及腰或及臀。甚至背心的形制也只是比褙子短和无袖，其他裁剪方式都一样。可见，黄升墓中的广袖礼服、单衣和夹衣等上衣都是在褙子形制基础上对某一方面进行变异，但大部分仍然保留褙子特点。所以，仍可以将黄升墓中的广袖礼服、单衣、夹衣等归入褙子范畴，称它们为广袖（宽袖）褙子、短裾褙子、短袖褙子等。同时，黄升墓出土的褙子也有与其他北宋文物呈现的褙子的不同之处：（1）黄升墓中褙子常在背部中间有垂直接缝，并常在短袖子基础上缝接延伸袖达到正常的袖子长

---

① 气域要求：主要是指自然环境和社会环境等带来的“实用”要求。既前文论述的“象—生存—实用”的关系。如裹足始于五代，风行于北宋，但面对赣南的“象（含自然环境和社会环境等）”，赣南汉族妇女要整日忙于劳作，所以久居于此的客家先民，裹足之风渐渐衰微。这一特色宋元时期已经有所显现。

② 《福州南宋黄升墓》一书中将“褙子”归入“袍”的范畴，并认为《瑶台步月图》中仕女的穿着和太原晋祠侍女塑雕像的外衣也属于“袍”。

度。有些还会在接缝处绲上花边。（2）黄升墓中夹衣只在面料与里料间填纳几层绫、纱或丝锦层褙子，整体不会太厚。在墓中没有发现类似棉袄的很厚的服饰（见图2－6和图2－7）。

图2－4　唐代披衫（唐·周昉《簪花仕女图》）

图2－5　宋代褙子（宋·刘宗古《瑶台步月图》）

图 2 –6　黄升墓单衣①——短裾褙子

图 2 –7　黄升墓长裾褙子②

黄升墓中褙子的新特点形成有以下几个原因：（1）为了适应福建地理环境，改良服饰面貌，如“南方生热”③ 一定层面能反映南方气温高于北方，所以，我们在黄升墓中没发现很厚的服饰。再如，所有上衣形制同褙子，褙子形制可以更好地适应南方气候，便于穿、解，调节身体冷暖。

① 福建省博物馆编：《福州南宋黄升墓·妇女服饰》，文物出版社 1982 年版，第 1 页。
② 同上书，第 2 页。
③ 谢华编注：《黄帝内经》，内蒙古文化出版社 2005 年版，第 204 页。

改良后的褙子有接袖，更是为了适应当地气候，热时可以沿着接缝将袖子上卷，形成短袖上衣的效果（见图2－6和图2－7）。这种效果在成熟阶段的客家女性大襟衣上也有反映。（2）“简朴”的诏令及崇尚简朴的时代心理。特别是南渡到赣、闽、粤，面对此地资源贫瘠，贵族更有顺应“简朴”的心理及现实基础。如黄升墓中褙子都有背部接缝，这种裁剪缝制方法更能合理利用布匹，减少浪费。（3）南渡后中原望族具有保留中原正统服饰面貌，彰显宗室、正统地位的心理。于是，可以看到他们将一直从先秦中原传承下来的广袖礼服与褙子融合，创造出了新的款式（见图2－8）。

图2－8　黄升墓礼服①——广袖褙子

透过黄升墓褙子特色及成因，我们可以具体感受到赣、闽、粤边区的汉族服饰融合地域因素与当时北方服饰对比，其特色渐渐凸显。

第三节　客家服饰特色成熟阶段（明、清）

明清时期，我国多民族统一的格局在元代基础上得到了进一步巩固，民族融合程度进一步加深。封建政治的中央集权制度得到空前强化。封建经济得到了迅速发展，特别是农业、手工业、商业以及对外贸易均达到前所未有的繁荣。

① 谢华编注：《黄帝内经》，内蒙古文化出版社2005年版，第4页。

这一时期与客家人有关的大规模的移民，学术界一般认为有四次：第一次是在明末清初，因满军入关后大肆杀掠，以及举兵勤王失败之后大批平民、义士南迁；第二次是明末清初，因赣、闽、粤等地区客家人口繁多与耕地贫瘠之间的矛盾，而造成的民众向外迁徙；第三次是清代初中期，在政府组织的“湖广填四川”移民浪潮中，大量客家人由南向北回迁，迁徙至赣西北、四川、广西等地。第四次是在清代末期太平天国失败后中原汉人与客家人继续南迁。随着移民的不断补充，新老客家人混居，客家人口迅速增加；随着客家人不断的外迁，客家地区也由鄱阳湖平原、赣闽粤边区发展到了四川、广西、台湾，以至海外异国。这时期为客家民系成为世界上分布最广的民系之一奠定了非常重要基础。随着客家人在两宋之际举兵勤王、清中后期太平天国等运动中起重要作用，客家人在中国历史中的重要地位逐渐确立。这些都意味着客家民系的壮大与发展。

在以上背景下，承袭宋、元时期客家服饰凸显的特色，客家传统服饰在明清时期迎来了特色成熟阶段。主要表现在以下几个方面。

一 文化融合，促成客家传统服饰集大成

明清时期，随着中原汉人南迁至客家地区和客家人的外迁、回迁，使得客家人驻足的地区增加，反馈回客家基地[①]的文化信息也相应增加。这都客观上促进了客家文化同中原文化、途经地文化的进一步融合，客家传统服饰文化的特点也在融合中不断成熟。

中原服饰文化在明代因进入封建社会后期，其封建意识趋向专制，趋向崇尚繁丽华美，趋向于诸多粉饰太平和吉祥祝福之风。……这些图案，或以某种物品寓其美，或以某种物名之音谐其吉祥之词，因而谓之“吉祥图案”。如以松、竹、梅寓“岁寒三友”；以松树仙鹤寓“长寿”，以鸳鸯寓“夫妇和美偕老”，以石榴寓“多子”，以凤凰牡丹寓“富贵”。另谐音法，如以瓶子、鹌鹑示“平安”，以荷、盒、玉饰示“和合如意”，以蜂猴示“封侯”，以瓶插三戟示“平升三级”，以莲花贴鱼示“连年有余”。[②] 在清代因清政府强制推行满族服制。满汉男子日常服饰都以长袍马褂为主。妇女日常服饰在清前期，满汉各有特色，满族则穿长旗服、汉族常穿上衣下裙；到清中后期满汉相互学习，流行旗袍。

---

① 客家基地：主要是指客家民系形成的重要基地，如赣闽粤边区。此类描述，较早见于谢重光撰写的《客家源流新探》，福建教育出版社 1995 年版。

② 华梅：《中国服饰与中国文化》，人民出版社 2001 年版，第 302—303 页。

畲族的传统服饰“由于居住地区不同，服饰的式样不一，种类很多。在文献记载中，多说畲族早就‘织绩木皮，染以果实，好五色衣服’。清代，畲族服饰大致是男女椎髻，跣足，衣尚青、蓝色。男子短衫，不巾不帽，妇女高髻垂缨，头戴竹冠蒙布饰缨珞状”。[①]

以上两类典型服饰特色都对同期客家服饰产生了重要影响。此外，这时期沿海的一些服饰特点也被客家服饰吸收了进来，客家传统服饰呈现集大成的发展趋势。

二　恢复汉制，巩固了客家传统服饰的形制

从客家传统服饰特色的“孕育期”“凸显期”，我们可以看出，其特色形成的基础是“中原汉服制”，这一基础在明代和太平天国运动期间得到了强化与巩固。

明取代元后，明太祖朱元璋“壬子，诏衣冠如唐制”。[②] 在此号召下废除了元代具有异族色彩的服饰制度，并仿效“周汉礼制”制定了一套有利于中央专制的服饰制度，如官民不同服、黄色为皇族专用色、民间服饰不得出现蟒龙图案等规定。并且，此时的服饰品类比宋元时期更加丰富、衣服的款式形制也较多样，如男子日常服饰可以经常见到形制多样的巾帽、袍、裙、短衣、斜领大襟衫、袄、着裤裹裙、罩甲等；女子常服多见头梳髻，带头箍、额帕（包头），着袍衫、团衫、霞帔、褙子、比甲、裙子，等等。在这些品类形制中男女的巾帕多样性胜于历代；男子的大襟衫、女子的比甲等对清代服饰影响深远；女子的裙子也可谓款式丰富，如有月华裙、百褶裙、凤尾裙，等等。除款式外，在衣料方面明代大力推广棉花种植，民间服饰用料普遍形成了冬用棉布、夏用苎布的风俗。

太平天国运动作为一次以客家人为主体的农民起义，带有强烈的反清恢复汉制意识。在定都天京（今南京）后，废除诸多社会旧俗、恶习，提倡新的衣冠服饰。如呤利在《太平天国革命亲历记》中描写将士时说：“他们穿戴着用金银珠宝构成中国古老图案（神兽或其他图案）的长袍。”可见当时衣冠新制后回归中原汉文化也成为一种时尚。

前文分析了宋元时期赣闽粤边区服饰呈现出中原汉服与土著服饰融合的发展趋势，是渐渐偏离中原汉制，而带有楚韵畲风，特色渐渐凸显；以

---

① 施联朱编著：《畲族风俗志》，中央民族学院出版社 1989 年版，第 33 页。

② 许嘉璐、章培恒等主编：《二四十史全译·明史》第一册，汉语大词典出版社 2004 年版，第 17 页。

及呈现出色彩较简，形制质朴、自然的发展趋势。针对这些趋势，明代和太平天国运动期间的服饰制度客观上起到了强化客家服饰特色形成基础的作用，并且这时期中原汉服的丰富形制与品类使得客家传统服饰的体系更加完整、成熟，其形成基础得到巩固。

三　易服促变，进一步完善客家传统服饰追求“实用”的标准

清代同金代、元代一样，又是我国历史上一个非汉族统治的封建政权。清军入关后使用武力推行带有满族特色的服饰，并且提出“凡投诚官吏军民皆著剃发，衣冠悉遵本朝制度”[①]，强制推行“留头不留发，留发不留头”政策。这与汉人“身体发肤受之父母”的传统观念相背，受到汉人的强烈反抗。清政府为了巩固入关的成绩，才推行了一些不成文的规定来缓解矛盾，俗称“十从十不从”，具体是指男从女不从，生从死不从，阳从阴不从，官从隶不从，老从少不从，儒从而释道不从，娼从而优伶不从，仕宦从而婚姻不从，国号从而官号不从，役税从而语言文字不从。

类似的诸多易服高压，促使客家传统服饰变革，更加求保自身特色。如这时期客家传统服饰的中原特色被更多保留在婚礼服饰、葬礼服饰和儿童服饰中；从明代承袭下来的吉祥图案装饰之风被简化，并浓缩在了童帽、围裙、头巾、花鞋等品类的结构部件上，免去了多余花哨的装饰，实现了“实用”的功能部件与审美的很好结合；结合勤于劳作的实践情况，特别是在清中后期中原与满汉服饰融合的背景下，客家女子服饰吸取旗服中干练的特点，进一步改进了宋代、明代承袭下来的服饰特色，呈现出一种更为简练、实用的服饰形制——大面襟。[②] 这时期的男子服饰也形成了对襟短衣与大面襟长衫加上宽头裤为基础的服饰系统，等等。

这次易服促变客观上使得“实用”的标准普及几乎到所有的服饰品类、服饰行为中，使得“实用”标准更为完善。

相比秦、唐、宋、元几个朝代，明清时期客家传统服饰品类形成了自己的特色系统；服饰视觉形态、行为形态和理念形态的特色进一步鲜明；服饰文化大融合，呈现集大成的趋势，服饰特色影响大、传播广。这个过程中与客家先民及客家人的南迁经历、心理特点和文化融合密切相关。详见表2－4的统计与比较。

---

① 《清世祖实录》卷四。

② 大面襟的详细特点见第三章叙述。

表 2－4　客家传统服饰形成阶段与南迁人群及其心理特点分析

<table>
<tr><th>阶段</th><th>时期</th><th>事件</th><th>典型人群</th><th>其他人群</th><th>心理特点分析</th><th>阶段性特点</th></tr>
<tr><td rowspan="4">孕育阶段</td><td>秦朝</td><td>秦兵南征</td><td>士兵</td><td>军属
商贾
手工业者
农民</td><td rowspan="9">1. 士兵纪律严明，在征战、移民中他们对故土依恋情深，服制固定
2. 皇室、官宦、士族有过较好的物质生活，接受过较好的文化教育。他们兼有善思求变与固守祖制的思想；亦有强烈的故土依恋之情
3. 农民以田地为生存的根本，多因战乱、自然灾患被迫离开故土。他们具有勤恳、执着等品质，并兼有顺从与开创精神
4. 手工业者、商贾均属于自由职业者在我国“自给自足”与“重农抑商”的封建经济和文化结构中他们的地位一直不高。但他们有相对较好的经济实力与生产实力，这促成他们与地主阶级的矛盾，以及有相应的社会变革性。为了不断地获取经济利益，以及新的地域认同及地位，这群人本身也有相对较强的流动性。迁移使得他们有可能获取更多利益，所以，他们表现出的中原文化情结相比略弱
5. 士族，士族在我国封建文化中是一个非常特殊的群体，他们既具有经济的依附性，又常常追求人格的独立与崇高，具有民族气节。他们同时作为文化与相对较高地位的代表，在服饰方面往往能起到引领时尚的作用。但在在南迁后他们的人格追求更趋于崇高，因此对服饰的态度也表现出中原情结</td><td rowspan="4">服饰与中原汉人无大异，特别是与秦汉、盛唐无大异</td></tr>
<tr><td>两晋</td><td>五胡乱华
八王之乱</td><td>皇室
官宦
衣冠士族
手工业者</td><td>农民
商贾
士兵
军属</td></tr>
<tr><td>南北朝</td><td>南北对峙</td><td>官宦
衣冠士族</td><td>农民
商贾
手工业者
士兵
军属</td></tr>
<tr><td>唐代</td><td>安史之乱
黄巢起义</td><td>官宦
衣冠士族
农民</td><td>手工业者
商贾
士兵
军属</td></tr>
<tr><td rowspan="2">凸显阶段</td><td>宋</td><td>金人入侵
元人入侵</td><td>皇室
官宦
衣冠士族
农民</td><td>手工业者
商贾
士兵
军属</td><td rowspan="2">渐渐偏离中原汉制，而带有楚韵畲风，特色渐渐凸显；
呈现出色彩较简，形制质朴、自然的发展趋势，与北方对比特色凸显</td></tr>
<tr><td>元</td><td>抗元无力</td><td>皇室
官宦
衣冠士族
手工业者</td><td>农民
商贾
士兵
军属</td></tr>
<tr><td rowspan="3">成熟阶段</td><td>明</td><td>满洲入主中原</td><td>皇室
官宦
衣冠士族</td><td>农民
手工业者
商贾
士兵
军属</td><td rowspan="3">文化融合，促成客家传统服饰集大成；
恢复汉制，巩固了客家传统服饰的形制；
易服促变，进一步完善了客家传统服饰追求“实用”的标准</td></tr>
<tr><td>清前期</td><td>举兵勤王
失败两
广填四川</td><td>官宦
农民
手工业者
衣冠士族</td><td>商贾
士兵
军属</td></tr>
<tr><td>清后期</td><td>太平天国
失败</td><td>农民
手工业者
衣冠士族</td><td>官宦
商贾
士兵
军属</td></tr>
</table>

注：1. 以上“典型人群”是依据相对影响力较大等标准列举。除这些人外，在每个时期还有“其他人群”，这些人在某些时期可能比典型人群的数量还多，但相对影响力略弱。

2. 以上列举的“事件”是造成大规模南迁的主要原因，除此之外，在各个时期还有因官职任免、经商、游学、自然灾害等等原因引起的小股移民。

第四节　客家服饰特色失落阶段（民国时期至改革开放前）

客家传统服饰特色的孕育、凸显与成熟都是在封建农耕社会里完成的。其过程中虽然政治与经济因素始终不断作用于客家传统服饰，但客家传统服饰艺术仍然按照文化心理与实用艺术规律发展，即客家传统服饰的孕育到成熟过程中，始终紧密围绕汉服体系及特点，不断以实用为标准，逐渐融入新的服饰元素，并表现出与朝代更迭不完全同步的面貌。与这一过程特点不同的是：自民国起，作用于服饰演变的外力随着政治体制的变更，渐渐成为以政治为主要推动力的局面。改革开放后，随着对经济价值的不断追求，作用于服饰的外力渐渐以经济为主要推动力。随着政治体制和消费观念的转变，客家传统服饰赖以发展的基础日渐缩小、甚至丧失，于是，客家传统服饰特色的发展进入失落阶段。

一　政治体制革新带动客家服饰面貌革新

清代末期，政治腐化，封建统治摇摇欲坠，为了挽救时局清政府在改良派的作用下推行“中学为体，西学为用”的思想，这为中国文化的思想解放迈出了重要的一步，对中国近现代文化的发展产生了深远影响。可以说，是为腐朽的封建体制，闭关锁国麻木的神经，注入了一针清醒剂。所以，西方诸多文化形式成为当时进步人士、新青年效仿的时尚。西方服饰观念迅速影响学生、知识分子群体。到民国时期，新的服饰形制已经在学生、公职人员、知识界和工商界普遍流行，如男子穿着中山装、衬衫、制服裤，甚至有的直接穿着西服、打领带；女子则多数穿吸收西洋服式元素后改良了的旗袍，这使得阴丹士林旗袍的风华绝代风靡一时，成为这个时代的符号。同时期，依据各县市志记载，客家服饰均呈现以下面貌：“30 年代后，男人多穿中山装和学生装，少数穿西装。女人时兴穿上衣下裙和旗袍。衬衣、毛线衣、卫生衣裤（绒衣裤）、棉袄、皮袄、呢大衣也逐渐流行。”①

新中国成立后，全国政治热情的高涨和“文化大革命”时期打击

① 赣州市地方志编纂委员会编：《赣州市志》，中国文史出版社 1999 年版，第 1061 页。

“修正主义”、“四旧”与“资产阶级生活方式”运动对服饰影响极大。全国上下华丽服饰顿时消失，主要流行灰色、蓝色和绿色。男女青年普遍穿草绿色军便装或工人制服装，中老年男子普遍着中山装、列宁装、解放装或军便装，中老年女子普遍着解放装或春秋衫。全国服装款式、色彩出现空前的单调、一致。据《安远县志》载“建国后，县人服饰有较大变化。从1950年起，青壮年男多穿对襟便衣，女穿小襟短衣；少年多穿中山装、列宁装、学生装、西裤和缩带裤。“文化大革命”期间，学生和青年职工多穿青、灰和草绿色衣服。”[①] 福建省《漳平县志》载：“50年代男性流行穿中山装、列宁装、女性时兴穿列宁装，衣料由斜纹布、卡叽布到化纤、毛料。60年代盛行穿塑料鞋，古老木屐被淘汰，青年妇女开始剪运动头，‘文化大革命’期间，男女青年时兴穿绿色军装，头戴军帽，缀上像章，腰束皮带，脚穿军鞋。中老年人大都穿蓝、灰色军装（即人民装）。”[②] 当时，日趋一致的服饰时尚现象出现，政策根源是新中国高度的统一使政令通畅，心理根源是新中国上下一心，这些是促成举国一致着军装的重要因素。

二　新消费观念对客家服饰的影响

改革开放以后，我国商品经济迅速发展，国际贸易频繁，这些都深刻改变着人们的消费观念。

改革开放初期，随着物质生产水平的不断提高，在服饰消费方面渐渐告别使用布票购布，计划制衣的时代。商品经济的发展带动了服饰商品的流通，也带动了批量化生产的规模，当时一些今日的服饰生产基地正在孕育，如广东东莞虎门和福建石狮等服饰基地。“批量化生产”使服饰成本不断下降，服饰量不断增多。人们购置服饰渐渐成为一种较为容易的生活行为，而不是奢侈行为。“批量化生产”使人们彻底改变了旧时“新三年、旧三年、缝缝补补又三年”，一辈子也舍不得添置几件衣物的观念，即人们的服饰消费观念在“量”上有了新的转变。

随着改革开放的深化，物质生活水平不断提高，人们日渐不再满足于“批量化生产”带来的生活变化。追求新颖、追求个性、追求品质的新消费观念逐渐形成，在为客家现代新兴服饰发展提供新空间与机遇的同时，

① 江西省安远县志编纂委员会办公室编：《安远县志》，新华出版社1993年版，第632页。

② 漳平市地方志编纂委员会编：《漳平县志》，生活·读书·新知三联书店1995年版，第730页。

也加速了客家传统服饰的失落，客家与其他民系在服饰方面的差异已越来越小，昔日特色不再，越来越同质化和大众化。

在以上时代背景与地方相关记载及描述中，我们均可见民国后期至改革开放后，客家传统服饰的品类系统、覆盖面及影响力等特色都呈现消亡趋势。今天在客家山区村落还依稀可见的一点活态遗存显得非常珍贵，保护这个传承千年，且具有中华神韵的“传统服饰化石”迫在眉睫！

第五节　客家服饰特色创意与转变阶段（现当代）

世界经历后现代以来，经济、文化与生态进入可持续发展的反思，终极关怀再次成为关注焦点。在海外华侨和台湾同胞中复活的“寻根情结”不断高涨。加上国内改革开放的不断深化，为世界范围的区域交流增加了渠道，特别是海外华侨和台湾同胞与祖国大陆的交流渠道也在不断增加。在此带动下，自 20 世纪 80 年代以来，在以“文化寻根”为主旨的新客家运动和学术研究的双重推动下，客家研究进入发展的快车道，发展势头更加迅猛，高潮不断，呈现出一派方兴未艾、蓬然大兴的局面，已从罗香林时代的“新兴专学”逐渐发展成为一门“蓬勃的显学”，并逐渐形成一种由“客家学潮”与“客家情潮”、“客家商潮”交织而成的“客家热潮”。客家学院、客家研究会、客家联谊会等各种机构相继建立，关于客家文化的内容在杂志、报纸大幅刊载，以客家为主题的文章论著、学术研讨会也推陈出新，对客家源流、迁徙与分布、客家方言、客家习俗、客家民间信仰的探讨成为客家研究关注的重点，取得了十分丰硕的成果，其中，不乏颇具创造性的反思研究。近年来，在寻根驱动、经济驱使和政治需求作用下，客家热潮一浪接一浪不断高涨，客家族群不断被强化、被建构。作为最直观、最能标识族群的“服饰”也逐渐成为关注热点，相关行为不断涌现，如客家服饰不断被展示、客家服饰相关研究不断增加等，其中，客家传统服饰复兴与再生设计、客家现代服饰建构与创新设计在海峡两岸不断升温，这些都昭示着客家服饰特色创新与转变阶段的到来。

一　客家传统服饰复兴与再生设计

客家传统服饰复兴主要表现在客家传统服饰理论研究、客家传统服饰现实运用和客家传统服饰再生设计等方面。

（1）客家传统服饰理论研究始于台湾地区。1981 年，台湾地区林成子教授撰写的《六堆客家传统衣饰的探讨》是第一篇从服装观点出发，讨论客家服装造型与轮廓尺寸的专题论文，其内容包含男装、女装、童装，有常服、礼服和闽族服饰的比较，采用了大量田野调查的第一手图片资料，其重点在服装款式与发型饰品等方面进行了介绍与记录。此后，台湾地区辅仁大学的宋佳妍以硕士论文形式完成了《台湾客家妇女服饰之研究：1900—2000 年》；台南女子技术学院服饰设计管理系教师范静媛撰写了《台湾传统客家妇女服饰的美学分析》，等等。

在大陆，1995 年郭丹与张佑周合作完成了《客家服饰文化》一书。该书从客家历史文化、民情风俗入手，对客家服饰文化进行了研究。它也是大陆学术界较早，且为数不多的探讨了客家服饰与中原、畲族服饰及文化关联的文献。此外，很多研究客家民俗的著作中，也有涉及客家服饰的部分。特别是近年来，与客家服饰相关的期刊文章不断涌现，主要涉及服饰的纹样、历史和文化等方面。

（2）客家传统服饰被广泛运用于客家文化宣传、产品促销、学术交流等不同场合。礼仪小姐、形象大使身上的客家传统服饰往往成为人们的视觉焦点，标志着特定的文化，烘托并强化着文化氛围。礼品中的客家传统服饰往往强化人们对客家文化的记忆，一种较为持久的回忆与印象。此间客家传统服饰发挥着沟通、传播、宣传等作用。

（3）客家传统服饰再生设计主要表现在客家传统服饰的再复制和客家传统服饰创意设计方面。在台湾地区，客家传统服饰的再复制与穿着已经成为一种时尚，美浓地区专门制作、销售客家传统服饰的作坊较为有名，台湾一些小学校将客家传统服饰作为校服。此外，客家传统服饰创意设计是指在传统服饰形态、元素、意象等要素的基础上，并保留或利用传统服饰特色，结合现代技术与审美进行创意设计的行为。此行为首先在台湾地区火热开展，如 2006 年 10 月 26 日由台湾地区“行政院”客家委员会组织、台湾地区纺织业拓展会承办的主题为“流转客家风华”的客家创意服饰成果发表动态秀，共展示了 123 套具有新意的客家服饰。这些服饰几乎都在不同的角度保留了客家传统服饰意象，一些客家传统服饰上的特色元素被灵活运用，不仅展现出了客家服饰新风貌，而且还反映出客家人在文化传承中的新动向（见图 2－9）。

图 2－9　台湾地区"流转客家风华"创意服饰成果发表动态秀①

二　客家现代服饰建构与创新设计

客家传统服饰再生过程中，客家传统服饰创意设计渐渐地越走越远，一些服饰设计已经表现出非客家意象的面貌。特别是近年来在经济与名利驱使下，很多场合及很多设计师将作品冠以"客家服饰"、"客家现代服饰"、"客家创意服饰"等名号的现象。如 2008 年 10 月 15 号，在台北国际会议中心举办了以"客家时尚漾新彩"为主题的"客家创意服饰开发既营销推广"秀，展出了 145 套客家华服，尽显精彩的时尚美。2010 年 6 月 5 日，台湾地区纺织业拓展会承办的"客家服饰人才培育计划"成果发布会在台北召开，15 位设计新锐和 15 家客家地方文化工作者推出了 120 套客家创意服饰。此现象在赣闽粤边区地方高校中也在上演。这些作品大多数极少保留客家传统服饰意象，所展示的服饰创意也很难体现客家文化意境，相反在这些作品中流露出一种全新文化观念。可见，这些冠以"客家服饰"的服饰作品带有鲜明的建构意识（见图 2－10 和图 2－11）。因此，笔者将其称为客家传统服饰的创新设计，即指仅仅是新颖、个性、独特的创造性的设计，而不是客家传统服饰的创意设计，指具有文脉基础的创造性的设计。

---

① 《客家创意服饰秀》，烟台驿站，http：//www.ytjt.com.cn/bbs/thread－65513－1－1.html，2006 年 11 月 20 日。

图 2－10　“客家时尚漾新彩”组图①

图 2－11　“客家靓时尚”②

透过现象，令人庆幸的是：这表明“客家”品牌已经受到人们的广泛重视，一些相关职业群体看到了客家文化及服饰的重要价值，在一定程

① 《客家创意服饰·民族风情美姿美仪》（组图），中国服装网，http：//www.efu.com.cn/data/2008/2008－10－17/252332.shtml，2008 年 10 月 17 日。

② 《客家靓时尚》，大公网讯，http：//www.mihk.hk/forum/thread－1077665－1－1.html，2010 年 6 月 6 日。

度上也反映出海峡两岸客家同胞积极创新的精神。同时，现象背后的实质令人担忧！这些冠名实际上多从局部出发，不是陷入政治、名利误区，就是被经济误读。特别具有危害的现象是设计师本身缺乏对文化的责任感，哗众取宠，在缺乏深入理解客家文化的情况下，草草将其他汉民系（甚至少数民族）的文化符号生硬拿来，并加以一些所谓新的设计观念，等等。如图 2－12 中展示的“客家头饰”在客家地区根本没有，它给人们更多的感觉是傈僳族头饰意象；图 2－13 中展示的“客家礼服”又与维多利亚服饰意象极为相似。

图 2－12　梵妮客家头饰①与傈僳族头饰②

在客家现代服饰建构中，出现了过多非客家元素和西方元素，显现出一种“泛客家化”和“西化”的趋势，客家服饰品牌文化日渐空洞。在利益驱使下，大陆一些高校也出现了冠以“客家服饰”的现代服饰设计及研究，这些设计同样存在“泛客家化”和“西化”的浮躁。这种消极现象的后果有两个：一是客家服饰文化将与汉服文化渐渐疏远；二是“泛客家化”将使客家服饰被妖魔化，最后失去其在历史中形成的鲜明个性。“客家服饰文化”这一千年积淀下来的特色品牌将失去她被识别的基本活力。

---

① 广州梵妮《客家情》服饰，http：//bbs. drivephotodiy. cn/，2010 年 8 月 8 日。

② 戴玉茹编绘：《云南少数民族头饰服饰》，云南美术出版社 2001 年版，第 95 页。

图2－13　客家时尚服饰①与维多利亚服饰

综上所述，在客家服饰特色创新与转变阶段既存在机遇，也存在挑战和潜在危机。作为身处现当代的我们应该认真梳理传统，在客家历史文化的脉络中寻求客家服饰文化的创意途经。

小结

综上所述，在客家服饰特色形成、演变的各阶段还表现出以下特征：

（1）正如客家人秉承“宁卖祖宗田，不忘祖先言”的传承观念一样，他们对族群文化的坚守，使得其服饰文化在发展中较多固守古汉制，这同中原服饰文化多次与北方少数民族、外来民族融合，频繁的“衣冠易制”正好相反。客家传统服饰特色的形成正是在南北服饰对比中凸显出来的。

（2）客家传统服饰特色形成呈现“雪球模式”②（见图2－14）。既以中原汉服制为核心基础，在汉人南迁的历史中不断地融合途经地服饰特色和客地原住民服饰文化，如同雪球越滚越大，从而形成自己的特色。因此，在为数不多的客家传统服饰活态遗存中还可以感觉到其中所蕴含的清

① 《客家创意服饰·民族风情美姿美仪客家》，华夏服饰信息网，http：//www. hxfuzhuang. cn/，2008年12月6日。

② 在此借用徐杰舜先生在《雪球——汉民族的人类学分析》（上海人民出版社1999年版）中提出的“雪球”名词来描述客家服饰特色的形成。

代服饰倩影、明代服饰大成、宋代服饰质朴和唐代服饰风韵。

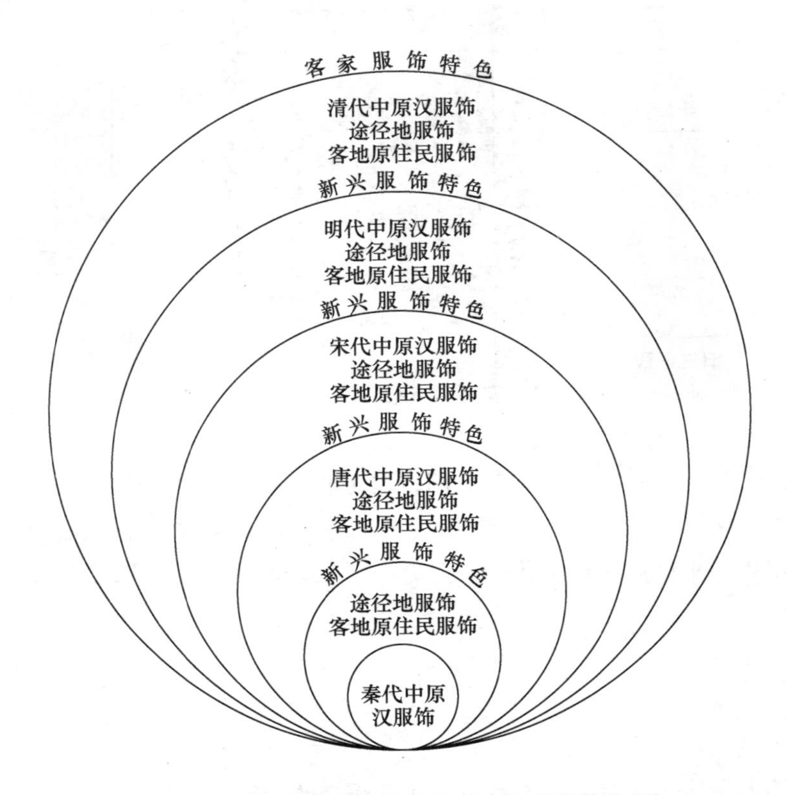

图2－14 客家传统服饰特色形成的“雪球模式”

(3) 客家传统服饰在固守中原汉制时，是“有所为，有所不为”的承袭与发展，其特色是以“生存”为核心，“实用”为标准的前提下学习土著服饰优点，以此适应南方生活。这些成就了客家传统服饰在中原汉服饰基础上兼有少数民族意蕴的特色。

(4) 客家服饰特色创意设计成为其发展必然，也是文化雪球不断滚动发展的必然，以及客家传统服饰文化再生的必由之路。

第三章　造物动力

——客家服饰形成的主要动因

图 3－1　客家妇女服饰

说明：右衽上衣，衣裙一体，冬头帕披肩；蓝、黑大色块相间，红白点缀；符号图案祈福。

客家服饰独特的衣裙结构、幽古的色彩组合、神秘的图形符号都源于客家族群的历史与文化心理：多次历史迁徙历练出的移民精神、与汉楚、越、吴、瑶、畲等土著和少数民族的文化融合、赣闽粤边区的人文地理环境以及基于造物思维系统而形成的独特的客家传统制器思想等。这些又都是赣闽粤边区客家传统服饰形成的具体动因。

第一节 移民精神

“客”是相对于“主”的概念，“客家人”意指相对于赣闽粤边区土著人而言的外来人——他们来源于中原汉族，却又与当地土著通婚融合而成。与客家民系形成、壮大有关的中原汉人大规模南迁，学术界一般有“五次说”和“六次说”（见表3－1）。

表3－1 客家先民（中原汉人）南迁原因与路线表

次数	原因	路线
第一次南迁	秦兵南征	中原→揭岭、五岭（今两广地区）
第二次南迁	五胡乱华、八王之乱	洛阳→江西、福建
第三次南迁	安史之乱、唐末黄巢起义	信阳、南阳→广东惠、嘉、韶州，福建汀州，江西赣州
第四次再迁	金人、元人的入侵	闽粤赣山区→粤东粤北
第五次再迁	满洲贵族入主中原、瘟疫	闽粤赣→赣南、四川
第六次南迁	举兵勤王失败、太平天国失败	闽粤赣→雷州、钦州、广州、潮汕等地，渡海则至港澳台地区，甚至远赴欧美等地

注：大部分迁移都途径或驻足赣闽粤；除以上外，还有若干次小规模的南迁。

从表3－1可见从先秦起2000多年的历史长河里，中原汉人因战乱、天灾等经历了数次大、小规模的南迁。迁徙中他们跋山涉水、几经转折，谱写了一部血泪交织的移民史，因此许怀林先生认为：“客家的优秀文化，即是移民的优秀文化。”①

① 许怀林：《客家与移民文化》，载《第6届国际客家学研讨会论文集》，燕山出版社2002年版，第441页。

一　中原情结

作为移民，特别是因战乱、天灾造成的移民，他们对原住地的依恋心理往往非常执着，这种心理受到时间长短、年龄大小的影响，更受原住地与新驻地（包括途经地和定居地）的文化、经济、地理环境等差异影响。"社会归属的划分完全不是价值中立的，而是决定着人们的生活机会与特权。在社会极度重视种族归属的情况下，它会带来耻辱、排挤与迫害。"①借此观点也可以推论出在资源紧缺、等级归属森严的封建社会里，一批批南迁的中原人都会不同程度地遭受途经地和定居地原住民的羞辱、排挤与迫害。这种处境强化了赣闽粤客家先民与客家人对中原的依恋，加深了他们的中原情结。同时，中原文化的博大精深等能量也慰藉着他们因迁移而创伤的心灵。

客家先民及客家人以"中原正统"自居，并以此自信、自豪。娘酒、酿豆腐、擂茶等代表性的客家饮食，具有天放精神和山地情结的客家山歌艺文，端午节挂葛藤等客家风俗，它们所具有的时空意义和文化特性反映出客家人的"中原根结"，是客家人"根在中原"意识在具体文化事象上的展演。就连客家妇女那双天生的大脚板，也被学者认为是千年迁徙、长途跋涉的结果。②赣闽粤边区客家传统服饰特色形成很重要的动因之一，就源于他们执着的"中原情结"和坚定的"文化自信"。

客家人作为中原汉人南迁后形成的一个民系，其服饰与中原服饰从总体来说没有太大差异。因为客家人传统上以中原汉族为正统的观念根深蒂固，这种观念也反映在客家人的衣饰打扮上。中国上古时期不论男女，皆以上衣下裙为常服。上衣一般为窄袖、高领，为左右衣襟结构，在胸前相交，左衣襟压着右衣襟，称为"右衽"。相反，右衣襟压着左衣襟，称为"左衽"。因夷人习惯为"左衽"，故"左衽"便被称为"蛮服"，甚至作为"蛮夷"的代称。"右衽"则成为华夏民族服饰的一个重要标志。今天我们看到的客家妇女的大襟衫，绝对保持右衽的习惯，这便是清以前汉族服装的传统。

中原服饰自古以来还有一个重要特征就是宽松肥大。从先秦开始，我们的先人总是深衣大袍，宽衣博带。这种服装，穿着舒适，显得轻松潇

---

① ［德］乌尔里希·贝克等：《全球化与政治》，中央编译出版社2000年版，第263页。

② 周建新：《在路上：客家人的族群意象与文化抗争》，《思想战线》2007年第3期。

洒。唐宋以来，服饰肥大宽松的特征总的来说改变不大。客家人的服装，无论是上衣还是裤子，都保持了宽松肥大的古风。客家人最常穿用的大裆裤，更是以裤裆深、裤头宽为特色，大裆裤腰间一定要折叠几层才能系紧。宽松肥大，不束缚身体，这种离体式的服装，对于常年参加劳动的客家人，是极其舒适方便的。①

客家人的服饰，如大襟衫、唐装衫、棉袄、长袍、马褂、套裤、木屐、女性凤冠、霞帔等，都保持了中原汉族服装的特征。就客家传统服饰的整体而言，客家人的衣着穿戴，包括衣服、帽、裙、帕、首饰和雨具等项，旧时皆为汉唐服制遗风。

二　开拓精神

在移民心理中还有“边缘与中心”或“主与客”的落差。历史上客家人的边缘性可以归结为：地理区位的劣势、政治地位上的弱势、经济条件的穷势、社会身份上的隐势、认同心理的淡势，等等。明末以来，当时不少社会人士出于偏见、轻蔑、误解与无知，在他们的笔下对客家的记载大部分是负面的，从而造成对客家有意或无意的污蔑与中伤。他们在口头或书面上称客家人为“客贼”、“狢”、“非汉种，亦非粤种”、“退化、野蛮部落之民”，等等，许多地方志中客家人经常被称为“匪”“贼”。这极大地震动、刺激了客家人，引起了广大客家人的强烈不满与反对，在这种历史背景下，促使客家人从文化的一些方面来阐明自身的一些渊源。一批客籍贤达纷纷撰文著书，以笔为旗，撰述客家历史和文化，为客家人正名立论。已有研究表明，“客家”称谓是由他称到自称的产物。客家人强烈的认同观念和族群意识也是在与他群互动过程中自我意识觉醒，并经过一个较长时期、一波波地推展、扩散开来的。②“社会逆境的可变性，使受挫折者产生改变逆境的必胜信心；但社会逆境中的人心难测和故意陷害性，又使受挫折者感到无能为力。”③ 所以，人在挫折面前时常表现出进取或退缩两种态度。具体迁徙中扶老携幼、背井离乡、颠沛流离、疾病饥饿、被驱赶凌辱等苦难，一般会在移民心中留下三种不同印记：

（1）自卑、消沉堕落；

---

① 金惠、陈金怡：《论客家服饰的边缘审美》，《丝绸》2005 年第 8 期。

② 周建新：《族群认同、文化自觉与客家研究》，《广西民族学院学报》（哲学社会科学版）2005 年第 2 期。

③ 孤草编著：《逆境心理学》，大众文艺出版社 2001 年版，第 99 页。

（2）病态，把苦难内化为深层隐痛，压抑中顺服，或病态的爆发；

（3）乐观，化苦难为力量，乐观自信、开拓进取。

而客家先民及客家人的文化自信与迁移中磨炼的坚忍意志，积淀成他们创新涉险的文化因子，激励着他们不断进取。于是，一切逆境之“象”，被促成陌生且新鲜之“象”，成了客家先民异地拓新重要的核心动力。促成他们不断强化、塑造自己的“中心”形象，汉化土著，从而反“客”为“主”，自成民系；也促成了他们信心与欲望。从本质看，客家制器活动是建立在客家人“开拓进取”精神之上的，也可说客家制器活动在深层次中凝聚了客家人“开拓进取”的思想精神。赣闽粤客家传统服饰特色形成正是源于客家人基因中凝结的“开拓精神”。

因此，作为南迁的中原汉人，客家人尽管崇尚正统，但定居于赣闽粤边区之后，面对恶劣的生活环境，求得生存成为首要目标，因而客家人无论男女，人人参加生产劳动，辛勤耕作，在衣饰方面，也就只以蔽体御寒为原则，以讲究实用为出发点。同时所居之地远离中原政治文化中心，中央政权统治与政治信息相对松弛，礼制也随之松弛，所以淡化了中原汉族服饰的礼制与等级内涵。

首先，客家服饰没有中原传统服饰那样明显甚至严格的等级意义。客家人男子大都是对襟衫、袍褂和大裆裤；女子都是大襟衫、大裆裤，这已经成为客家人的常服。这种常服，客家人居家休闲时穿它，赴亲戚朋友家做客也是这样穿着，外出到公共场合也这样穿着。客家地区城镇一般有墟日，即北方的赶集，五天一墟日，以农历计，每逢一五或二六等为墟日。一到墟日，所看到的人都是形制样式相同的服饰，单从外表打扮上，是不容易区分出人们的身份官阶等级的。客家人也有当官为宦的，有官职在身，一般也只在官府的正式场合才穿着官服，一回到家里，便换上对襟衫、大裆裤，这已成为习惯。在客家地区，当然也有贫富的区分，但是贫富之家在服饰的样式上并没有区别。家境不同，最多仅从衣服的用料上显示出来，如家境好的人多做几身油绸、贡缎或丝绸的衣服而已，而一般人也只是在喜庆时刻或者特别隆重的场合才穿用。一过这个时刻，便把好衣服收藏起来，换上粗布衣服，这是客家人不论贫富都已形成的习惯，足见客家人俭朴持家的风尚。

客家服饰在纹饰上，也极少看到像中原服饰那种鲜明的等级区别。客家人衣裳一般较少纹饰，尤其是日常便服、居家休闲服。女子的大襟衫上，只是在袖口缝上几圈环饰或在衣襟边上镶些绲边，并不包含等级意义。妇女的披肩、围裙、绣花鞋、结婚礼服，常绣上一些寿字纹、鱼纹和牡丹、百合花样，这只是取其长命百岁、吉祥富贵之意，而不表示等级区分。客家服饰的颜色以蓝、黑、暗红、白、灰为主，以素面为多。这几种颜色，多年不变，代代相沿。大红大绿的颜色在客家服饰中很少见，年轻姑娘仅在当新娘子时穿上红衣裙而已。所以，同样无法从颜色上显示其礼制含意与等级规范。

第二节　文化融合

客家服饰是客家先民南迁至赣闽粤边区的过程，为了适应迁徙地的自然和人文环境，而不得不将自身的汉族服饰文化作出重大调整与改变，积极吸收畲、瑶少数民族和土著居民服饰文化发展而来。客家先民从中原出发不断南迁的过程中，途经黄河、长江、吴越、土著、少数民族等文化区域，加上赣闽粤边区在中原汉人南迁与回迁中起到连接点的作用和客家人大本营的作用，使得客家先民经历了中原、楚、吴越、巴蜀、苗瑶畲和土著等多种文化的洗礼。上述各区域的文化因子客观上影响了客家文化特质的形成（见图3－2），也是这些文化因子成就了赣闽粤边区客家文化特色。除了赣闽粤边区客家与中原文化关系外，还有几种文化融合关系。

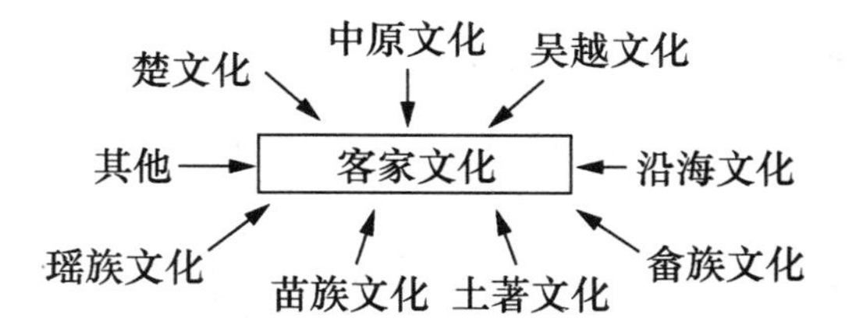

图3－2　客家文化构成因子

一　赣闽粤边区客家与楚文化的关系

赣闽粤边区客家文化与楚文化不论是具体物态上，还是精神文化等方面，都可以看到诸多的联系。

在地域及势力范围方面。春秋战国时期，楚国始终是一支影响和控制江西地区的重要力量。在春秋中后期，楚人的势力就曾达到江西的西北部和北部，而到战国时期，楚国国力渐强，并往南发展，逐渐控制了江西的许多地方。有相当一部分楚人随着征伐军队来到江西这一地区，建立他们的统治据点，与当地的土著居民竞争和融合。早在先秦时期，赣南就曾多次在楚国势力范围内，“南安古吴地也，鄰越界楚，昔人所谓吴越”。[①]“越以此散，诸公族争立，或为王，或为君，滨于海上，朝服于楚。”[②]“楚使吴起南平百粤，赣地属焉。”[③]

在风俗习惯方面。楚人是文化较先进，他们必然给赣闽粤边区古代文化的发展带来重大影响。“按府旧志曰：‘与楚相接比，数相兼并，民俗略同。’”[④] 特别是随着中原汉人南迁路过楚地，深受楚文化影响以及一些楚人入赣后，都给古代赣南带来了巨大影响。如楚人信巫，巫文化特别发达。《论语·子路》记孔子云：“南人有言曰：‘人而无恒，不可以作巫、医’。善乎！”南人即楚人。《南安府志》中就有“乃犹波靡楚俗，崇信巫鬼，至明张东海守郡教之学医，革其痼习，迷惘于是乎始觉”[⑤] 的记载。如楚人尚巫的风俗就在赣南广泛流行，“赣俗信巫。婚则用以押嫁，葬则用以押丧，有巫师角术之患”。[⑥]“崇信巫鬼”[⑦] 这种巫灵思想促成了客家人“头上三尺皆有神灵”的万物有灵观念。客家人同楚人一样有很强的自然崇拜观念。再如，客家人也对凤凰、社树等很崇拜，常可见“丹凤朝阳”等吉语[⑧]和凤鸟纹样。这种具有神秘色彩的巫术文化，跟风水术中的神秘成分一拍即合，两者相得益彰，共同发展。这是客家风水之所以催生且长盛不衰的地方文化内核。从巫到万物有灵再到自然崇拜，不断升华成了客家人与万物和谐一体的生态观。

---

① 崇义县志办公室：《崇义县志》（明嘉靖壬子旧志），内部发行，1987 年，第 17 页。

② （宋）司马光编著：《（元）胡三省注资治通鉴》第一册，中华书局 1956 年版，第 65—66 页。

③ 赣州地区地方志编撰委员会编：《赣州府志·舆地志》（同治版重印），内部发行，1986 年，第 73 页。

④ 崇义县志办公室：《崇义县志》（明嘉靖壬子旧志），内部发行，1987 年，第 17 页。

⑤ 赣州地区志编纂委办编：《南安府志·南安府志补正》（同治戊辰重镌），赣州印刷厂印，内部发行，1987 年，第 55 页。

⑥ 赣州地区地方志编撰委员会编：《赣州府志·舆地志》（同治版重印），内部发行，1986 年，第 761 页。

⑦ 赣州地区志编纂委办编：《南安府志·南安府志补正》（同治戊辰重镌），内部发行，1987 年，第 55 页。

⑧ 张祖基等：《客家旧礼俗》，（台北）众文图书业股份有限公司 1994 年版，第 315 页。

二 赣闽粤边区客家与土著文化的关系

赣闽粤边区土著是指在赣闽粤边区土生土长的世居原住民。

赣闽粤边区山深林茂、溪流密布、物种丰富、气候宜人的环境，为原始人类生活提供了理想的生存居所。考古资料显示，在一万年以前的旧石器时代晚期开始，赣闽粤边区就有了原始人类的活动足迹。在赣南瑞金沙洲坝七堡独石子溶洞出土了表面留有许多敲击痕迹的化石，在大余池江牛心岭出土了打制刮削器，二者均属于旧石器时代遗迹；新石器时代遗迹则遍布于赣南的于都、禾丰、青塘，定南下历，上犹梅水横岗嘴，崇义横水，会昌富城，龙南夹湖，安远龙布和寻乌圳下等地。

据《山海经》记载："南方有赣巨人，人面长臂，黑身有毛，反踵，见人笑亦笑，唇蔽其面，因即逃也。"①《太平广记》曰："山都，形为昆仑人，通身生毛，见人辄闭眼张口如笑。好居深山中，翻石觅蟹啖之。"《太平广记》又引《述异记》曰："南康有神，名曰山都，形如人，长二尺余，黑色赤目，发黄披身。"还引《南康记》曰："木客头面语声，亦不全异人，但手脚爪如钩利。"② 古籍中记载的赣巨人、山都、木客为传说中生活于赣南的原始人类。他们的特征为体形矮小，皮肤黑色，居于深山，伐木交易，不与人见。据万幼楠先生考证："赣南及其周边地区的赣巨人（山都）和木客……也是我国古代'百越'民族的组成部分之一……大约在唐末，即大量中原汉人进入赣南山区后，赣南的赣巨人和木客终于消失，至明末其他地方的木客也消亡了。"③

春秋战国时期，赣南先后属楚、吴、越，后又属楚。清同治《赣州府志·舆地志》云："赣在春秋为百越之地。楚使吴起南平百粤，赣地属焉。"《崇义县志》载："按府旧志曰：'南安古吴地也，邻越界楚，昔人所谓吴越。'"④《赣州府志》也载："赣在春秋为百越之地。"⑤ 说明先秦时期，赣南的土著居民是百越族。⑥ 而且很可能是百越族中的扬越，因为

---

① （汉）刘向校：《山海经》，吉林摄影出版社2006年版，第205页。

② （宋）李昉等编：《太平广记》第七册，中华书局1961年版，第2569—2570页。

③ 万幼楠：《赣南"赣巨人""木客"识考》，《中南民族学院学报》（哲学社会科学版）1995年第3期。

④ 崇义县志办公室：《崇义县志》（明嘉靖壬子旧志），内部发行，1987年，第17页。

⑤ 赣州地区地方志编撰委员会编：《赣州府志·舆地志》（同治版重印），内部发行，1986年，第73页。

⑥ 罗勇：《客家赣州》，江西人民出版社2004年版，第10页。

楚灭越后至汉初，今湖南及江西部分地区均为扬越的活动之地。[1] 在现今赣南发现了多处古越族文化遗迹，出土了许多具有印纹陶纹饰的陶器，如1993年，江西文物考古研究所和赣州地、市博物馆对处于京九铁路沿线的章贡区沙石镇竹园下商周遗址进行了抢救性发掘，出土了印纹陶鱼篓罐。这些印纹陶文化被认为是古越族文化的象征。据王东先生考证，闽西及粤东地区的原住民也应该是百越族中闽越族人，而且最晚从春秋时代开始，闽西境内就有闽越人的活动足迹，而粤东地区从春秋开始则一直是闽越族人的活动范围。[2] 由此可见，赣闽粤边区的土著居民是古越族。

扬越、闽越都是百越族的一支。“百越”又称作“百粤”，最初指古越族众多的支系，而后泛称生活于我国东南及南部地区的古代民族，分布于今浙江、江西、福建、广东、广西、海南及苏南、皖南广大地区。尽管古越族人最早活动于赣闽粤边区，而且支系繁多，但由于该区域并非古越族人的核心活动区，再加上人口数量有限，后来逐渐融入了客家族群，同化消失了。

尽管古越族消失了，但文献对古越族的服饰形象记载颇多。《淮南子·齐俗训》载“越王勾践，剪发文身”，《墨子·公孟》亦载“越王勾践，断发文身”，《史记·赵世家》云：“越之先世封于会稽，断发文身，披草莽而邑焉。”林惠祥先生在《中国民族史》中将百越族文化的特征总结为“断发文身；刺臂而盟；多食水产；架木而居；擅长舟楫水战；语言不同于华夏族，也不同于楚人”。[3] 其中，“断发文身”置于百越族文化特征之首。可见古越族服饰文化以“断发”和“文身”为典型代表。

赣闽粤边区由于不是古越族活动的核心区域，基本上没有留下相关服饰的记载。生活于赣闽粤边区的古越族服饰文化到底是怎样的风貌呢？我们只能从相关考古出土的形象资料中来管窥些许生活在赣闽粤边区的古越族服饰文化风采。

其实，古越族人很早就有了自己的服饰文化。河姆渡遗址是世所公认的越族先民文化，主要由水稻文化、建筑文化和服饰文化构成，出土了纺

---

① 吴永章：《楚与扬越、夷越、于越的关系》，《中南民族学院学报》（人文社会科学版）1986年增刊。

② 王东：《那方山水那方人：客家源流新说》，华东师范大学出版社2007年版，第76—77页。

③ 林惠祥：《中国民族史》上册，转引自罗勇《客家赣州》，江西人民出版社2004年版，第10页。

轮、木制经轴、木制经纱梳理器和木制布棍等纺织工具。河姆渡一带的服饰原料主要有葛、麻、棕榈、芦芒以及各类藤条等。① 这些服饰原料与赣闽粤边区盛产麻、葛、蓝靛等经济作物和客家服饰原料苎麻、葛、棉、棕榈、稻草、蓝靛等相吻合。古越族早期的手工纺织中有羽绒制作习俗，被称为“羽人”之国。在赣南安远县欣山镇出土了西汉羽人战船纹青铜提筒，形象装扮颇似“鸟人”（见图 3 –3），戴着高高的头饰，说明赣闽粤边区的古越族也有用羽毛制作衣服的习惯。

图 3 –3　西汉羽人战船纹青铜提筒拓片

由上可见古越族服饰文化中的一些风采：注重容饰装扮，服饰衣料用葛麻等制作，还会制作羽衣，常使用羽毛来装饰。

赣闽粤边区早期土著都是古越人和古越族后裔。刘美崧先生就有如下概括：“闽粤赣交界地区，其最初的土著民主要是南方的古越人。”② 古越族是对客家影响最为深远的族群，南迁汉人迁移到赣闽粤地区就是与他们及其后裔发生利益博弈并相互学习。即便是随着古越族的消失和南迁汉人的增多，土著渐渐被汉化，而其文化基因却顽强留存于赣闽粤边区客家文化中。

三　赣闽粤边区客家与畲瑶文化的关系

客家传统服饰作为汉族服饰的一种，却常被初次见到的人们误认为是少数民族服饰。造成这种错觉的原因，是客家服饰确实与南方某些少数民族服饰有许多相似之处。这种情形在汉族服饰体系中是少见的，这也正好说明了赣闽粤边区客家传统服饰在视觉识别性上的多元性与融合性。

---

① 杨成鉴：《越族先民和于越服饰文化》，《宁波服装职业技术学院学报》2013 年第 4 期。

② 刘美崧：《论南海王国古越人与闽粤赣边区客家先民的历史关系》，《中南民族学院学报》（人文社会科学版）2001 年第 3 期。

客家传统服饰具有少数民族服饰特征的原因，与客家族群和客家文化形成的历史背景密切相关。罗香林先生在《客家研究导论》[①] 中，提出客家民系是在经过了五次大迁徙后形成的，强调客家人的先祖是迁自北方的汉族。房学嘉先生在《客家源流探奥》[②] 中，则提出客家族群主要由古越族人构成，北方汉民只占其中的少数。目前学界一般主张融合说，如谢重光先生认为客家族群是中原汉民由于历史上的战乱、饥荒等原因，渐次南迁至赣闽粤边区后，与当地土著和畲、瑶等少数民族杂居，逐渐融合而成的。[③] 目前，客家族群融入了畲、瑶等少数民族已经成为学界的共识，如此则可以推断，客家传统服饰文化也融入了畲、瑶等少数民族服饰文化的基因。

其实，畲、瑶二族均是古老民族。早在《周易》等典籍中“畲”[④] 字就已出现，从“畲族”字面就可以把握该民族的特性：开荒耕种的游耕族群，是一批早于客家民系形成，生活在赣闽粤三省交会山区的少数民族居民。[⑤] 部分南迁这里的中原汉人一般把他们归为当地“主人”。但是，他们自称“山哈”，“哈”在畲语中意为“客人”，“山哈”即山里的客人。其实，很多学者也认为，“畲族”同“客家”一样也是移民。[⑥] 学术界还有“一种认为瑶畲同源……‘五溪蛮’（武陵蛮）即为畲瑶民族的先民，后来由于历史的原因，迁居到南岭山脉西部的被称为瑶人，在东部的则发展为今天的畲族”。[⑦] 由此可见，畲族人、瑶族人与南迁汉人具有一致的心态：客人。这种共同心理为文化融合奠定了基础。

事实上，客家先民进入赣闽粤边区后，不仅带来了先进的生产技术，而且带来了先进的中原文化。他们在与当地原住民共同开发山区的同时，

---

① 《客家研究导论》是国内最早一部对客家文化进行系统研究的力作，1933 年 11 月由广东兴宁希山书藏社出版发行，1992 年上海文艺出版社据该版将其作为《中外文化要籍影印丛书》之一影印出版，2003 年由广东省兴宁市政协文史资料研究委员会主编再版发行。

② 房学嘉：《客家源流探奥》，广东高等教育出版社 1994 年版。

③ 谢重光先生的这个观点在其《客家源流新探》、《客家文化述论》等著作中提出并不断深化和完善。

④ 徐澍、张新旭译：《易经》，安徽人民出版社 1992 年版，第 144 页。

⑤ “至迟在公元七世纪（唐代初年）时，畲族就已劳动、生息、繁衍在闽粤赣三省的交界地区。”（陈耿之：《畲族的发源地与畲族的文化影响》，《学术研究》2004 年第 10 期）

⑥ 畲民认为，自己是盘瓠的后裔，由盘瓠蛮演变而来，从湖南武陵于隋唐时期迁入赣南地区。

⑦ 宋全等：《中国少数民族史话》，中央民族大学出版社 2000 年版，第 215 页。

也与之互通婚姻，相互融合，促进了当地少数民族的汉化。他们长期杂居在一起，相互学习，特别是畲族与汉人。“（崇义）犂人附寄，刀耕火种，猎射为食；柔顺者稍向化。”[①] 赣南有畲族人口72088人，设有1个畲族乡，33个畲族村。与畲族在全国的总体分布格局一样，赣南的畲族也呈现“大分散、小聚居”的分布特点（见表3-2）。赣南畲族的总人数虽然不多，却散布于现赣南地区全部的19个县市区。[②] 这种长期杂居为文化融合创造了条件。

表3-2　赣南畲族分布与人口统计

市、县别	畲族人口		姓氏	被确认时间（年）
	1990年	2008年		
南康市	9298	14095	蓝	1986、1988
信丰县	6871	8393	蓝	1986
上犹县	3340	6817	蓝	1988
兴国县	6170	6628	蓝、雷	1953、1986、1987
大余县	5948	6061	蓝	1988
于都县	4133	5769	蓝、雷	1985
寻乌县	2911	4338	蓝	1985
崇义县	1989	3408	蓝	1988
安远县	1080	2553	蓝	1984
会昌县	3490	2436	蓝、雷	1986
宁都县	1882	2106	蓝、雷	1986
瑞金市	1552	1725	蓝、雷	1986、1987
赣县	2174	2004	蓝、雷	1986、1988
章贡区	2068	1479	蓝、雷	1986、1987
石城县	1152	1316	蓝、雷	1985、1986
开发区		916	蓝、雷	1986、1987
龙南县	776	706	蓝	1986
全南县	535	600	蓝	1986
定南县	68	203	蓝	1987

资料来源：1990年数据来自黄向春《赣南畲族研究》，硕士学位论文，厦门大学，1996年。2008年畲族人口来自笔者据赣州市民族宗教局2008年有关统计材料汇总。

① 崇义县志办公室：《崇义县志》（明嘉靖壬子旧志），内部发行，1987年，第17页。

② 陈文红：《当代赣南畲族与客家族群关系研究——以信丰田村为个案的调查》，硕士学位论文，中央民族大学，2010年。

历史上，有几个重大事件直接推动了汉族与畲、瑶二族的融合。一是南宋末年，元兵南下，时任赣州知州的文天祥在赣州起兵勤王，畲族人民在陈吊眼、许夫人领导下，组成“畲军”，配合文天祥、张世杰等抗元武装，展开抗元斗争。二是明王朝建立后，由于朝廷苛求无度，社会矛盾激化，由此激起了赣闽粤边区畲、瑶等少数民族的大规模武装反抗。1516年，畲族人谢志山、蓝天凤为反抗明政府的压迫，举行农民起义攻占南康、赣州等地，杀贪官、没收地主土地，受到当地汉人拥护。为此，朝廷一方面派兵弹压，另一方面加强了对赣闽粤边区的经略。三是太平天国运动，畲族人也积极参加，不断爆发反洋教运动，反对帝国主义侵略的斗争，等等。这些历史事件，积极地推进了赣闽粤边区的社会整合和民族融合。“战争是民族融合的强迫力量，也是文化融合的催化剂。”① 也有学者认为，共同利益是文化融合的催化剂，为共同利益而联合起来反抗入侵与压迫的战争更具有加速文化融合的作用。这些为共同利益而联合起来的斗争，客观上成为客家与畲瑶文化融合的加速剂。

正因为拥有共同的心理基础、利益和长期杂居的条件，使得畲瑶成为对赣闽粤边区客家影响最深远的少数民族，在民俗、信仰、生产、服饰等方面促成了赣闽粤边区客家文化特色。

客家族群的形成过程是一个汉族不断融合少数民族的过程。在服饰方面，客家传统服饰也表现出这种既相对独立又互相交融、相互影响的特征。客家人来到赣闽粤边区后，脱下了长袍长衫，穿上了尽可能短的唐装衫和大襟衫。这一方面是受到当地气候炎热的影响和山地水田耕作环境的限制，另一方面也许是受到畲族服饰的启发和影响。畲族服饰一般是“男女椎髻，跣足，衣尚青、蓝色。男子短衫，不巾不帽；妇女高髻垂缨，头戴竹冠蒙布，饰缨珞状”。所以畲族传统服装都较短，紧身，朴实无华，适合山地生活。畲族男子通常穿短袖开襟上衣，妇女则穿右侧开襟，衣领、袖口紧缩并镶有花边的短上衣。客家人所穿的短唐装衫和短大襟衫，无疑吸取了畲族服装短而窄的优点，以适应山区生活环境。因此客家人的日常服装与北方汉族又长又肥大的服装相比，除了款式外，已有很大改变。

客家妇女摒弃了中原汉族传统的裙装，穿上了裤装，也明显地受到了畲族妇女服饰的影响。畲族妇女历来与男子一样，长年累月参加山地劳

① 弭希荣：《两希文化融合的历史根源》，《社会科学战线》2002年第7期。

动。为了防止蚊叮虫咬，荆棘刺伤，她们在劳动时从不穿裙子，而穿裤头阔大、裤管却较窄的裤子。畲族妇女也不缠足，赤脚劳作。畲族妇女穿的大襟衫，衣领袖口和右襟多镶花边，色彩绚丽，中青年妇女花多，边纹宽，老年则花少，边纹窄。今天我们所见到的客家妇女的大襟衫，袖口领边的花纹装饰与畲族妇女的颇为相似。

吴永章先生在《客家民俗中的越、僮之风》[①] 一文中就举述了服饰、杂俗等十五项文化事象，足可以说明客家与土著文化的关系。李莜文则列举若干客家服饰的特征，认为客家服饰深受南方少数民族文化融合之影响。如客家妇女所戴的凉帽，与水上居民的凉帽相同；客家新娘所披的绣花云肩，在壮、瑶族的婚礼上也可看见。客家人与壮、瑶人下田劳动，都喜欢扎一条素色头巾以遮阳或拭汗；客家新郎所穿的绣花高头脚，与壮族男子的节日盛装雷同。客家妇女扎围裙的织带，与畲、瑶民族的织带，不仅用料相同、织法相同，甚至花纹亦相同。客家扎绑腿，抑或是壮、瑶、畲民族的遗俗；而船形绣花鞋，客家妇女爱穿，壮家山寨也处处可见，特别是客家新娘所穿的百褶裙，与壮、瑶新娘所穿的百褶裙式基本相同。[②] 因此，客家文化与南方少数民族文化的相互影响，使两者的服饰文化呈现了多元因素。

第三节　自然人文环境

依据地理学科体系的“二元论”[③]，地理环境包括自然地理环境和人文地理环境。自然地理环境是地球表面自然物质与物质运动及其相互关系呈现出的环境特点，具体包括气候、水环境、土地、生物、地质，以及它们与人类活动的关系，等等。人文地理环境是族群、人口、经济、生产、旅游、军事等人文事象的地域分布与组合，即指人类为了生存发展，而以地理环境为基础进行各种文化活动的地域性分布与组合。这些文化分布与

① ［美］吴永章：《客家民俗中的越、僮之风》，《嘉应学院学报》（哲学社会科学版）2004年第2期。

② 李筱文：《从客家服饰看其文化与南方少数民族文化之融合》，《中央民族大学学报》2002年第5期。

③ ［美］R. 哈特向：《地理学性质的透视》，黎樵译，商务印书馆1983年版，第66页。

组合往往构成人文圈、社会圈等形式，它们既是现有文化呈现的体系，也是新文化事象发生的环境。再从二者的关系看，自然地理环境是人类赖以生存的具有基础性和物质前提性的空间维度；人文地理环境实质上是人文与自然地理的相互结合与相互作用，也是人类赖以生存的社会、消费（经济）等维度之和。可见人类文化的发生、发展与地理环境密不可分。

我国古代就有很多关于自然环境影响一个族群气质（性格）、体质和文化的论述，《礼记·王制》曰："凡居民材，必因天地寒暖燥湿。广谷大川异制，民生其间者异俗。刚柔、轻重、迟速异齐，五味异和，器械异制，衣服异宜。"①《淮南子·坠形训》亦曰："是故坚土人刚，弱土人肥，垆土人大，沙土人细，息土人美，秏土人丑。"②《汉书·地理志》有"百里不同风，千里不同俗，户异政，人殊服"③ 之训。再如法国学者丹纳在《艺术哲学》中更加直接地叙述了地理环境对服饰艺术的影响。④ 可见服饰与地理环境相适应，与生产力水平密切相关，有着很强的地域性特点。

这一规律在客家服饰艺术中也有反映。客家传统服饰的形成、发展与变化，深受客家地区独特的自然环境和人文环境等因素长期的影响，而形成了鲜明的特色，是它们相互联系、渗透和结合的产物。

一 赣闽粤边区的自然特征

赣闽粤边区是指江西南部、福建西部和广东东部交界的区域。该区域主要以山地和丘陵为主，气候属亚热带季风气候区。武夷山脉和南岭山脉分别将赣南、闽西和粤东分割成相对独立的地理空间：武夷山脉为赣、闽两省天然分水岭，东属福建、西属江西；南岭山脉的大庾岭和九连山，为赣、粤两省天然屏障，岭南是广东，岭北是江西。

赣闽粤边区山深林茂，丘陵起伏，众多山脉横亘其中。清同治《赣州府志》载，赣南"地大山深，疆隅绣错"，四周为大山所阻，东有武夷山，南有大庾岭和九连山，西有罗霄山，北有雩山，众多山脉及其余脉向中部及北部逶迤伸展，形成周边高于中间、南高于北、相对封闭的地理单元。闽西境内武夷山脉南段、玳瑁山、博平岭等山岭沿东北—西南走向，大体呈平行分布。平均海拔 652 米，千米以上山峰有 571 座。粤东处五岭

① 陈戍国点校：《周礼·仪礼·札记》，岳麓书社 1989 年版，第 333 页。

② 何宁：《淮南子集释》，中华书局 1998 年版，第 343 页。

③ 《汉书》卷二十八《地理志》。

④ 详见［法］丹纳《艺术哲学》，傅雷译，安徽文艺出版社 1991 年版。

山脉以南，地势北高南低，山系主要由武夷山脉、莲花山脉、凤凰山脉三列山脉组成，海拔千米以上的高峰有140多座。

同时，赣闽粤边区水系特别发达，溪水密布，河流纵横。赣南山区成为赣江发源地，是珠江之东江的源头之一，境内千余条支流汇成上犹江、章水、梅江、琴江、绵江、湘江、濂江、平江、桃江9条较大支流。其中由上犹江和章水汇成章江，其余7条支流汇成贡江，而后章江和贡江在章贡区八境台城楼下汇合而成赣江，北入鄱阳湖，汇入长江。闽西共有110条集水面积达到或超过50平方公里的溪河，分别属于汀江、九龙江北溪、闽江沙溪、梅江水系。粤东境内主要河流有韩江，全长470公里（梅州境内长343平方公里），流域30112平方公里（梅州境内14673平方公里）；梅江，全长307公里（梅州境内长271公里），流域面积13329平方公里（梅州境内10888平方公里）；汀江，全长323公里（梅州境内55公里），流域面积11802平方公里（梅州境内1333平方公里）；同时还有琴江、五华河、宁江、程江、石窟河、梅潭河、松源河、丰良河等。

由上可知，赣闽粤边区突出的环境特征是山脉和河流众多。而服饰的产生是人类对自然环境适应的结果。客家人所居之地多为荒僻山区，山多田少，土地贫瘠，出产很少，物资生活贫乏。如康熙年间程乡县（今梅县）“自服耕外无别业可治”，“固其民贫”。① 至嘉庆年间，平远县民仍是“重本轻末，耕耘纺织，昼夜操作，鲜作行商远贾”。② 故历史上有“土壤瘠硗，人民贫啬”之说。正是这种自然地理环境孕育了客家传统服饰特色。

由于赣闽粤边区气候炎热且潮湿，帽子在客家地区很常见，其功能主要不是御寒，而是遮阳避雨。居住在山区的客家人至今普遍使用具有强烈地域特色和族群特征的凉帽（东江客家地区称为“苏公笠”）。据许桂香、司徒尚纪研究，为适应在崎岖不平、荆棘丛生的山区劳作，客家妇女很少穿平原地区妇女所穿的裙装而是穿裤装。客家女子的服饰多以蓝、灰、黑为主，崇尚自然、朴实。因为客家人生活在四季如春的南方，长年累月过着封闭式的山地生活，蓝天、绿树、清水、红土等所有这些既朴实又充满生机的颜色，都使客家人感到优美、自然、亲切，爱美的客家女性毫无疑

① 康熙《程乡县志》卷一《风俗》。
② 嘉庆《平远县志》卷二《风俗》。

问地迷恋上自然的本色。[①] 如赣南就有丘陵盆地和江河密布的特点，还有四面环山、红壤地质、盛产有色金属、耕地较少等特点（见表3－3）。

表3－3　赣南自然特征与客家传统服饰特色

赣南自然特征		相关的服饰特色
河流	1. 位于赣江上游 2. 江河、小溪密布纵横，约有1028条江河，其中赣江面积最大	短衣短裤，方便实用，少装饰
山脉地质	1. 处于南岭、武夷、诸广三大山脉交界地 2. 群山环绕，周边高于中间，南高于北，属于江南丘陵地带，兼有盆地特点 3. 属南方红壤分布区	戴客家凉帽遮阳避雨，为适宜山区劳作多穿裤装
气候季节	1. 属于亚热带湿润季风气候，全年温和（年均18.9℃左右），无霜期长，雨量充沛，年均降雨量约1650毫米，山中湿瘴较重 2. 四季分明，同时常表现出“春早夏长、秋促冬短”的特点，春季阴雨连绵、湿气重，夏季涝旱常有、酷热时短，秋季气和风爽、有短时燥热，冬季冷少雨雪、偶有湿寒	客家服装的品类主要以春冬、夏秋两类为主；因湿热而多穿木屐
物产	盛产有色金属、竹、木、苎麻、葛、蓝靛……	葛、苎麻、夏布成为客家服饰的主要原材料，蓝靛用于染色，使得蓝色成为客家服饰的主色调

注：相关的服饰特色还有很多，在此不一一列举。

二　赣闽粤边区的多元地理文化类型

客家族群的迁徙历程使得他们经历的人文地理场域不再像其他多数族群那样单一。俗语云“一方水土一方人”，客家人可谓经历了多方水土养

---

① 许桂香、司徒尚纪：《岭南服饰历史变迁与地理环境关系分析》，《热带地理》2007年第2期，第181页。

育，依据地理环境的特点可以将客家文化构成的诸多因子（见图3－2）主要归为平原文化型、山地文化型和河海文化型三类（见表3－4）。这些地理文化类型共同促成了客家传统服饰集大成的特色。首先，客家传统服饰是以中原服饰为基础演变而来，其造型有平原文化型服饰简练、轻便的特点，纹样有平原文化型朴拙、幽古的特点。其次，客家传统服饰在汉、越、畲（瑶）等族的混居环境中孕育而生的，其造型在保留中原服饰的基调上，又具有山地文化型中服饰区域差异较大的特点。例如赣州三南（定南、全南、龙南）服饰有畲风，安远、崇义服饰有楚意等特点。其装饰纹样也有山地少数民族的神秘特点。最后，客家传统服饰特点在途经地文化激发下不断鲜明，例如，其色彩含有水乡服饰的悠情，蓝色基调成为客家女子传统服饰典型的视觉识别形式之一。再如，客家凉帽还带有沿海韵味，等等。

表3－4　客家文化诸因子的类型及特点

地理文化型	文化因子	特点
平原文化型	中原、吴越等	平原开阔，人性直爽，区域内服饰差异较小，整体简练、轻便等
山地文化型	客家山区、瑶畲山区等	山地阻隔，百里不同风；人性坦诚好客；区域内服饰差异较大
河海文化型	长江、沿海等	风景秀丽，万物生机盎然；人性机敏、多情、平和；服饰有水乡悠情
……		

三　赣闽粤边区的重大历史事件

重大的人文事象会长久渗透于人们的日常生活，对人们的文化心理及性格产生深远影响，同时它又不断刺激着另一文化事象的发生、发展，文化事象间形成绵延的链条。众多地域人文事象综合在一起营造出独特的人文地理环境，客家地域人文事象丰富，其中重大的人文事象对服饰文化特色的形成有重要作用。赣闽粤边区山峦屏障、省际交汇，这使得它成为历史上重要的军事要地。暂列举与其服饰特色形成有紧密关联的两个重要历史事件如下：

（一）太平天国运动

太平天国运动（1851—1864年）是中国近代影响深远的一次农民起

义。不仅如此，它还与客家人、客家文化甚为密切。首先，太平天国运动的组织者与主力军多是客家人：天王洪秀全是广东省花县人，南王冯云山是广东省花县禾落地人，东王杨秀清、西王萧朝贵与北王韦昌辉是广西桂平县人，翼王石达开与天官丞相秦日纲是广西贵县人。特别是天王洪秀全祖籍在广东省梅县石坑镇磜下村，更是地地道道的客家人。此外，革命途中还有很多客家义士加入起义大军，太平天国最后覆灭又是在梅县。难怪左宗棠在剿灭太平天国起义军后向清廷的奏报中说，“太平军起于嘉应，灭于嘉应”。

再有，太平天国运动由南至北途经客家地区，其主张与客家人的服饰习俗相互影响、相互渗透。太平天国纲领的反清意识在服饰制度上表现为推翻清制，试图恢复汉制。定都天京以后，提倡新的衣冠服饰。如改革后的太平天国妇女多戴披肩头巾，这对赣南客家冬头帕的结构形式（披肩、护额、丝带三部分）和穿戴方式起到了巩固作用（见图3－4和图3－5）。[①] 再如，太平天国倡导女性不裹足，女军多穿宽衣、无领短衫和大脚裤等服饰，这与她们取法于客家传统服饰不无关系。这些服饰制度同时对客家传统服饰观念起到强化作用。

图3－4　太平天国妇女服饰

---

① 张海华、周建新：《江西三南客家妇女头饰——冬头帕》，《装饰》2006年第10期，第38页。

图3-5 戴冬头帕的龙南妇女

（二）红色革命

在我国近现代革命的历史中，客家人及客家地区起着非常重要的作用。首先是武装斗争方面，如赣南、闽西地区的客家人积极配合我党开辟革命根据地，特别是在瑞金成立了中华苏维埃共和国，此后，客家人在反围剿、抗日战争和解放战争中均发挥了重要作用。仅兴国一地就有8万人参军，12038人成为长征路上的烈士，兴国群众还为长征红军捐送了50万双布鞋草鞋、大批军需用品以及毛线、被毯等物资。[①] 武装斗争中军民合作、并肩作战，建立起了非常好的军民关系。再就是理论方面，毛泽东思想理论的初步框架就形成于客家地区。如《寻乌调查》、《查田运动的群众工作》、《星星之火，可以燎原》、《兴国长冈乡调查》和《怎样分析农村阶级》等论著的形成都与毛泽东在客家地区的调查实践有关。随着红色革命不断实践和理论不断推广，民间对人民军队和毛主席的敬仰也越来越得到提升、巩固。

这些红色革命事象带来的观念不断渗透至客家人的日常生活中，如赣南冬头帕丝带上就出现了“国”、“党”、“司”、“局”、“革”等文字纹样，绣花鞋垫上常常可见五角星符号和友谊字样等（见图3-6）。

① 中共兴国县委党史工作办公室编：《兴国人民革命史》，人民教育出版社2003年版，第145—149页。

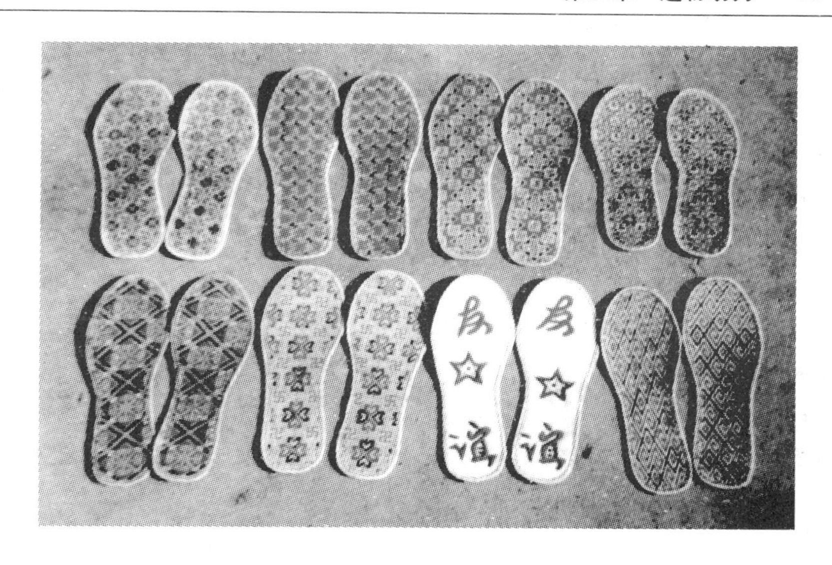

图3-6　客家绣花鞋垫（五角星符号和友谊字样）

第四节　客家传统制器思想

中华民族制器文明历史悠久，遗产丰厚。在中华民族制器文化大背景下，在客家民系形成与发展的过程中，客家人为了适应和改造生存环境创造出了客家制器思想。它是中华民族制器文化的重要组成部分，构建着客家民系的物质文明与精神文明，并成为维系该民系存在与发展的内在核力。

一　客家先民制器思想的背景

（一）精神背景

《易·系辞》曰："以制器者尚其象。"可见古代先民所用器物，是通过"观象制器"而得，并且崇尚以器"象"这种形式来传达人的思想和理念。客家人从北方平原迁至南方丘陵，自然之"象"发生了极大的转变；由北方亲和氛围到南方土匪氛围，人际之"象"发生了显著的转换；由北方中原文化主流中到南方土著与少数民族文化主导中，文化之"象"发生了深刻的转化。这些实际上造成了客家南迁先民新的生存困境。人们在挫折面前时常表现出两种态度退缩或进取。客家先民选择的是后者，于是这些逆境之“象”，便成为陌生且新鲜之“象”，成了客家先民制器拓新重要的核心动力。于是从本质看客家制器思想是建立在客家人“开拓进取”精神之上的，也可以说客家制器活动在深层次凝聚了客家人“开拓进取”的思想精神。

（二）现实背景

众“象”所至，客家先民南迁客地面对的最大困难是生存；最先维持的也是生存。即便是后来客家人反“客”为“主”，也还面临着资源缺乏等生存问题，于是客家制器活动在“生存”这个目标指引下开始了。远古石器已经为我们证明，围绕“生存”展开的造物制器活动是以“实用”为最高标准的。客家制器活动就类似这样，“实用”是客家制器的前提基础，也是排在第一位的价值追求。

（三）形制（气质）背景

客家人之所以能选择用“进取”来面对逆境，是因为他们的独特经历。客家先民从中原至客地，颠沛流离的生活，一方面，磨炼了他们坚韧不拔的意志；另一方面，历经南北文化、见多识广，培养了他们的文化自信心。这些积淀成他们创新涉险的文化因子。促成了他们汉化土著，反“客”为“主”，自成民系；也同时促成了他们制器的信心与欲望。于是，在这些客家制器活动的一般背景与过程中，客家器物都流露出自信、大气、质朴的气质和“实用”的美德。

二　客家传统制器思想的内涵与作用

（一）客家制器思想之内涵

“观象制器”是客家制器活动的基本背景，同时也是客家制器历程中的重要指导思想。客家制器活动中与“观象制器”交织在一起，共同起作用的还有“道器”“形器”与“制器”等思想。

《易·系辞》曰：“形而上者谓之道，形而下者谓之器。”又曰：“见乃谓之象，形乃谓之器，制而用之谓之法。”① 由此可见《易》主张的制器（造物）思想为五个环节：象、道、制、形、器。这五个环节是制器活动的先后流程，缺一不可，相互制约又并重且统一。但是，在后来的封建正统文化中制器思想围绕“道统”发生着以下变化：孔子主张“君子

① 靳极苍详解：《周易》，山西古籍出版社 2003 年版，第 80—82 页。

谋道不谋食”①，朱熹提出：道本器末；道家主张“有机械者必有机事，有机事者必有机心”②，儒家主张“制”按照“礼”的严格规定与程式进行，既“制”常归入“道”，制器活动具有一种程式化的价值取向和礼制标准等等。这些思想在促成我国古代造物辉煌的同时，也走向了两个极端：一是“重道轻器”，使得“器”的本质被“道”掩盖，“制”与“道”过分亲和，这以儒家思想为代表；二是“重道器轻形制”，使得“形制”与“道器”过分分离，以道家思想为代表。这两个极端意识都使“制”的创造性不是被“道”掩盖，就是被“器”束缚。客观上使我国古代造物文明史在四大发明之后放慢了发展步伐。

客家制器思想不同于封建正统，它没有混同“器”、“制”、“道”、“形”的概念，主张以“生存”为最高标准（核心），在关注“器”本质价值“实用”前提下，回归《易》的制器思想；注重“象器统一”、“道器统一”、“形器统一”、“制器统一”，并兼顾以上四者的统一（见图3-7和图3-8）。③ 上述客家制器思想中一个前提基础与四个统一之间均不是孤立的，而是相互制约且统一的关系。从象中得出器物制作规律与构思，

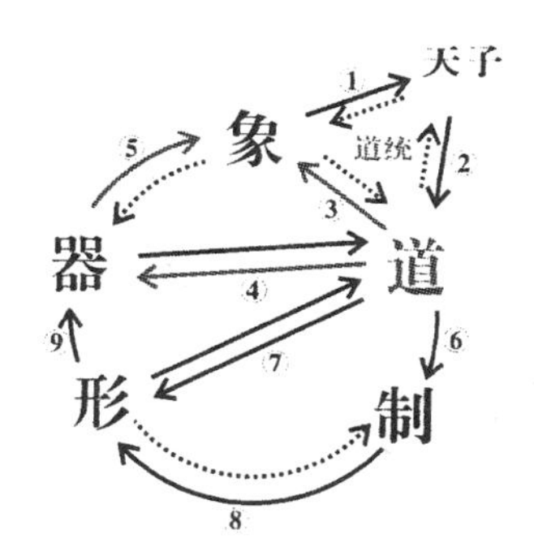

图3-7 封建正统造物思维系统

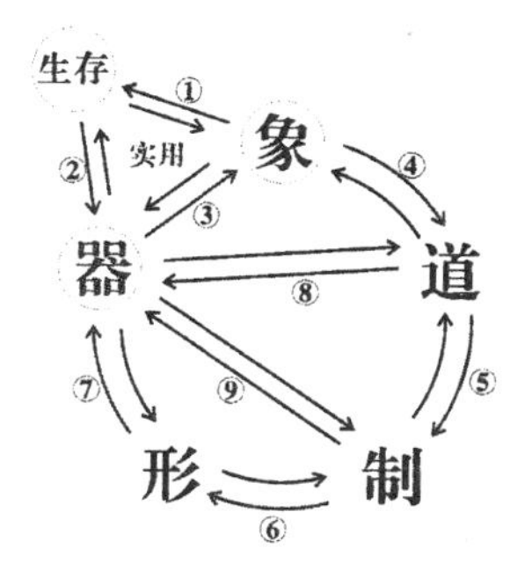

图3-8 客家制器思维系统

① 程树德：《论语集释》第四册，程俊英等校，中华书局1990年版，第1119页。

② （清）郭庆藩撰，王孝鱼点校：《庄子集释》全四册，中华书局1961年版，第433页。庄子借老农之口说出了：“有机械者必有机事，有机事者必有机心。机心存于胸中，则纯白不备。”由此可概括道家“道器”观念为：（1）器物是一种精神示范，心性所指，既强调凝结在器物上的精神功能；（2）轻视华饰与机巧，注重朴素的实用功能；（3）“载礼释道”器物有承载道的功能。于是严格地说道家的制器思想强调器物本身的功能内容，重道器，轻形制；并制与器分离，即在一定程度上将器的功能形式与技巧分离。

③ 参见张海华《客家传统制器思想初探》，载罗勇主编《客家文化特质与客家精神研究》，黑龙江人民出版社2006年版。

由其指导技制，施于材料形式，产生器的成品，再到器承载着道象，并强化、物化着道象，正好形成一个完整的回环，缺一不可。这些正是客家制器思想向《易》回归的表现。

例如，在赣南客家婚礼中，新娘出嫁时要头顶“竹筛”，当地客家人解释，其一，意为辟邪，“筛”为网，起辟护之意；其二，意为祈福，祝福多子多孙。这些价值取向，我们今天看起来似乎是制器活动后的主观意会，与筛这种器物具体的物质功能完全相异。当我们追溯到六千年前半坡仰韶文化的人面彩陶盆上时，就可以发现同样的网状符号。靳之林先生在《抓髻娃娃》中指出：这个符号用意在对死者灵魂不死、生命永生的祈愿。[①] 可见，用“竹筛”祈福思想不是主观意会，而是一直藏于客家文化基因中与制器上的价值取向。在客家一些地方也还有将类似网纹绣在婴儿背带上的现象，其寓意是祈福婴儿生命旺盛与将来子孙兴旺。比较这些还可见客家人把中原祭魂祈福的思想运用于新婚、新生命的祈福中，这是客家人颠沛流离之后形成的一种豁达的人生态度，独特的生死共存观。这种观念取向同样指导着众多的客器制造。客器上这些象征与寓意也反映出客家制器对本原文化思想回归的特点，与追求本原价值取向的心理特征，这也进一步验证了客家人“宁弃祖宗田，不忘祖宗言”的传承观。

（二）客家制器思想的作用

第一，对“器”的直接影响。上述“观象制器”与“道器”等思想早在《易》之前就出现了。自从被《易》概括、总结出来以后，它们在众多著名典籍中不断出现，可见是古代制器的重要思想依据。客家先民多衣冠士族，不乏饱学之士。这些身份与文化的自豪感促成了他们因地制宜地将这些思想创造性地运用于客家制器活动。客家器物在形质、材料、结构、装饰、技巧和价值取向等方面，因制器思想直接影响与作用表现出来以下整体特征：

（1）客家器物的形制（气质）基调多为粗悍结实、大气，有的甚至拙朴；

（2）大多客家器物体现出对材料与技术的综合运用；

（3）客家器物在保证结构部件实际功能的同时，特别强调对耐用性

---

① 靳之林：《抓髻娃娃》，广西师范大学出版社2001年版，第166页。

的追求；

（4）极少有以装饰为直接目的的结构部件，多为实在的有具体功能的部件；即便如此，客家器物却非常强调对功能部件进行形式上的审美处理；

（5）客家器物注重质朴、实用价值取向在精神层面的功能作用。

第二，对客家民系内在机理的维系与构建。客家器用的功能分为“生”与“死”两个领域和物质与精神两个层面。其实，这四者给我们划分出了客家民系内在的基本机理。其中又以精神与物质两个层面最为重要。在客家人统一人鬼神、天人物的同时，客家制器因道而成，反过来又强化了道，进一步促进了客家人的人格强化；因开拓精神而生，反过来又促进了客家人的开拓精神与自信。同时，客家制器注重实用，相比中原受礼制等级约束减弱，也表现出客家妇女在客家世界的地位显著提升，甚至成为客家制器的主力军。这些促成了客家社会精神层面的良性循环。于是，在其中孕育出了众多的历史名人，如文天祥、洪秀全、冯子材、孙中山、廖仲恺、朱德、叶剑英等。

也正是客家人摆正了“道器”、“制器”等关系，使得技能被客家引进利用，并在客家传播发展。这样才促成了赣南七里镇的制瓷辉煌；出现了客家建筑风格的被创造和利用武器来抵御并战胜土著的侵扰，从而立足客地，反客为主，等等。

可见，客家制器思想在客家世界精神文明与物质文明的发展中起着非常重要的良性作用，是维系客家民系存在、发展的内在核力之一。

三　客家制器思想对客家服饰的影响

客家制器思想与中原正统文化相比，受礼制等级约束较少。这种思想在客家传统服饰中有着明显的印证，并产生很大影响。

第一，从客家传统服饰的结构来看，“新三年，旧三年，缝缝补补又三年”，由于物质缺乏，一件衣物常在成年不同年龄一直可穿，有甚者要跨越青年、中年、老年三个阶段，于是在年龄阶段上服装样式变化极小；在性别上客家成年男女多穿大襟衣和大裆裤，没有太大差别；儿童男女服装的差别就更小了。

第二，从客家传统服饰服色看，客家服色多为黑、蓝、青，也还有白色与红色。前三者在古代常属于一个色系，常常是客家春冬装的服色；白色常是客家夏装和内衣的服色；红色服装多在姑娘出嫁时使用。这些色彩使用主要与季节、时间有关，无明显的等级区分。

第三，从客家传统服饰纹饰看，客家服装纹饰主要出现在女性与儿童衣服上，其纹样主要是祈福、辟邪的图符或饰物，没有明显的礼制与等级寓意。这些现象的形成，一方面，是由于生活环境的恶劣，物质的紧缺，使得蔽体御寒成为客家服饰追求的第一目标，对于服饰上的礼制与等级区分，已经没有多余的心思考虑。另一方面，也是由于客家人居地交通不便，远离中原政治文化中心，封建正统礼制鞭长莫及，相对松弛。这些成就了客家服饰礼制与等级的相对淡化，也是整个客家制器活动中制与道亲合较少，受礼制等级约束较少的原因。

赣闽粤边区客家传统服饰特色的形成就是这一思维系统的体现，借用国外学者关于“需要是个性的一种状态，它表现出个性对具体生存条件的依赖性。需要是个性能动性的源泉”[①] 的观点也可以延伸出上述思维系统的意义，并可以进一步得到以下观点：赣闽粤边区客家人在特定的生存条件里，凭借坚毅的个性围绕“生存”核心对“器”价值的需求正是其创造力的源泉。简而言之，赣闽粤边区客家人的生存需要，就是客家服饰艺术（实用艺术）不断被创造的源泉。于是，我们可以在客家制器思维系统里对赣闽粤边区客家传统服饰的形质、材料、结构、装饰、技巧和价值取向等方面特征进行整体归纳：

（1）赣闽粤边区客家传统服饰形制（气质）的基调多呈现出结实、大气、拙朴、甚者粗悍的特点。

（2）赣闽粤边区大多数客家传统服饰体现出了材料与技术综合运用的特点。

（3）赣闽粤边区客家传统服饰制作中，一边保证结构元素的实际功能，一边还特别强调耐用性。

（4）赣闽粤边区客家传统服饰上较少出现以装饰为直接目的的装饰构件，几乎都是具体的实在的功能构件。同时，非常强调功能构件形式审美的处理。

（5）赣闽粤边区客家传统服饰特别注重质朴、实用价值取向在精神层面的功能作用。

---

① ［保］尼科洛夫：《人的活动结构》，张凡琪译，国际文化出版公司 1988 年版，第 47 页。

小结

综上所述，客家服饰特色的形成是多种因素综合作用的结果，其形成与发展明显受客家人的中原情结以及赣闽粤客家地区的自然人文环境、文化融合等因素的影响。

（1）客家人根在中原，常以“中原贵胄”、“衣冠士族”自居，对故土的文化具有强烈的情结，表现在服饰上，保留了中原服饰宽松肥大的形制风格。但一路迁徙，必然会遭遇不同的地域文化的碰撞与影响，为了适应新的生存环境，这样就无法一成不变地固守原有的文化形态，从而产生了文化的交融。客家服饰正是在这种固守与交融两种力量的合力作用下，形成自身特色的。

（2）客家服饰融合了迁徙地和定居地原住民服饰文化元素。具体来说，是受到了万物有灵的楚文化和我国传统制器思想的影响，积极吸收了古越族、畲族、瑶族等少数民族服饰文化因子。

（3）客家服饰的发展与演变从始至终都受到了赣闽粤边客家地区自然人文环境的影响。从服饰制作的原材料到服饰色彩的选择等，均受到了气候、地形地貌等自然条件的限制，同时，也受到诸如太平天国运动等重大历史事件的影响。

第四章 视觉文明

——客家服饰的艺术风格

客家服饰特色形成在漫长的农耕历史中，经历了孕育（先秦至唐）、凸显（宋元）、成熟（明清）、失落（民国至改革开放后）和创意转变（现当代）五个阶段，其间呈现出了丰富的品类。特别是成熟阶段的品类流传之广、影响深远，以至于今天，在偏僻的乡村还能寻觅到她们的身影。对服饰品类的探讨实际上已具有分类学的作用，“分类问题在人类活动——从人的心理、生理以及直觉领域到严谨的形式逻辑的科学建构——中都会有意或无意地遇到”。[①] 于是，我们更加不可回避地需要借用分类方法将她们系统地呈现出来，以便于研究与分析。此时我们感到任何一种分类方法都有可能以偏概全，不能尽美，几种分类方法也可能交织在一起。矛盾中我们还是从以下分类级入手探讨赣闽粤边区客家传统服饰丰富的品类特点。

服饰包括服装与饰物两个部分，我们也把赣闽粤边区客家服饰的品类分为服装与装饰物两大类，这作为第一分类级。再依据不同体位将服装分为头衣、上衣、下衣和足衣四个主要部分，装饰物分为头饰、耳饰、项饰、腰饰和手饰等。在第二分类级基础上以气候（季节）和造型为主导进行第三级分类。再融入年龄、性别、功能、材料等分类方法充实第四分类级，并找出赣闽粤边区客家传统服饰的品类特点。

第一节 从体位看客家服装的品类

人的形体特点对服饰造型起着重要作用。今日赣闽粤边区 40 岁以上的客家人给我们的印象是头以“甲”和“目”字形居多，肩宽、臂稍长、

---

① ［俄］M. П. 波克罗夫斯基：《关于分类学体系》，刘伸摘译，《国外社会科学》2007 年第 2 期。

四肢结实有力，发色黑、肤色黄褐。透过今天客家人的形体特点可以推测古代客家人的形体面貌。在此基础上，加上现代遗传学帮我们探明了客家人体内主要融有中原汉人与畲族人的基因，再加上现代考古为我们提供的古代图像资料[①]（见图4－1和图4－2），可以帮助我们更进一步推测古代客家人的形体面貌。明、清时期是客家服饰成熟阶段，也是客家人及文化成熟阶段。此时，客家人的形体面貌大致是头以“甲”和“目”字形居多，也见“申”字形；面稍平，目稍凸；发色黑、肤色黄褐；肩宽圆、臂稍长、腿稍短；客家贫民女子几乎天足，四肢结实。客家人的形体对客家服饰特色的形成也有诸多影响，下文就以体位为分类级来探析其特点。

图4－1 江西省赣州出土的宋代木俑与陶俑[②]

一 头衣

“避其寒，饰其首”是传统头衣产生的动机。头衣，也称首服，在中原汉文化中主要包括：冠、帽、巾、帕等。其中，戴帽、巾或帕是为了御寒、护首，实用是主要目的；而“戴冠，仅仅是为了装饰”。[③] 因赣闽粤边

① 古代图像资料多是一些艺术品，其中表现的人物多经过艺术手法处理，不一定完全同于现实人物。但是，在古代资料缺乏的情况下古代艺术图像也不乏为一项重要的参考资料，也能说明相应时代崇尚的形体审美标准。

② 赣州市历史文化博物馆。

③ 周汛等：《中国古代服饰大观》，重庆出版社1995年版，第1页。

（明）妈祖　　（清）妈祖　　（清）广泽 尊王

图 4－2　福建彩绘木雕与泥塑神像①

区物质贫乏和客家人在迁移中形成的朴实节俭习惯，冠在赣闽粤边区客家民间头衣中相对较少。又因赣闽粤边区山地丘陵气候，湿润中常常透着寒气，为了防湿避寒，在漫长生活实践中赣闽粤边区客家民间流行着男戴帽、巾，女戴巾、帕，童戴花帽的习俗。也因此促成了赣闽粤边区的帽、巾、帕具体样式较中原同时期更为丰富，主要表现为赣闽粤边区客家传统头衣既有北方头巾文化的影子，又有南方少数民族头帕的形式；既有唐代遗风，又有流行风俗。

赣闽粤边区客家常见的头衣品类见表 4－1，下文详细列举其中几种最具特色的头衣形式：

表 4－1　　赣闽粤边区客家传统头衣部分品类

<table>
<tr><th></th><th>男</th><th>女</th></tr>
<tr><td>儿童</td><td colspan="2">材料：布帽、线帽等　形质：狗头帽、狮头帽等　功能：风帽、护耳风雪帽等</td></tr>
<tr><td>青年</td><td>瓜皮帽、毡帽、索顶布帽、线帽、斗笠、草帽等</td><td rowspan="3">冬头帕、半冬头、纱巾、包头巾、有帘帽（凉帽）、斗笠、草帽等</td></tr>
<tr><td>中年</td><td rowspan="2">瓜皮帽、风帽、斗笠、草帽</td></tr>
<tr><td>老年</td></tr>
</table>

① 来源于福建中国闽台缘博物馆。

（一）童帽

儿童的头衣以帽为主，赣闽粤边区客家童帽依照造型又可分为：仿生童帽（如狮头帽、狗头帽、猪头帽等）与一般童帽两大类。依据用途不同可分为：齐耳帽、披肩风帽（如活动披肩风帽、连体披肩风帽等）两大类。根据装饰手法可分有：刺绣花帽（如鸡公帽、花蝶帽等）、银饰童帽（如八仙帽、福寿帽等）和银饰绣花帽等。按照使用的材料可分有土布童帽、绸缎童帽、线童帽和棉童帽等。各种类型的童帽交织在一起形成了客家丰富的童帽风格（见图4－3）。

客家童帽的特色在于：一是装饰性强，除了婴儿帽较少装饰外，其他童帽普遍用绣花纹样、吉祥文字、银质饰品等装饰。二是寓意深刻，赣闽粤边区山水灵异飞动，蛇蟑横行，客家婴孩成长不易，赋予童帽深刻的趋吉辟邪寓意。以下选取客家绣花帽和玲帽说明。

绣花帽是客家人对绣满纹样的童帽的统称，而不是对某一种帽式的专称，经常直呼为花帽。由于客家妇女惯于勤劳苦作，女红艺术甚为精湛，妇女们常在童帽上绣纹样图案用于装饰或寄托象征。所以客家绣花帽种类繁多，通常所说的狗头帽、虎头帽、兔帽、扁鸡帽、平顶帽、圆顶帽、锁埂帽、铃帽等都可以称为绣花帽。[①] 绣花帽的主要功能是防风御寒，所以制作材料厚实保暖，一般做成多层，布料是客家妇女利用废旧布和米浆自制而成的布骨。帽面常见的颜色是黑、红、蓝等色，绣满纹样，色彩斑斓多姿。

相传客家人喜戴绣花帽的习俗源于清朝光绪年间发生在赣南定南县的一次瘟疫。当时瘟疫造成大量人口死亡，客家人祈求平安，绣花帽便成了寄托美好愿望的重要载体之一。[②] 其实，我国在帽上绣花历史悠久，此传说不一定可信，但却真实反映了客家人生活环境相对恶劣，开发程度较低，蛇蟑横行，造成客家人哺儿育女更为艰辛的事实。客家父母为祈祷保佑孩子健康成长，四季平安，往往在童帽形制、纹样和银质装饰的选择上带有吉祥避邪之意。

以狗头帽和虎头帽为例。二者均为仿生帽，因其外形酷似狗头和虎头而命名。在客家地区流行的狗头帽有两只高高竖起的狗耳朵，有的还有两

① 张顺爱、黄丽芸：《赣南客家绣花帽》，《广西民族大学学报》（哲学社会科学版）2009年第S1期。

② 廖云白：《客家吉祥文化——铃帽》，《寻根》2003年第1期。

福建童帽

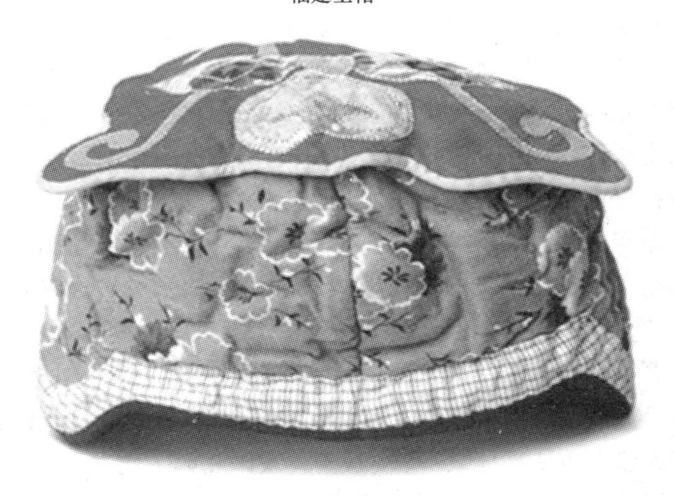

赣南龙南童帽

图 4－3 福建、赣南童帽比较

只眼睛，儿童戴起来显得既机敏又威风。它有多个种类，区别在于帽尾，有的帽尾仅比前额稍长一点，而有的则是长尾，长尾又有斜尾、三角拖尾等。而且有的帽尾与帽的主体连成一体，而另一些则帽尾与帽的主体可拆卸。帽面花色多种多样，以吉祥喜庆、驱恶避邪为主。狗头帽在客家地区之所以广泛流行，除了戴上狗头帽孩子显得聪颖、有生气外，还与客家人的风习相关。客家大本营地区，孩子时常着惊受吓。古时该地又属楚，民间遗存有信巫之风。孩子着惊患病，认为是鬼魂作祟，于是父母故意装出对孩子不重视，给孩子取贱名，拜契母，着烂衫，戴狗帽，以免引起鬼魂对孩子的垂涎。

虎头帽也是客家儿童常戴的帽式。外形依虎头形像稍作简化设计，一般来说，帽顶由一块独立的布料缝成，会做成一定的帽檐；前额短，后尾长，左右两边稍长能护耳，中间系带；帽尾有些与帽的主体连成一体，有些则是另用一块布料缝成，称作“腊涉”。各块布料都会绣满各式图案纹样，帽顶和帽尾的纹样不太讲究，美观、吉祥即可；前额纹样富有寓意与象征，主纹样一般绣成圆形，圆心绣上虎面、生肖、凤凰等形象，或用银质装饰（见铃帽）。

客家儿童兴戴虎头帽，源于对中原虎文化的承继。虎头帽起源于生产力水平低下时期，人类生活艰难，在大自然面前显得软弱无力，于是有些部落将威风八面的虎视为群体的守护神，在身体的显著部位、服饰、武器、用具等上刻画或做成虎形象。经过长期发展，逐渐形成强大的虎文化。就服饰而言，虎头帽、虎头鞋、虎围嘴、虎肚兜是服饰虎文化的代表。客家人迁到南方后，赣闽粤边区山水灵气飞动，变幻莫测，与北方相比，多了一份不祥和感，客家先民为了镇妖避邪，对虎就特别崇拜，戴虎头帽的习俗自然形成。①

铃帽也是统称，客家人称有铃铛装饰的童帽为铃帽。同样，铃帽式样很多，共同点就是用铃铛装饰。铃铛大部分是银质的，但由于银子是贵金属，有些贫苦家庭就用铜铃代替银铃。铃铛一般有如中指头大小，有圆形，也有方形，上有环扣，下开一缝，内置珠子，常装饰在童帽的两耳、前顶、后尾等处。孩子走动时，晃动珠子，叮当作响。饰于帽顶两侧的铃铛一般与银吊牌串成银铃串。帽尾铃铛则一般三五个成一排装饰，取连中三元或五子登科之意。帽前额正中镶有较大的菩萨或罗汉，两边再均匀排列八仙菩萨、十八罗汉像或“长命富贵”、“健康活泼”等字样，帽檐则常用十八粒银质小梅花或银点装饰。帽饰神像造型各异，大小有别，神态栩栩如生，只有同门同教神像才会装饰在一起，不会将不同教派神像混饰。还有一种拖尾铃帽，帽尾部系有二根飘带，尾端再吊一方眼钱币或方

① 参见白晓剑、宋守标《前额上的风光——赣南客家虎头帽前额图案探析》，《赣南师范学院学报》2009 年第 5 期。

形银铃。方形银铃也常铸有“长命富贵”、“健康活泼”等字样。

铃帽不仅有大量精致的绣花，而且还有精巧和充满寓意的银饰，制作耗时费力。但它内涵丰富，象征性强，蕴集了长辈祈盼儿童健康成长的深情厚意，逐渐成为外婆送给外孙的见面礼。其实，客家地区盛行铃帽的原因：一是由于客家人生存环境恶劣，孩子容易着惊、受吓、患病。长辈为保佑孩子平安成长，就常用神像饰于童帽以驱邪避恶，因为俗信认为铃铛发出的声响可使鬼怪不敢近身。二是铃铛还有实用功能。客家妇女常与男子一道上山下水，耕田种地，外出劳作时，时常将孩子带在身边，置于劳动地点附近休息，铃铛可以让母亲很容易知道孩子是否走远，或有没有发生意外。三是铃帽一般是在狗头帽、虎头帽等帽上加银铃装饰，孩子戴起来时，显得美观大方，聪明敏捷，虎虎生威，充满生气，招人喜爱。

总体而言，赣闽粤边区客家童帽仿生造型占主要部分。齐耳帽中仿生造型多于披肩风帽，并且仿生造型具有强烈的地域性。连由中原文化发展来的虎头帽、狮头帽也染上了江南清秀的气质。除仿生动物帽外，在赣闽粤边区还发现了仿生植物帽，如荷叶帽等。不管是仿生动物，还是仿生植物，赣闽粤边区客家童帽造型都有别于其始迁地中原童帽写实、仿真的特点，也不同于途经地长江流域童帽那样造型烦琐。

赣闽粤边区客家童帽的结构一般有帽顶、帽身和披肩三部分。具体形制中有些小变化，如齐耳帽中没有披肩部分，并且有的帽顶与帽身连体的形制。再如，风帽中有的帽顶、帽身和披肩三位一体；有的只是帽身与披肩连体；还有的披肩通过“扣”等方式连于帽身，依据天气冷暖可自由装卸。至于客家童帽的仿生造型多由帽顶的形状与其同帽身的缝合方式来决定。如有一种帽顶面料形状多裂，且均匀，与下面帽身缝合缩进较多，形成像一张荷叶铺盖在顶部的感觉。这是一种写意式、抽象式，且高度概括、简洁、朴素的仿生造型风格。①

（二）斗笠

早在《诗经·小雅·无羊》中就有“何蓑何笠”② 的描述，说明中原“斗笠文化”由来已久，但由于地理环境影响，在漫长的历史长河中斗笠渐渐广泛流行于江南地区。《说文解字注》中就说：笠既“簦无柄

① 张海华：《客家童帽文化初探》，《赣南师范学院学报》2003 年第 1 期。

② 《诗经》，于夯译注，书海出版社 2001 年版，第 140 页。

也，本以御暑，亦可御雨”①，江南多雨水，笠成了农耕时代最好的雨具。其形平面如斗大小，故俗语称之为斗笠，也称之笠帽，在赣闽粤边区还俗称“笠婆”或“箬笠”。赣闽粤边区斗笠按照制作材料的不同，可分为油纸斗笠、竹叶斗笠、篾片斗笠和棕丝斗笠等。其中竹叶斗笠是最常见的一种类型；按其造型结构分类有锥型、碟型、帘帽型。斗笠形制上没有明显的男女老幼之分，大部分圆形尖脑，唯有大小号之别。大号斗笠直径约2.5尺，小号斗笠直径约为2尺。笠面编成菱形网眼，内外两层，中间铺上箬叶，四周用篾片锁边。客家地区多雨，斗笠是客家人外出劳作防雨的必备工具，因此基本上家家户户成年人都会配备一顶。

客家斗笠历史悠久，而且产量巨大。20世纪30年代，瑞金等地客家人生产斗笠万余顶送给中央苏区红军。新中国成立后，能遮阳避雨，又美观轻便的客家斗笠更受到人们的喜爱，许多客家人专业生产斗笠，用于投放市场。瑞金斗笠曾多次参加江西省农工产品展览会。20世纪50—70年代每年春季，南康县赤土乡供销社月均收购斗笠达万余顶。②后来，随着人们生活水平的提高和审美观念的改变，自动伞、草帽逐渐代替了斗笠。70年代后，仅有少量上市，戴斗笠者也多为中老年农民，年轻人极少戴斗笠。

其中，最具有特色的客家斗笠是凉帽。凉帽又称凉笠，是客家妇女外出时用于遮阳、防沙的头饰，主要流行于粤东、闽西部分地区和深圳宝安等客家地区，赣南地区少见。制造凉帽的主要材料是布料、毛竹或麦秸。凉帽的主体部分与普通斗笠有较强的相似性，特色在于凉帽帽檐四周缝有帽帘，不仅有笠的特征，而且还有帽的特色，戴起来飘逸之感随之而来。帽帘有的分成四片，前额短，周边高，不遮挡视线；有的不分片，四周等高，高4—6寸，以不遮挡视线为限。帽帘颜色一般以黑、蓝两色为主，也有白、灰等色，以柔软的绸布或纱帐布为佳。各地客家凉帽稍有不同，一般无顶，中间开孔，另有一些则有顶，不开孔。有顶凉帽像斗笠一样铺上防雨材料，或笋壳，或油纸，或涂以桐油，必要时可临时当斗笠使用。开孔凉帽则由于中间开孔，戴时露出头顶，不具备防雨功能，一般天气炎热时使用。凉帽檐下常缀两条布条。未婚女性常在布条两端挂上彩带，以

① （汉）许慎撰，（清）段玉裁注：《说文解字注》，浙江古籍出版社1998年版，第195页。
② 南康县志编纂委员会编：《南康县志》，新华出版社1990年版，第291页。

示自己未出阁。

客家凉帽的起源民间有多种传说。较有代表性的有以下三种：一是客家先民迁到赣闽粤边区后，由于山多地少，生存环境恶劣，妇女要同男子一样外出耕作，开山种地，但按中原礼俗，女子是不便抛头露面的，因此客家先民就想出一个办法，在斗笠周边加上黑布就可避免违俗了。后来，这种斗笠配布帘的头饰逐渐发展成了凉帽。二是相传几百年前，北方连年战乱，有一位皇亲贵族公主和难民一起逃到了南方的一个小山村。这时敌兵追来，眼看公主要遭难，旁边刚好有几个正在织篾的篾匠。他们灵机一动，将织竹帽的半成品扣在公主头上，客家妇女又马上用黑布头巾往竹帽上一搭，挡住了公主脸庞，拉她在田里劳作，公主因此躲过一劫。竹帽加上黑布，便成为客家凉帽的前身。三是相传客家凉帽是宋代大文豪苏东坡发明的。据说苏东坡被贬惠州时，有一天携爱妾游花园（另说是在菜园种菜），为不使爱妾受风吹日晒，他便特制一顶“中开一孔”的竹笠给她。“中开一孔”是为了适应他爱妾的发髻。后来，客家妇女纷纷效仿制作，相习沿用，于是客家凉帽就出现了。[①]

凉帽轻巧、凉爽、遮阳、美观、朴素、大方的特性受到客家妇女的喜爱，沿用至今。甚至在现今各类帽饰充斥于市场的情况下，凉帽还是受到人们的钟情喜爱，有一定的市场需求。凉帽看似结构简单，其实制作程序复杂，要经过十几道工序，有些工序还要求较高的技术。现在制作凉帽的人基本上都是老人，年轻人觉得制作凉帽辛苦，费工夫，并且市场价格不高，宁愿外出打工，而不愿学习制作凉帽。因此，制作凉帽的传统技艺濒临失传，这引起了一些地方政府部门的重视。惠阳文化馆就打算将“客家凉帽”进行申遗保护。[②]

凉帽多为女性佩戴，既保留了唐代帷帽的遗风，又结合了赣闽粤边区地域特点而有所创新（见图4－6和图4－4）。赣闽粤边区的凉帽，主要功能是遮阳，帽帘长度不及唐代妇女帷帽的帘长，这是因为，赣闽粤边区人一般在田野耕作时使用凉帽，帘短不易遮住视线，又能保留纳凉的功

① 参见黄秀霞《客家老人每年做万余顶凉帽》，《惠州日报》2010年6月12日A5版；黄顺炘、黄马金、邹子彬主编《客家风情》，中国社会科学出版社1993年版，第286页；张卫东《客家文化》，新华出版社1991年版，第148页；郭丹、张佑周《客家服饰文化》，福建教育出版社1995年版，第54—55页。

② 黄秀霞：《客家老人每年做万余顶凉帽》，《惠州日报》2010年6月12日A5版。

能；再有，其帘多由四块蓝色（或白或黑）布片，前后、左右各一块缝合于帽檐而成，这也不同于唐代帷帽多用一块布帘围合于帽檐，在正前面开口的特点（见图4－5）。

图4－4　闽西客家凉帽

图4－5　唐代妇女帷帽①

另外，还有一种与斗笠造型中“碟型”很相似，也是男女皆用的头衣——草帽。草帽与斗笠的区别：首先在于材料不同，前者以稻草为主、

① 沈从文编著：《中国古代服饰研究》，上海书店出版社1997年版，第242页。

后者以竹为主；其次，由于材料不同，导致重量不同，前者轻、后者相对重，所以人们出行时也常选用轻便的前者；再有，前者主要使用稻草制作，遇雨易腐烂，所以多在天气晴朗时用来遮阳，故也被一些赣闽粤边区客家人叫作“太阳帽”。

（三）头帕（巾）

《说文解字注》曰：“巾，佩巾也。”[①] 并且书中对“巾”字，以及“巾”相关字的注解较多，却没涉及帕的注解。据汉语词典解释可知：帕、巾均为小块的纺织品，帕多为方形。[②]

北方不论男女都有佩戴巾（帕）的习俗，历史沉积下来的典型品类有纶巾、四周巾、帕头等，整体而言巾多帕少。赣闽粤边区客家头衣品类中帕却多于巾；并且多为女性佩戴，一般是在妇女坐月子时和步入中年后，这成为中老年客家妇女服饰的最典型特征。其中常见的品类形式有冬头帕、包头巾等，以冬头帕最具特色。

冬头帕又称柳条帕，简称头帕，是客家妇女秋冬季节用于防风、防寒的头帕。它主要在赣南的定南、龙南和全南三县（合称“三南”）流行，分为冬头帕和半冬头两类。冬头帕由三个部分构成：条帕、护额和花带。条帕是一块长方形红花布，一般长约 1.7 尺，宽约 1.3 尺，常以红黑蓝白等色相间，纹样为直线条。条帕上端与护额相接，下边沿则有 1 厘米左右宽的锁边。护额用较厚实保暖的黑布双层折叠而成，展开高约 4.4 寸，宽约 1.3 尺，对折后高约 2 寸。花带简称带子，长约 2 尺，宽约 2 厘米。每个冬头帕护额的左右端各缝有一条花带。花带上绣满以文字、菱形和三角形为主的纹样，比如、、、、、等。

冬头帕去掉条帕即是半冬头。二者的区别在于，冬头帕可以包裹住整个头部，一般在天气寒冷时使用，起保暖御寒防尘的作用；半冬头则只能扎在额头上，不能遮盖到脑心及后颈，是天气微寒或稍凉时使用，主要用于防风、防头痛。

冬头帕的起源已无从考证，但从其保暖御寒、防风防湿气的功能来看，显然与当地气候和地理环境有关。“三南”地区地处赣南与粤东交界处，山深林茂，溪流密布，时有大雾，终日难以散开，致使空气潮湿。所

① （汉）许慎撰，（清）段玉裁注：《说文解字注》，浙江古籍出版社 1998 年版，第 357 页。

② 中国社会科学院语言研究所词典编辑室编：《现代汉语词典》第 5 版，商务印书馆 2005 年版，第 705、1015 页。

以，客家妇女一旦到了中年就会开始常戴冬头帕。古时，冬头帕不仅是年轻客家女子结婚时的嫁妆，而且还是客家产妇坐月子期间必戴之物。因此，有学者推测冬头帕起源于中原头巾，认为客家先民们从相对干燥的北方来到多雨潮湿的南方后，为了适应当地气候而将中原头巾改良发展成冬头帕。[①] 然而，“三南”地区有些当地人却以冬头帕和太平天国头饰具有很强的外在相似性为据，认为冬头帕可能是太平天国头饰改良而来的。其实，发生在19世纪中叶的太平天国运动，其主要领导人与早期士兵基本上都是两广客家人，应该是客家传统服饰对太平天国服饰影响至深才更具合理性。

冬头帕一般是客家妇女自制自戴。以前，“三南”境内农家妇女绝大部分会织“红花布”和“打带子”。但由于织红花和打带子是纯手工制作，纹样众多，线条密实，打织耗时费力。一个技艺娴熟的人，打两条带子最快也要花整整两天时间，技艺一般的妇女则需3—4天时间，以至于许多客家妇女无暇自制，只好购买。每逢圩日或庙会，就会有许多妇女手拿花带当场游卖，卖“红花”的摊点很多。[②] 精工之下的冬头帕，结实耐用，一般能使用30年以上。笔者在龙南调查时，发现数量众多，随处可见的，正在使用的冬头帕绝大部分是在改革开放初期前后制作的，有些还制于20世纪五六十年代。它们虽然历经几十年的使用，几经洗涤，却没有明显的旧感。如今，织红花的手艺失传，现在所见到的红花条帕都是机械织就的布料。而打带子的绝活，许多妇女都说有的家里至今还珍藏着一些未打完的花带或部分打带工具，但手艺早已生疏。最后一批打带子的风潮发生在改革开放后的几年，此后少有人打带。

依据护额、披肩、丝带三部分的局部变化可以具体将冬头帕分为赣南型、闽西型、粤北型，其中又以赣南型最为丰富，可细分为龙南型、全南型、定南型和会昌型等（见图4－2）。赣、闽、粤三地的冬头帕除了一些局部差异外，时常在穿戴方式上也略有差异：赣南习惯将披肩部分自然披在肩背，闽西和粤北习惯将披肩部分翻起盘于头部（见图4－6和图4－7）。

① 张海华、周建新：《江西三南客家妇女头饰——冬头帕》，《装饰》2006年第10期。

② 龙南县志编修工作委员会：《龙南县志》，内部发行，1994年，第142页。

表 4-2　　赣闽粤边区冬头帕各类型的特点

主要结构类型		披肩	护额	丝带
闽西型		黑、青	蓝色	画布带
粤北型		黑、青	白	红底、白边、无纹
赣南型	概况	五彩布	黑、青	有符号织带
	龙南型	红褐、黑、白相间条纹布	黑、青	黑底、红边、白纹
	全南型	深红、黑、白相间的条纹布	黑、青	黑底、红边、红纹
	定南型	黑或彩色方布	—	黑底、红边、白纹
	会昌型	深红、黑、白相间的条纹布	黑、青、绣球	黑底、红边、白纹

注：以上为一般特征，不排除个别特例。

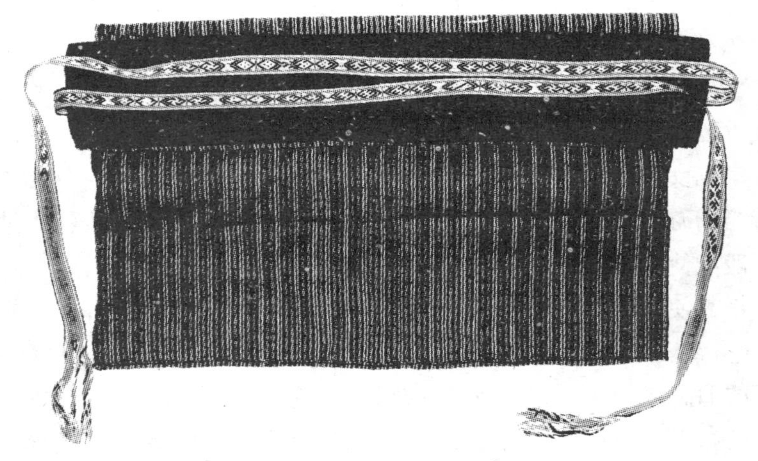

图 4-6　客家冬头帕①

梅州老人　　　　赣南百岁老人

图 4-7　戴冬头帕的客家老人

① 《客家人的头饰》，梅州时空，http://bbs.mzsky.cc/viewtopic.php? t=11994，2008 年 5 月 20 日。

半冬头的功能与眉勒相似，更适合在气温偏暖的春秋季节佩戴，仅包扎住额头部分，主要用来提前防预风湿引起的头痛。[①] 与此功能一样的头衣，在赣州安远等地常以包头巾形式出现（见图4－8）。由此可见，客家的帕（巾）品类是北方头衣文化延续与赣闽粤边区丘陵气域共同孕育出来的。

图4－8 赣州安远包头巾

二 上衣、下衣

我国古代常以“衣裳”统称上衣与下衣，因为古代下衣多为裙裳。赣闽粤边区客家传统服饰特色成熟阶段的下衣有裙与裤两种，并且以裤居多，所以统一以“下衣”称谓概括。上衣与下衣是衣服的主要品类，也是衣服功能的集中体现。《说文解字注》曰衣的本意为：“蔽体者也。”[②] 其实蔽体又有两层功能：一是御寒，二是遮羞。御寒是人与动物的一种生存本能；遮羞是人类意识的升华。出于第一功能的考虑，赣闽粤边区客家上衣与下衣的品类形成首先受气候影响很深，正是前文分析的“人文地理环境”这个动因在发挥作用。如赣闽粤边区“春早夏长、秋促冬短”的气候特点使得此区域客家上衣、下衣的品类依据春冬、夏秋主要分为两大类。春冬男子主要穿着长袍、马褂、袷、褂、马甲、裘、大裆裤、裤腿裤等，女子主要穿着袄、大裆裤、裤腿裤等；夏秋男子主要穿着衫、裤等，女子主要穿着衫、挂、裙、裤、肚兜、云肩等。这种以春冬、夏秋两类节气为主的服饰品类也成因于“春捂秋冻”的传统养生观念和赣闽粤边区地区节俭的生活习惯。客家服饰的品类特点在一定程度上更强化了客家服饰俭朴的意象。

① 女子坐月子时体虚，易受风寒邪袭，中老年时常犯风湿性头痛，所以在春秋季节提前预防成了赣闽粤边区客家妇女的保养方法。半冬头、冬头帕和包头巾等就是适合不同气温，具有预防、保健性的女性头衣。

② （汉）许慎撰，（清）段玉裁注：《说文解字注》，浙江古籍出版社1998年版，第388页。

再按照造型分类，赣闽粤边区客家成年男女上下衣都以襟衣、坎肩、裤、围裙等为主；儿童上下衣一般不区分男女，以肚兜、束带衫、背心、吊带裤、索带裤常见。其中成年男女的上衣又可依据袖口、领口、襟口、扣子等造型和衣形长短的不同，细分为平领长袖对襟短衫、立领短袖对襟短衫、无领长袖偏襟长衫、平领偏襟坎肩等衣型。其中襟衣又以右衽偏斜襟、前对襟最为常见，也偶尔可见右衽琵琶襟和后对襟款式。成年男女的下衣又依据裤腰、裤裆、裤腿、裤带等造型和衣形长短的不同，可以细分为打褶裤、中索裤、套裤、水裤等衣型（见表4－3）。各种造型分类与局部结构变化交织在一起形成了赣闽粤边区客家上下衣丰富的款式系统，下面列举典型款式：

（一）大面襟

襟衣的历史悠久，可以追溯到服饰产生初期，在历史演变的长河里衣襟出现了对襟、斜襟两大类型。对襟衣又有前后之分，斜襟衣又有左右衽之别。《史记·廉颇蔺相如列传》曰："位在廉颇之右。"[①] 可见，古人认为，右为高贵，也表现出古人崇尚右的礼制思想。故常见古代中原汉族上衣多右衽。左衽衣古时常见于少数民族和汉族死者的寿衣，《礼记·丧大记》载："小敛大敛，祭服不倒，皆左衽，结绞不纽。"[②] 左右衽之别流露出的礼制思想是在左右衽实用性基础上的演化，因为右衽衣服解、束均比左衽方便，至于死者寿衣左衽不易解是为了让死者灵魂固守于衣服包裹的躯体，期待复活。

赣闽粤边区客家的大面襟，是一种衣襟从脖子至右臂下，在身体右侧扣襟的右衽上衣款式，客家人俗称为大面襟、大偏襟或大巴衫。男女皆穿，布质的又称为长衫，绫罗的又称为长袍。女子的大面襟多为中长式和短式两种，均称为便衣，其依据脖子至右臂下的衣襟造型可以细分为偏斜襟、琵琶襟等款式，但前者多见。男女大面襟依据领口造型也可以细分为平领、立领、无领等款式；依据袖口造型还可以细分为长袖、短袖款式。还有，面襟上使用的闭合方式主要有扣和系，又以扣的方式居多。扣的造型有结蒜瓣扣、结螺扣（这两种扣女性多用）和结豆扣等形式，材质主要有铜、银、布、线和竹子等（见图4－9和图4－11）。

---

① （汉）司马迁：《史记》，岳麓书社2001年版，第483页。

② 陈戍国点校：《周礼·仪礼·札记》，岳麓书社1989年版，第457页。

表4－3　　　赣闽粤边区客家传统上衣与下衣的主要造型品类

<table>
<tr><td>人群
体位</td><td colspan="3">儿童</td><td colspan="5">成年男子</td><td colspan="5">成年女子</td></tr>
<tr><td rowspan="23">上衣</td><td rowspan="6">肚兜</td><td colspan="2">菱形</td><td rowspan="18">襟衣</td><td rowspan="6">对襟
短衫</td><td rowspan="3">长袖</td><td colspan="2">平领</td><td rowspan="18">襟衣</td><td rowspan="6">对襟
短衫</td><td rowspan="3">长袖</td><td colspan="2">平领</td></tr>
<tr><td colspan="2">三角形</td><td colspan="2">立领</td><td colspan="2">立领</td></tr>
<tr><td colspan="2" rowspan="4">扇形</td><td colspan="2">无领</td><td colspan="2">无领</td></tr>
<tr><td rowspan="3">短袖</td><td colspan="2">平领</td><td rowspan="3">短袖</td><td colspan="2">平领</td></tr>
<tr><td colspan="2">立领</td><td colspan="2">立领</td></tr>
<tr><td colspan="2">无领</td><td colspan="2">无领</td></tr>
<tr><td rowspan="9">束带衫</td><td colspan="2" rowspan="9">背襟束带衫和尚衫（束带架衣）</td><td rowspan="12">大偏
襟衣</td><td rowspan="12">长衫</td><td rowspan="12">长袖</td><td rowspan="12">平 领
无 领
立领</td><td rowspan="12">大偏
襟衣</td><td rowspan="6">中长衫</td><td rowspan="6">长袖</td><td>平领</td></tr>
<tr><td>立领</td></tr>
<tr><td>无领</td></tr>
<tr><td>平领</td></tr>
<tr><td>立领</td></tr>
<tr><td>无领</td></tr>
<tr><td rowspan="6">短衫</td><td rowspan="3">长袖</td><td>平领</td></tr>
<tr><td>立领</td></tr>
<tr><td>无领</td></tr>
<tr><td rowspan="8">背心</td><td colspan="2" rowspan="4">背襟束带</td><td rowspan="3">短袖</td><td>平领</td></tr>
<tr><td>立领</td></tr>
<tr><td>无领</td></tr>
<tr><td rowspan="5">坎肩</td><td rowspan="2">对襟</td><td colspan="3">平领</td><td rowspan="4">坎肩</td><td rowspan="2">对襟</td><td colspan="3">平领</td></tr>
<tr><td colspan="2" rowspan="4">对襟</td><td colspan="3">无领</td><td colspan="3">无领</td></tr>
<tr><td rowspan="3">偏襟</td><td colspan="3">平领</td><td rowspan="2">偏襟</td><td colspan="3">平领</td></tr>
<tr><td colspan="3" rowspan="2">无领</td><td colspan="3">无领</td></tr>
<tr><td>肚兜</td><td colspan="4">菱形、衣兜连体</td></tr>
<tr><td rowspan="8">下衣</td><td rowspan="3">吊带
裤</td><td rowspan="2">连袜裤</td><td>合裆</td><td colspan="2" rowspan="5">裤</td><td colspan="3">打褶裤</td><td rowspan="5">裤</td><td colspan="4">打褶裤</td></tr>
<tr><td>开裆</td><td colspan="3">中索裤</td><td colspan="4">侧索裤</td></tr>
<tr><td>娃裤</td><td>开裆</td><td colspan="3">套裤</td><td colspan="4" rowspan="3">套裤</td></tr>
<tr><td rowspan="5">索带
裤</td><td colspan="2">开裆</td><td colspan="3" rowspan="2">水裤</td></tr>
<tr><td colspan="2">合裆</td></tr>
<tr><td colspan="2" rowspan="3"></td><td colspan="2" rowspan="3">围裙</td><td colspan="3" rowspan="3">团裙</td><td rowspan="3">裙</td><td colspan="4">围裙</td></tr>
<tr><td colspan="4">裙裳</td></tr>
<tr><td colspan="4">挡胸裙</td></tr>
</table>

说明：儿童服饰一般不分男女，随着年龄变大服饰渐渐趋于成人的小号，也渐渐显出男女服饰差异。

各种款式的大面襟虽然有局部变化，但是整体形制与清初满族妇女的旗袍相似。男子的大面襟与旗袍的区别在于前者多素色，几乎不装饰，并且肩膀、腰部的裁剪曲线更显男性魁梧（见图4－9与图4－10）。女子大面襟的造型仅比旗袍略短、袖口略宽松些，并且只在斜襟口、袖口、袖肘或衣下摆处装饰宽约5厘米（0.15市尺）的色布条，有蓝衣白条、蓝衣黑条、黑衣蓝条等搭配方式。从色块装饰部位及方法看，女子的大襟衣又有几份秦汉深衣的韵味（见图4－11和图4－12）。

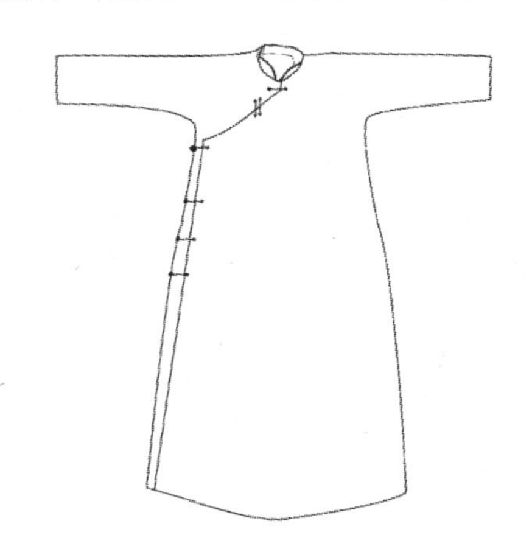

图4－9　客家男子服饰中最常见的长衫造型

雪青暗花缎地流水纹旗袍

图4－10　清初期女子旗袍①

---

① 读图时代编：《图说清代女子服饰》，中国轻工业出版社2007年版，第96页。

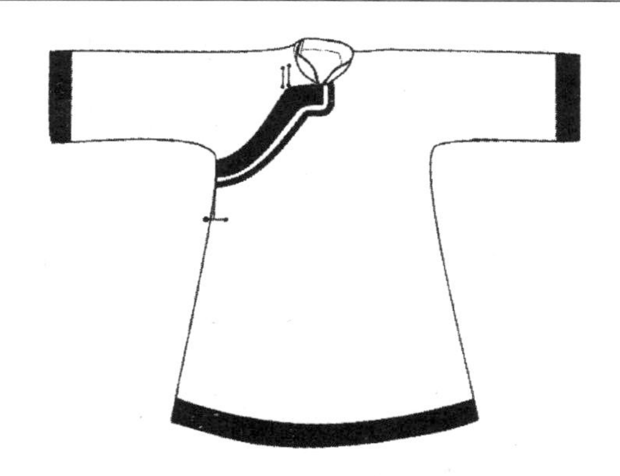

图4－11　客家女子服饰中最常见的大面襟造型

图4－12　秦汉深衣

一般来说，短大襟衫朴素大方，下摆处开小襟，便于劳作，布料厚薄不同可适合四季穿用，倍受中青年客家妇女喜爱；中长式大襟衫长及腿部，袖宽且短，衣领、襟沿等处常镶花边，并配以简洁图案，适合休闲时穿用，多为中老年妇女穿着。年轻妇女的大襟衫装饰较多，美观亮丽，中老年妇女的则稍为朴素、庄重。儿童大襟衫俗称“妇道衫”，是客家妇女短大襟的简易服式，尺寸缩短，质料柔软。

大面襟是客家传统服饰代表，它继承了中原服饰宽松、肥大的古风，朴素洁净、美观大方，实用舒适。布扣一般为五排扣，一公一母成对成排。颜色以蓝、黑、灰为主，蓝色大襟衫最为常见，俗称“客家蓝衫”。大面襟以素色为美，主要是因为客家人生活在山地，素色耐穿耐洗，适应山区农耕生活。同时，素色也符合客家人一路南迁，披荆斩棘，客居他乡，养成内敛、勤劳、认真、诚实、理智又较为严谨的性格。所以，客家女性大襟衫的装饰，以朴素、简洁、实用见长。

大面襟常染成蓝色，主要与赣闽粤边区出产蓝靛相关。蓝靛为天然植物染料，对人体无害，客家人就地取材，沉蓝制靛，染制衣服。当然，也有学者认为这是因为客家人经过长期的颠沛流离，渴求安定的生活，蓝色恰好给人以宁静、祥和的感觉。同时，也由于客家人客居他乡，是他们思乡的表达，所以才逐渐崇尚蓝色，形成蓝色情结。①

客家人喜着大面襟衫。夏季炎热时，常穿轻便、凉快、易洗易换的无袖大襟短褂；冬季寒冷时，就穿充了棉花的大襟棉袄。甚至大襟衫还成为不少客家妇女结婚时的新衣。

如今，大襟衫早已退出绝大部分客家人的衣着选择视野，但客家蓝衫却给客家人留下了深刻印象和巨大的怀想空间。近年来，各客地政府加强打造客家文化，客家蓝衫出现了复振的迹象。现代蓝衫设计走秀，旅游服务人员（导游、餐厅服务员、演员等）穿着蓝衫现身公共场所，客家服饰店里的蓝衫叫卖等活动，都表明客家蓝衫成了客家族群身份的象征，成了客家人的意象服饰。

对襟衫，客家人称其为唐装衫，可见其与中原汉服的渊源关系。对襟衫多为短装，客家男子穿用居多，客家妇女仅用来作睡衣或内衣，俗称“绑身子”，布料薄且柔软。对襟衫的特点是结构简单，易于裁制，选料粗糙，用麻、葛布制作，耐磨耐洗，颜色以蓝、灰、黑为主。有袖的对襟衫称作短衫，无袖的则称为“褂驳”（马褂）或“背心”。短衫无领或矮领、对襟、布扣、长袖，上窄下宽，一般五排扣，左右各有浮袋。“褂驳”无领无袖，白色居多，用棉、葛布制成，便于散热透气，是客家男子夏季常穿的服装。秋冬季节，天气寒冷，客家人则改穿对襟棉袄以御寒。

（二）围裙

围裙又称为围身裙，俗称“水裙”，是客家妇女穿着最为花哨的服饰之一。由于围身裙大部分会绣上各式纹样图案，所以又有“绣花围裙”之称。它一般裁制成钟形，胸口部用一块淡色布料作表，刺上吉祥花卉，

---

① 肖承光、刘勇勤：《客家服色中的蓝色情结》，《赣南师范学院学报》2003年第2期。

与底布形成色彩对比，从而达到装饰效果。围身裙裙身稍长，上及胸口，下及腿部，常穿于大襟衫表面，是劳作时防脏的服饰。穿时，用绳带或银链系扣，上吊于颈，下围于腰。

在赣南，围裙还可对折成方块围于头，作冬头帕使用，并有两种穿法：一种是将围身裙拦腰对折，将胸前部分折在腰围里边，系于腰部。另一种是将围身裙全部展开，吊颈系腰，一可保暖，二可防脏。

女子虽然也在劳作时系裙，但是，因为她们常常从早忙到晚，围裙很少离身，于是一部分客家女子索性把围裙饰以纹样缝制在大面襟上。久而久之围裙成了女子上衣的一个重要部件，形成了一种服装款式，也成就了赣闽粤边区客家女性传统服饰的又一大特色。除此之外，女子围裙还有两种形式：

一种是两用裙，裙的形制犹如冬头帕，只是没有明显的护额，丝带也用普通布带替换了，劳作时系于腰间作裙，在刮风、尘土较大时则用来避寒挡灰。因其劳作时系于腰间，南康把这种裙称为拦腰裙（见图 4 – 13），与畲族的“拦腰”裙存在相似之处。

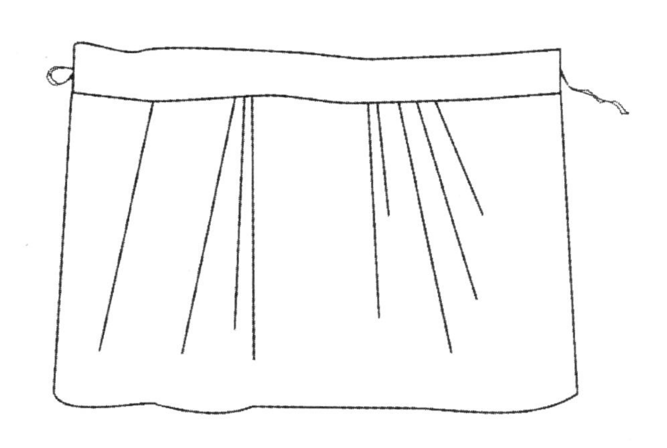

图 4 – 13　拦腰两用裙

另一种是拦胸裙，顾名思义这种裙主要围挡住胸腹，形制犹如梯形肚兜，上小下大，区别在于裙面略大和装饰主要安置在胸前（裙面的上方）。穿着时裙面上方常用银链或布带或丝带挽在颈部，左右裙边中部缝着的绳子系于腰间，这种裙可见于连城、赣南、宁化、樟木头（见图 4 – 14）。这些围裙主要用蓝色、青色棉布制成，除樟木头的拦胸裙多为纯粹的单色素裙外，其他一些地方常常在裙上部饰以图案，但因面积较小且集中，给人一种平素感（见表 4－4）。

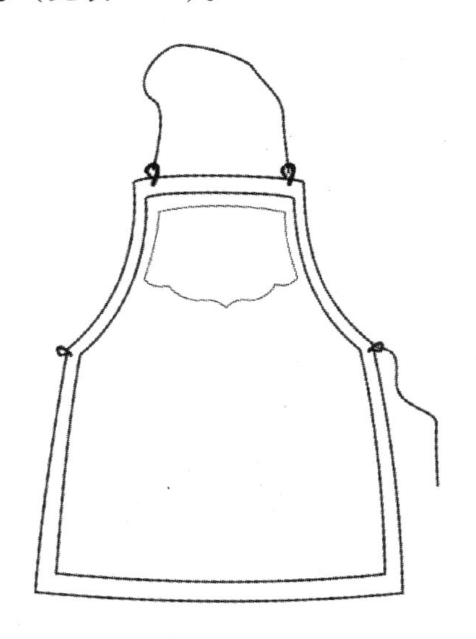

图 4－14　拦胸裙

表 4－4　赣闽粤各地拦胸裙的特点

主要结构类型	裙体造型	系带	图案	色彩
连城	1. 下半部分矩形、上半部分梯形 2. 双层，浅色大裙上叠深色小裙	银链 布带	1. 细小、密集式、填充式的花鸟纹 2. 有或蓝或白边。	藏青（黑） 粉紫红
赣南	1. 下半部分矩形、上半部分梯形 2. 裙上部时常缝有图案贴片。	银链 布带	大、适合式的花鸟纹	蓝 藏青（黑）
宁化	1. 下半部分矩形、上半部分梯形 2. 裙上部缝有图案贴片，有裙边	银链 布带	大、适合式的花鸟纹	藏青（黑） 蓝
樟木头	1. 下半部分矩形、上半部分梯形 2. 偶在胸或腰处缝制锦条	手工丝带	无	红、蓝、黑

注：以上为一般特征，不排除个别特例。

其实，赣闽粤边区客家男女都有系围裙的习惯。一些特殊职业的客家男子也会穿围裙，比如屠夫、厨师、铁匠、银匠、砖瓦匠等。一般来说，男子围裙是工作服，不作任何装饰，颜色以灰、黑、白为主，比女性围身裙要长且大。还有一种男式围裙形制很简单，常常是一块布的两个角缝制上带子系于腰间，劳作中休息时常把裙的下摆捞起压于腰间。这种裙团围在身上时呈直桶状，如在赣州市附近就被称为团裙，宁都则称为桶裙，上犹称其为塘裙。此外，南康还称为“塘布”，劳作时围腰紧身，挑担披肩当垫，夏天擦汗，冬天系腰当衣，围头当帽子。①

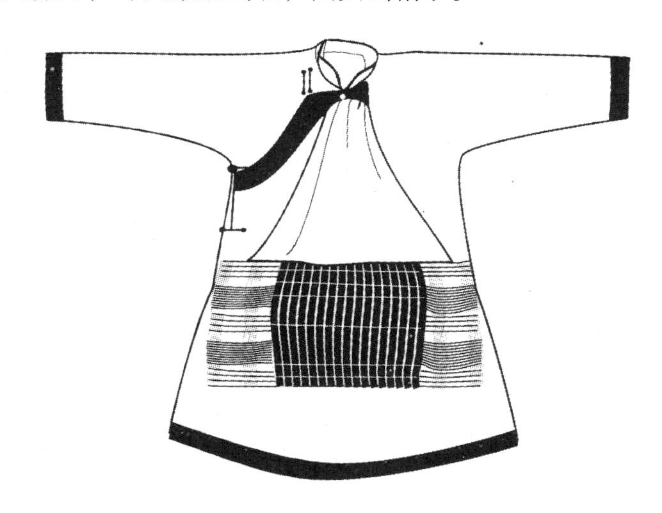

图4－15　衣裙连体②

（三）婴儿衫与儿童肚兜

婴儿衫为客家婴儿出生至半岁左右常穿的上衣（见图4－16）。婴儿衫结构简单，无领、无扣、袖短、交襟；布料选用薄且柔软的棉布，左右衣襟胸腹部处各有一根系带，左腋下有一寸长的开口；颜色一般是浅色，白色居多，有时也用花色。穿时，只需将两片衣襟交叉对裹，右襟系带从左腋下开口处从里往外穿出，绕婴儿背部与左襟系带交汇打结系紧。婴儿衫是专门为新生儿制作的服饰，特点是柔软单薄，穿着舒适，换洗便捷，干净卫生，适应了婴儿的特殊需要。孩子长大后，就开始换穿和尚衫。和尚衫又称束带袈衣。其形制、颜色、制作材料和穿法等与婴儿衫几乎相同。无扣、交襟，两襟各有系带，左腋下开口，是客家婴儿长至半岁以后时常穿的上衣。它只是比婴儿衫稍大稍长，常与袜裤、开裆裤配穿。一般穿到3—4岁。

① 南康县志编纂委员会编：《南康县志》，新华出版社1990年版，第536页。

② 此款式多见于赣南地区，也是最具代表性的客家大襟衣，其上的线面构成与对比层次都很丰富，特别是其上的纹样符号很能象征客家文化（详见后文分析）。

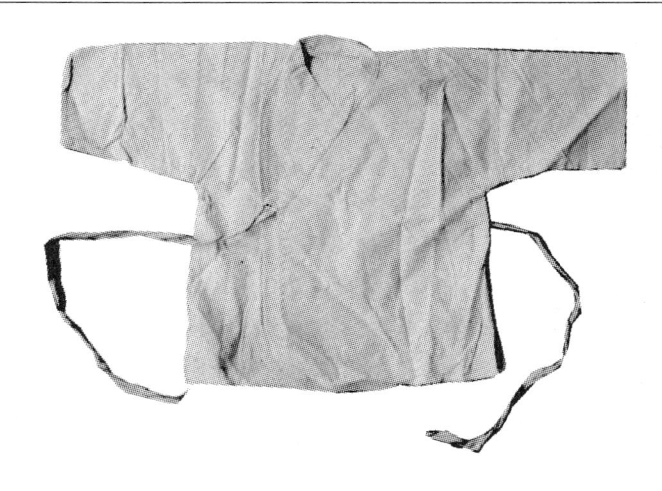

图 4－16 婴儿衫

客家婴儿学会走路后，便开始穿儿童肚兜。儿童肚兜是客家儿童护腹和罩衣防脏之物。赣南客家话称作“肚围子”或“罩衣子”，闽西则称为“肚搭子”。依制作布料厚薄分有两种，厚者用于护腹，薄者用于罩衣防脏。护腹肚兜厚实，保暖护寒，结实耐用。外绣花鸟虫鱼图案或福、禄、寿、喜、贵等吉祥文字，色彩鲜艳，精美至极。样式一般是扇形，也有三角形或菱形。罩衣肚兜像一件反穿的衣服。无领、有袖，背后开襟，布条系结，腹部有一袋；功能是罩住外衣防脏，因此制作布料一般是薄棉布，便于洗晒。背部系带一般 3—5 个结。腹部的口袋用以放糖果零食和小玩具。罩衣肚兜一般不作任何装饰，颜色以浅色为主。时至今日，护腹肚兜已经基本不再使用，而罩衣肚兜则依然在客家地区流行。

（四）裤

我国古代下衣的主流虽然是裙裳，但早在春秋，甚至更早时期人们的下体已着裤。裤在古代典籍中记载为“袴”或“绔”，《说文解字注》曰：“绔，胫衣也。今所谓套袴也，左右各一，分衣两胫。”[①] 可见，早期的裤只有两个裤筒，无裆无腰，长不过膝，护于小腿。裤较成熟的形态最早出现在我国北方游牧民族，这是因为裤比裙裳更适合马背上的各项运动，如骑射征战。从战国时期赵武灵王主张学习“胡服骑射”以来，汉

① （汉）许慎撰，（清）段玉裁注：《说文解字注》，浙江古籍出版社 1998 年版，第 654 页。

人就开始了着裤、制裤的漫长演进。秦至清代，依据史料可见我国历史上汉族的裤呈现以下特点：（1）开裆裤、合裆裤和无裆裤（主要包含套裤、胫衣等）并存，但开裆裤、无裆裤比合裆裤更为常见。（2）裤（特别是合裆裤）由北方民族向南传播，由军服向民间便服传播。（3）由先秦胫衣的形式向汉唐裆裤，再向宋明清内穿裆裤外套膝裤形式发展。（4）典型裤式有先秦的胫衣、汉代的穷裤和犊鼻裈、魏晋南北朝的大口裤和缚袴、宋明的膝裤、清代旗裤和套裤。

赣闽粤边区客家成年人的传统下衣可分为大裆裤（打褶裤）、索裤、套裤、水裤（短裤）等，男女皆穿，形制无明显差异。其中大裆裤是最常见的下衣，这是因为它有裤腰高、裤裆大、裤脚直、宽松和布带系腰等造型特点，宽大舒适易于劳动。其与南宋福州黄昇墓中出土的开裆裤[①]造型相比除了腰形变化和裤裆开合差异外，它们的整体造型很是相近。再有这件南宋开裆裤与近代客家儿童的开裆裤造型也很相近。由此，不能排除它们之间的传承关系（见图 4－17、图 4－18 和图 4－19）。此外，水裤（短裤）多为男子夏天穿着，很少作为底裤内穿；索裤多内穿，外穿套裤，再穿大裆裤。

图 4－17　索裤

① 沈从文编著：《中国古代服饰研究》，上海书店出版社 1997 年版，第 95 页。

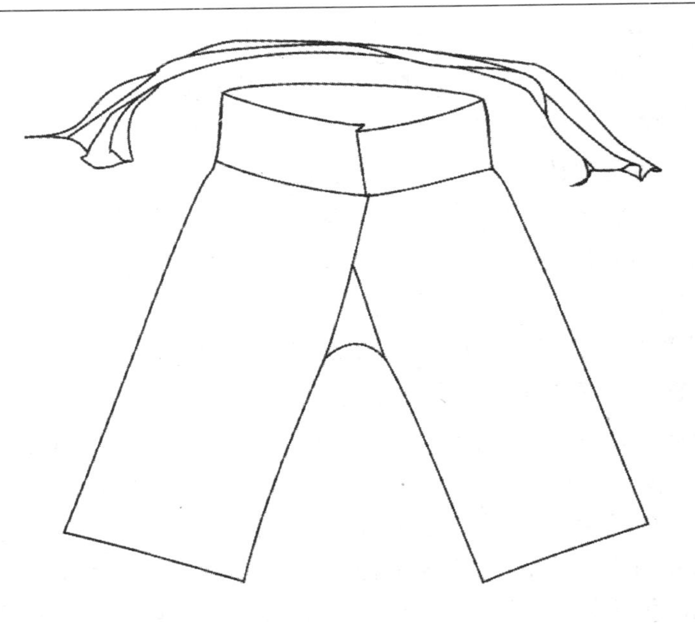

图 4－18 大裆裤

图 4－19 南宋开裆裤①

① 福建省博物馆编：《福州南宋黄升墓——妇女服饰》，文物出版社 1982 年版，第 6 页。

客家大裆裤是客家男女老幼最常穿的下装。常与大襟衫、对襟衫一起搭配穿着。它完全保留了中原汉服的古风，裤腰、裤腿均宽松、肥大，裤裆很深，俗称“宽腰便裤”。裤腰不仅宽，而且长，可根据穿着者的身高提高或放低，一般需要翻折多层才能系紧。裤腿直筒裁剪，通风透气，便于上捋下放。颜色以黑、灰、蓝居多。裤头用料与裤腿不同，常用粗麻土布或用布头拼接，因为裤头隐于衫下，不露于外，体现出客家人节俭的民风。大裆裤宽松肥大，非常便于劳动，穿上也显得朴素大方，因此很受客家人的喜爱。

大裆裤与大襟衫一样适应性很强，可家居、会客、劳动，深受客家人的喜爱。它结构简单，形制固定，长久以来少有变化和创新，男女老少之分在于尺码的大小。比较讲究的女性会在大裆裤上镶边，以别于男性大裆裤。在现实生活中，时有大裆裤在夫妇间混穿的现象。对于客家儿童来说，换上与大人无异的大裆裤，不再穿有明显儿童特征的服饰，便喻示着他们长大了，将担负起更多的责任。比如，上山砍柴、下田种地、洗衣做饭、照看弟妹、外出学徒或经商，等等。

套裤，上过膝，下及踝，穿时以带缚于胫，是胫衣向上加长的形制，又名膝裤，多取法宋明清，有类似明代的平口，也有清代斜口、弧口风格。套裤即裤筒，仅有两条裤腿，无裤腰和裤裆，天气寒冷直接套于腿上，因此又有套裤之称，有时也直呼为“裤腿”。裤筒结构简单，依腿部形状设计，上宽下窄，入口斜开，顶端系带。穿时，只需将其套于腿上，系紧即可，方便实用，男女皆穿。裤筒仅在天气寒时使用，所以一般都做成棉裤筒。男女裤筒区别在于颜色，男裤筒以黑、灰为主，女裤筒则使用较艳丽的色彩，但以单色为主，不艳俗。

索裤是一种合裆裤，出现在清末，男裤索口在中间，女裤索口在侧（见图 4－17）。至近代，大裆裤逐渐没落后，索裤与西裤相结合，形制稍有变化，穿着对象也仅剩客家妇女了。客家人俗称变化了的索裤为“带子裤”。它是由两根裤带子系紧固定而得名，是大裆裤没落后，客家女性常穿的仿西裤。其主体部分与女性西裤差别不大，不同之处有二，一为裤头右边开小襟，二为开襟处有两根约 10 厘米长的系带。尽管索裤裤头有时也设计成可拴皮带，但客家妇女朴素惯了，拴皮带反而多此一举。依布料的厚薄，索裤可分为夏裤和冬裤。夏裤用薄棉布或夏布制作，冬裤则用厚实的材料制作。制作布料大都是机织布，颜色较多，黑、灰、蓝、绿、棕等皆有。索裤的适应性和大裆裤一样强，是客家妇女家居、劳作、赴圩、做客的常服，可以说是女性大裆裤的替代品。

客家儿童刚出生时穿袜裤，稍长后穿开裆裤（见图4－20），六七岁后改穿塞裆裤。袜裤因其裤与袜连为一体而得名，又因其裤脚状如马蹄而称作“马蹄裤”。它是客家婴儿刚出生时，常与婴儿衫一起配穿的婴儿裤。袜裤轻薄柔软，裤腿直接做成袜状，这样就不用再为婴儿穿袜了。这样制作主要是考虑到婴儿腿细脚嫩，穿袜不便，也容易掉脱，与裤相连，既保暖又方便穿脱。袜裤轻薄，所以婴儿穿上后，还需垫尿布，裹围裙。

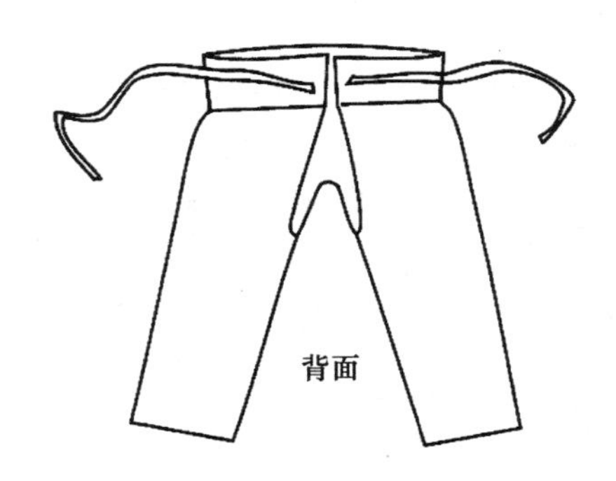

图4－20　客家儿童开裆裤

当儿童稍长些，便穿开裆裤，一般用蓝、黑、灰等色的棉布制作，易洗耐脏。有两种样式，一种为平裤头开裆裤，前片不开襟，后片沿臀部中间开裆，可露出半个小屁股。另一种为吊带开裆裤，前片高出裤头似肚兜，可及胸部；腹部处缝有口袋，可装手绢、手纸、零食和小玩具等物；后片至腰，裤头有两根吊带，穿时交叉挽肩系于前片两角上。开裆裤穿着十分方便，特别方便儿童解便。夏天穿用非常凉快舒适，冬天穿用则需围上围裙以保暖。客家儿童穿开裆裤一般至其能自理穿衣脱裤为止，六七岁后便改穿塞裆裤，直至十一二岁，穿上与成人无异的大裆裤。

有裆裤即不开裆童裤。有裆裤是相对开裆裤而言的。其结构样式与开裆裤无异，区别在于开不开裆和尺码的大小。当客家儿童能自理穿衣解裤时，便开始穿有裆裤。穿有裆裤是儿童成长的表现，因为穿上有裆裤后便不能随便大小便，起床、洗澡穿衣脱裤也需自理了。甚至在一些兄弟姐妹多，成年劳力不够的家庭，穿上有裆裤的儿童还负有照顾弟妹、洗衣做饭的责任，成人也不再将其看作只会玩耍哭闹的幼儿了。

三　足衣

足衣指鞋和袜。鞋的造型由鞋跟、鞋底、鞋口、鞋背、鞋体（鞋面）、鞋头、鞋尾组成，后四者民间通称为鞋帮（见图4－21）。男女鞋的鞋体皆有平直鞋和区分左右脚的弯形鞋两种。鞋头，男鞋有圆头、尖头两种，以圆头最多；女鞋除圆头、尖头外，还有翘尖头，并且以尖头和翘尖头最多、也最有特色。同时男女鞋口都有平圆口、弧圆口、缺口三种，并且鞋口还有不同深浅、大小变化，等等。男女鞋的最大区别在于女鞋多在鞋头绣花、多浅平口、细巧。除布鞋、皮鞋外，还有历史悠久的木屐和草鞋。赣闽粤边区客家民间主要足衣品类见表4－5。

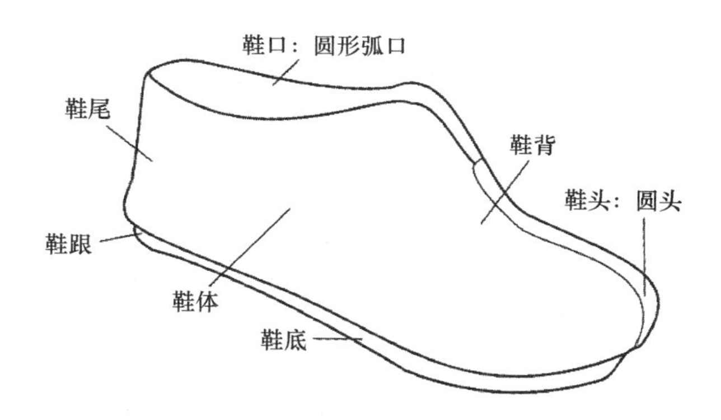

图4－21　客家传统皮鞋样式之一及结构

赣闽粤边区客家传统袜子多为自制的布袜，由于女子多天足，男女布袜形制无大异，只是色彩略有变化，如男多穿长筒白布袜、女多穿长筒青布袜。为了袜底耐磨，常使用厚布缝于袜底，俗称“上袜底”，这种袜子由于实用特别流行。也有少许裹足妇女则常用裹脚布为袜。下文分析几种典型足衣：

（一）绣花鞋及鞋垫

赣闽粤边区客家女子的传统绣花鞋是鞋中的典型品类，有翘尖绣花鞋和圆头绣花鞋两种。翘尖绣花鞋最常见，因鞋头呈三角形尖状、微翘而得名。其形制很像今天还可以看到的纳西族绣花鞋和瑶族绣花鞋（见图4－22），但是它的鞋尖尖状度、翘起与回转程度都不及二者强烈。赣闽粤边

表 4 – 5　　　　赣闽粤边区客家民间主要足衣品类

类型	鞋																						袜	
人群	造型																		材料	季节　气候			袜名	材料
成年男子	弯形						平直												布棉麻皮草木胶	夏秋	春冬	雨天	长筒白布袜	布
	圆头			尖头			圆头			尖头														
	平圆口	弧圆口	缺口	平圆口	弧圆口	缺口	平圆口	弧圆口	缺口	平圆口	弧圆口	缺口								木拖板子单布鞋	皮鞋棉鞋	高跻胶鞋钉鞋草鞋		
成年女子	弯形									平直										夏秋	春冬	雨天	土布裹脚长筒青布袜	
	圆头			尖头			翘尖头			圆头			尖头			翘尖头								
	平圆口	弧圆口	缺口	平圆口	弧圆口	缺口	平圆口	弧圆口	缺口	平圆口	弧圆口	缺口	平圆口	弧圆口	缺口	平圆口	弧圆口	缺口	同上	同上	同上	同上		
儿童	弯形		平直																同上	夏秋	春冬	雨天	布袜裤袜	
	圆头		圆头																	单布鞋	棉鞋			
	平圆口	弧圆口	平圆口	弧圆口																				

说明：1. 缺口，即指客家"无后跟鞋"，常作为拖鞋用。2. 男女鞋造型的整体差别是女鞋细巧绣花，男鞋粗犷无花。男鞋中弯形圆头弧圆口多见，形似船，俗称"船形鞋"。

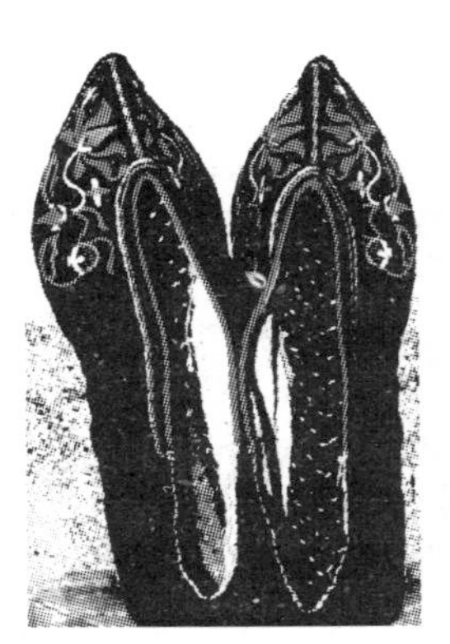
客家翘尖头平圆口绣花鞋

瑶族绣花鞋①

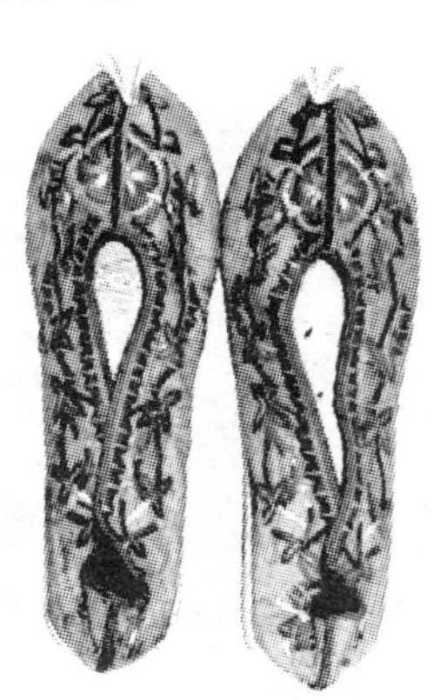
纳西族绣花鞋②

图 4 – 22　客家、瑶族、纳西族绣花鞋比较

① 彭德华：《枫染刺绣之乡——龙山瑶族河坝》，麻江教育网，http：//www. gzmjedu. com，2010 年 6 月 27 日。

② 《少数民族鞋子介绍》，中国服装网，http：//www. efu. com. cn/data/2005/2005 – 08 – 26/117175. shtml，2005 年 8 月 26 日。

区翘尖绣花鞋的尖状犹如唐明时期“鸾尾凤头”鞋的简化（抽象）版本，其意象如同凤嘴，这种鞋在赣南又被称为“凤头绣花鞋”。

除了鞋头的形状特点外，绣花鞋还有以下特点：（1）装饰几乎都集中在鞋头，与鞋中部、尾部没有装饰的布色形成繁简形式对比；（2）鞋底皆为麻绳、布壳纳制的千层底，鞋底纳制得越厚越细密越耐用；（3）为了便于行走与劳作，鞋跟都采用平跟；（4）绣花鞋里面还常常会配上使用布壳和彩线纳制的绣花鞋垫（见图4－23）；（5）为了实用，鞋尾常常不做缝合，而形成缺口，使之成为一种“拖鞋式”绣花鞋（见图4－24）。也有在鞋尾缺口处使用麻线编织成网状作为鞋尾，穿着时依据脚的大小拉系麻线绳调节网状的松紧，这样又形成了一种“凉鞋式”的绣花鞋。

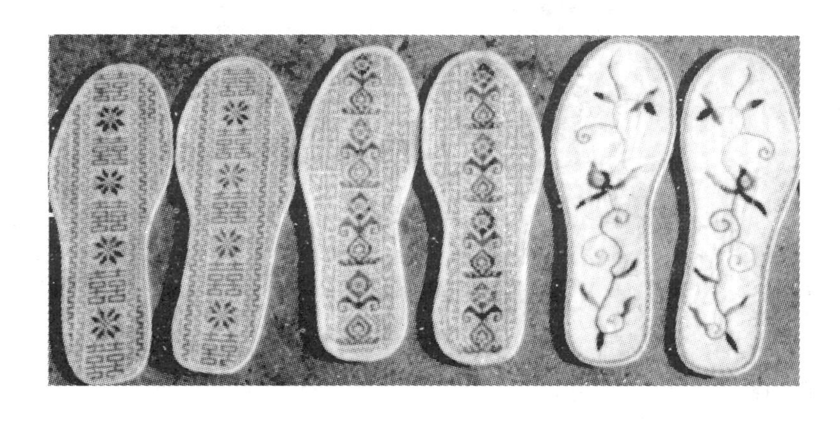

图4－23　客家鞋垫

绣花鞋由客家妇女手工制作而成。鞋底由多层布黏合后，用苎麻绳纳成，非常厚实坚硬，经久耐穿；鞋面采用单层布骨，里表各用一块完整的布料黏合，里布一般使用白色或蓝色的薄棉布，面料则以较厚的黑、灰、蓝等色棉布居多；鞋面绣花装饰一般在鞋头至鞋腰处。装饰纹样以吉祥花草居多，比如莲花、牡丹、菊花、石榴等。此外，还有鱼形、蝴蝶、蜜蜂、如意祥云等，鞋帮口大都镶上彩色绲边。

绣花鞋历史悠久，绣艺精湛，富有东方特色，被誉为“中国鞋”。客家绣花鞋保持了布鞋的原有风格，依自然标准设计，鞋大口阔，鞋身修长，平根，穿起来既便于行路，又舒适美观。保持这种风格是由于客家妇

图 4－24 客家“拖鞋式”绣花鞋

女和男子一样抛头露面，耕田种地，养成了以“天足”为美的习惯。

我国绣花鞋垫的历史非常悠久，许多少数民族和汉族族群都视其为本民族或族群的特色服饰。客家绣花鞋垫也倾注了客家妇女的深情，都是精心制作而成，富有“结实耐穿、纹样精美、富有寓意、饱含情感、艺术性高”的特色。其常用的绣法是“画格挑花绣”，先在底布上打好小方格，再用各色针线依方格绣上图案纹样。此外，还有剪纸贴花绣、平针绣等绣法。

绣花鞋垫纹样众多，有动植物造型、文字纹样和抽象符号三类。动植物造型纹样主要有绿叶、红花、梅花、青竹、牡丹、枫叶、小鸟、蜜蜂、蝴蝶、家鹅、龙凤、麒麟等；文字纹样与制作者要表达的情意密切相关。比如，送给恋人绣上“情”“天长地久”；送给新婚之人绣上“囍”、“新婚至乐”；送给丈夫绣“花好月圆”；送给儿子媳妇绣上“恩爱”；送给出远门的人绣上“一路平安”；送给老人绣上“福”、“禄”、“寿”；送给年轻人绣上“青春之花”等；抽象符号亦有许多，有心形、三角形、菱形、方形、十字形、回纹、串纹等。

绣花鞋垫传统样式是将鞋垫按天、人、地三界分为鞋头、腰子、后跟三部分。鞋头为天界，其图案多为日月星辰的变形；腰子为人界，更多的是表现人情，图案素雅含情，别有深意，或者干脆绣上文字，意义一目了然；后跟地界则饰十字、如意盘肠等。[①] 这类鞋垫很注重人界的构图，天界和地界纹样可以简化。有些却打破三界，只分出一个花边和其中饱满而连续的图案，构图随意，纹样众多，色彩艳丽，浑然一体，十分精美。

客家姑娘小时候便开始学习女红，到了出嫁年龄，大都有一手出色的手艺。出嫁之时，绣花鞋垫是必备的嫁妆之一，少则几十双，多则数百双。绣花鞋垫带回夫家后，分赠给男方亲友，成为男方检验姑娘手艺精湛与否、人品贤惠勤劳与否的重要方式。所以，客家姑娘在出嫁前需要精心准备，提前绣好大量鞋垫待嫁。

（二）布鞋与棉鞋

客家人统称不绣花的布底鞋为布鞋，男女老幼皆穿。它比绣花鞋仅省却了一道绣花工序而已。由于结实、保暖、舒适、耐穿，很适宜行远路，所以客家人在冬季家居或出门远行时常穿它。布鞋也分为左右脚皆可穿的平直形布鞋和区分左右脚的弯形布鞋。男式布鞋一般用黑、灰两色布料做鞋面，俗称“乌布鞋”。客家妇女在重要场合多穿绣花鞋，平时多穿普通布鞋。儿童布鞋则鞋底较薄，帮口裹边。通常男童布鞋朴素，女童布鞋面料花哨。客家长辈希望孩子长得健康结实，聪明可爱，往往会将儿童布鞋做成富有象征意味的仿生鞋。

棉鞋是客家儿童和老年人的冬鞋，青壮年一般不穿棉鞋。棉鞋一般是布底、剪口、黑灰色，鞋面两层，里为白，外为黑灰，中间衬垫棉花，结实保暖。婴儿刚出生至学会走路前，穿特制的软底棉鞋。软底棉鞋无硬底，鞋底与鞋面连成一体，中间衬棉花，既柔软又保暖。婴儿抱于怀，放于床，不用脱鞋也不会弄脏大人衣服、被褥。婴儿稍大后，学会走路，则需另制棉鞋。儿童棉鞋除了鞋面衬垫棉花外，与儿童布鞋基本无区别，也是布底、黑灰色、帮口镶边。客家儿童穿棉鞋至十来岁，成年后便不再穿棉鞋，直至老年才又开始穿棉鞋。老年棉鞋为了保暖，鞋帮较高，能包裹

---

① 谢东琳、肖荣祯：《一针一线纳出绣花鞋垫》，《赣州晚报》2009 年 11 月 6 日 A4 版。

住脚踝，其他与布鞋无异。

（三）木屐

木屐，一种以木为底的木头鞋。早在春秋时期木屐就已经出现。到了东汉，据《后汉书．五行志》载：“延熹中，京都长者皆著木屐；妇女始嫁，至作漆画五采为系。”① 可见，木屐已经是东汉的流行鞋衣。时至魏晋南北朝木屐甚至成了行军、登山之鞋。《晋书》载：“关中多蒺藜，帝使军士二千人著软材平底木屐前行，蒺藜悉著屐，然后马步俱进。”②《南史》载：“登蹑常着木屐，上山则去其前齿，下山去其后齿。”③ 木屐的功能进一步被挖掘运用。除史书记载外，还有大量的古诗词、小说作品对木屐也有记载与描述，如贯休（唐）的《寒夜思庐山贾生》、叶绍翁（南宋）的《游园不值》和强至（宋）的《屐》等；再如《醒世恒言》第十卷“刘小官雌雄兄弟”中描述“刘公穿了木屐，出街头望了一望，复身进门”。《红楼梦》第四十五回“金兰契互剖金兰语、风雨夕闷制风雨词”中描述：“宝玉笑道：‘我这一套是全的。有一双棠木屐，才穿了来，脱在廊檐上了。’……黛玉道：‘跌了灯值钱，跌了人值钱？你又穿不惯木屐子。’”

初次穿木屐很不习惯，那么客家人为何还选择木屐，并且世代传承，使其成为一种典型足衣呢？一方面源于对汉文化的承袭，形制颇似东晋时期谢灵运创制的“谢公屐”（见图4－25）。④ 另一方面因为木屐有以下优点：（1）赣闽粤边区山地潮湿，木屐的高跟可以使足远离地面湿邪；（2）木屐形制有夏冬两类，夏木屐造型简单，有的甚至由一块足形木板钉上几条系足的布带就成，形如拖鞋，民间俗称木拖子、木拖板，炎热夏暑穿着时犹如赤足纳凉。并且这种木屐在洗澡、浴足之后易于散湿促干；（3）冬木屐是在木质鞋底上钉制普通鞋的鞋帮而成，亦有防湿保暖之功；（4）木屐的木鞋底耐磨性胜过布底，造价费工也较低，自然成了赣闽粤边区贫困山区客家人的一种选择；（5）木屐常高屐离地，是古代下雨天一种很好

---

① 许嘉璐主编：《二四十史全译·后汉书》第一册，汉语大词典出版社2004年版，第330页。

② 许嘉璐主编：《二四十史全译·晋书》第一册，汉语大词典出版社2004年版，第8页。

③ 许嘉璐主编：《二四十史全译·南史》第一册，汉语大词典出版社2004年版，第446页。

④ 郭丹、张佑周：《客家服饰文化》，福建教育出版社1995年版，第58页。

的雨鞋；（6）木屐鞋底有齿，在农田湿滑地不易滑倒。除这些优点外，也有民间戏说：木屐行走有声，夜行时不疑为盗。木屐之声确实韵味十足，特别是乡村雨天听着木屐抨击青石板的声音。尽管木屐有这些优点，但由于穿着时生硬等缺点，随着物质文明发展，使得木屐渐渐消失（见图4－26）。

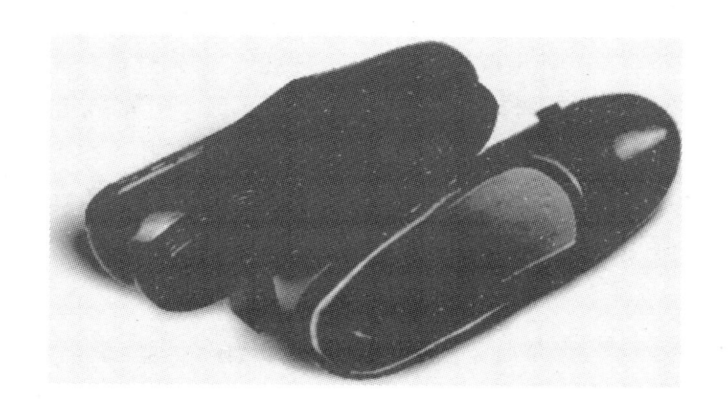

图4－25　谢公屐

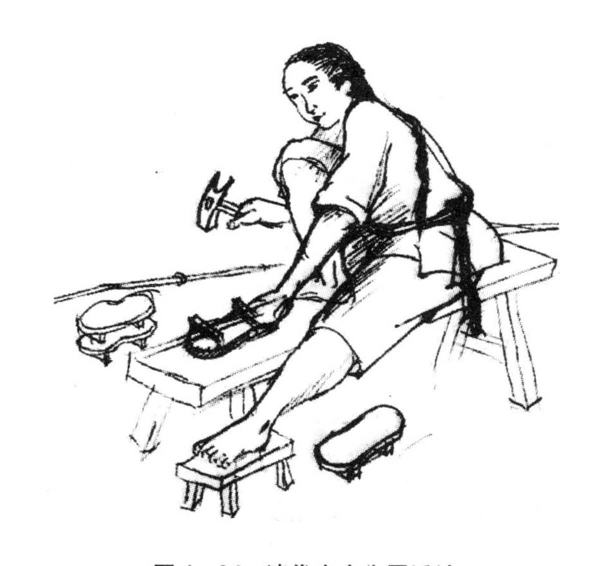

图4－26　清代客家木屐活计

（四）草鞋

草鞋是客家人挑担远行，外出劳作时常穿的鞋子。客家地区山多林茂，溪流密布，布鞋忌水、不耐脏，散热透气性能差，不适宜水田耕作或长途跋涉，并且其制作成本也高。于是，客家人利用稻草编织鞋子，既经济实用，又容易制作。

客家草鞋分为稻草鞋和布草鞋两种。稻草鞋平底、无帮、两头略尖，不分左右脚，男大女小。鞋掌有穿绳纽，用麻绳、草绳或布条系紧于脚背部。稻草鞋物美价廉，通风透气，柔软舒适，不易滑倒，适宜走泥土山路或石头路，是客家人外出放牛割草、插秧种稻、砍柴打猎、挑担买卖的理想鞋式。1934 年，红军长征时，客家人赠送了数十万军鞋给红军，其中有不少布草鞋。布草鞋布底、有帮、无面，有多个布扣，用于穿绳系，是布鞋仿照稻草鞋样式，去掉鞋面制成的，这样，既改善了布鞋不通风透气的缺点，又保留了原有结实耐穿的优点。

第二节　客家服装饰物的品类

服装的装饰物是在服装功能构件基础上，为满足审美或文化心理需要而增设的具有纯粹装饰功能或实用与装饰结合功能的部件，有时与衣浑然一体，有时相对独立。我国民族服饰中，特别是大部分少数民族的服饰，其装饰物品类丰富，从头到脚遍布各个可以装饰的地方。虽然赣闽粤边区客家传统服饰的装饰物品类不及大多少数民族丰富，但是其装饰物依据体位分类还是比较全面，有头饰、项饰、手饰、腰饰和足饰，其中主要以妇女和儿童的头饰品类最多且典型。其次是儿童项饰、妇女腰饰和手饰等品类也较丰富。男子服装的装饰物较少，只是腰间挂挂烟袋、手上戴戴戒指或扳指。下文探析赣闽粤边区的妇女和儿童的头饰，并介绍常见饰物。

一　发式与化妆

（一）男子发式

清代以前，客家人遵从“身体发肤，受之父母，不敢毁伤”的传统思想，蓄发蓄须，束发于顶。清初，清政府强制推行“留头不留发”的剃发令，“十从十不从”规定“男从女不从”“老从少不从”，迫使汉族男子发式服饰满化。客家男子发式也随着满化浪潮而发生了重大变化，从此剃发编辫。直至辛亥革命提倡“剪辫易服”，才开始留短发或剃光头。赣南龙南县约从民国二十年（1931）开始，理发始用推剪，青少年中流行西装头、陆军头、平头等式样，老年人则仍喜欢剃光头。[①] 龙南县地处赣南与粤东交界处，较为偏远，由此估计，其他客家地区使用推剪理发的时间当在20世纪30年代之前，客家人的发式也应该在此前一段时间开始了多样化。一般来说，民国时期，客家地区知识分子多理大小西装头和平头；政教界公务员、商业人员和青壮年农民普遍爱留西装头、陆军头、偏分头和学生头等发式；农村老年男子则多剃光头。新中国成立后，客家男子的发式更多，也更时髦，发型有西发、游泳发、平头、光头等，少数青年还蓄须留长发。

长期以来，客家青壮年男子少有人蓄须，仅有少部分人从“四十打进老人行”开始蓄须。直到花甲之后，儿孙满堂，才有更多人习惯将胡子留起来。有些青壮年遭遇大病、家庭变故或事业不顺之时，认为自身运气不好，就会想借蓄须增加福气以改变命运。这类人蓄须是要举行仪式的。首先要选好有“案道”之年，然后再择定吉日吉时。届时，在厅堂上摆上供品、点烛烧香，吉时一到，鸣炮告慰神灵，蓄须者跪拜神祖。之后，蓄须者端坐厅中，理发师口说吉语“发彩”，动手为其剃发、刮脸、蓄须，而后祝祠。这就算完成“蓄须”了，此后不能再刮胡子了。“蓄须”结束后，蓄须者要在厅堂上吃一碗鸡肉，还要给理发师包红包和赠送鸡腿。蓄须是件喜事，亲戚、朋友、邻居都要送礼祝福，蓄须者也要办宴庆祝，答谢送礼之人。[②] 新中国成立后，此习渐废，但青壮年一般不蓄须，老人蓄须的习惯却延续了下来。

（二）妇女发式

客家妇女发式没有受到清代剃发令的影响，客家人聚居地又相对封闭，所以客家妇女得以一直保持明代以前的容饰。通常，客家少女编单辫，扎红绳，额留容发，俗称招郎发，不加首饰，娴雅素淡，以示未出阁。光绪《嘉应州志》载：“女嫁前一日髻，谓之上头。”[③] “上头”即“上笄”，客家少女在出嫁前都要将单辫梳成发髻，表示已有婆家了。黄遵宪有诗云：“金钗宝髻新妆束，私喜阿侬今上头。姊妹旧时嬉戏惯，相看霞脸转生羞。”[④] 描写的就是客家少女出嫁前的羞涩情景。会昌县也有

① 龙南县志编修工作委员会：《龙南县志》，内部发行，1994年，第742页。

② 刘善群：《客家礼俗》，福建教育出版社1995年版，第147页。

③ 光绪《嘉应州志》卷八《礼俗》。

④ 黄遵宪：《新嫁娘》诗。

首山歌《梳妆曲》描写了客家妇女梳髻化妆的情景：

天蒙光，地蒙光，门北嫂嫂叫姑娘，打开房门望一望，日头出山三丈长。到转房中巧梳妆。左手端油罐子，右手提梳脑箱；头上梳起盘龙髻，脚踩花鞋绣鸳鸯；眉毛弯弯就像天上眉月眼，天上琉璃星，口似红莲初出水，脸似桃花色是红。

童养媳和等郎妹梳髻则多在除夕晚间上头成婚。[①] 少女梳髻后，意味着她以后可以使用金银首饰来打扮自己，也标志着作姑娘梳单辫的日子结束，此后梳髻将伴随终生。客家妇女的髻式有圆形髻、船形髻、坠马髻、椭圆形髻、锥形髻等；髻饰有髻簪、髻钗、发针等银器和髻网。梳髻配饰因人而异，富者插金银钗，戴金耳环、金银项链、金银手镯、金银戒指，一身珠光宝气；贫者荆钗彩带为饰，朴素大方。一般来说，少妇梳髻注重美观，金钗银簪饰于发髻，中老年妇女梳髻更随意，用发网套发髻，至多加戴银钏作装饰。但她们的髻都是真发梳成的，不是假髻，客家人梳假髻是近代的事。温仲和在《求在我斋集》中说："嘉应风俗向崇朴厚，妇女尤以勤俭相尚，所梳之髻，即以自己之发梳挽而成，俗名自家髻，与'省装'相近。"又说，"乃近数十年忽染陋俗，妇女改梳脱髻，又名假髻，或称高髻"。[②]

客家少女出嫁之时，娘家会为其精心准备好一个梳妆盒陪嫁。梳妆盒有藤制和木制两种，一般为长方形，有提耳，分两至三层，上层用于放梳妆用具，下层用于放金银首饰。新中国成立后，木制梳妆盒一般漆成红色，盒外有印花装饰，可上锁，每层抽屉可推拉，盒盖置有镜子。许多留下了时代的印记，在盒外漆上了"一颗红心为集体"等字样。用梳妆盒陪嫁的风俗一直持续到20世纪70年代。

辛亥革命后，知识界中青年妇女喜剪短发，农村妇女发式却无多大改变。在中央苏区，苏维埃政府提倡剪短发，废除金银首饰，客家妇女积极响应召号，许多人剪成齐耳短发，相当部分妇女还踊跃参加了红军。在赣南到处流传着剪髻兴短发的歌谣，如于都县岭背山歌《剪掉"圆头脑"》：

---

① 罗定邦、罗远方：《清末兴宁妇女的改妆》，载《客家风采》第2辑，梅江报社1986年版，第110页。

② 温仲和：《求在我斋集》卷四，第18页。

姐姐摘下头上花，嫂嫂剪掉“圆头脑”①；现在妇女讲时髦，不用镜子前后照。

上犹县客家山歌《剪发歌》：

革命号召妇女来剪发，我劝同志们切莫心烦躁。
剪了发，样样好，省得梳头又摸脑。
随时外出随时到，免得前照又后照。

崇义县苏区歌谣《妇女剪发歌》：

剪了头发样样好，随时出外跑；
省得梳妆来打扮，前照又后照。
戴上红色五星帽，木兰从军到前方；
我们工农子弟兵，奋勇杀敌立功劳！
哎哟哟……
我们工农子弟兵，奋勇杀敌立功劳！

剪髻后，金银髻饰用不着，许多客家妇女将其或售或赠给中华苏维埃共和国国家银行，支援革命战争与根据地经济建设，誉载《红色中华》。②

新中国成立后，客家妇女的发型增多。少女改扎两条拖辫，成年妇女多剪短发，如游泳发、上海发、青年发等，农村老年妇女仍有梳髻的。改革开放后，少女染发、烫发、拉发等层出不穷，戴耳环、戒指、项链的也日益增多；中青年妇女，特别是城镇妇女也普遍喜欢染发、烫发；农村老年妇女则依旧有梳髻的。梁伯聪的《梅县风土二百咏》能很好地反映客家妇女发式的变化过程：“女梳高髻转盘龙，再变妆时发改松。金翠纵然能省却，烫末工作亦很凶。”他自注说：“旧时妇女梳发，环城用髻套，乡间用帕裹，项背发兜起数寸，名髻尾。后改梳盘龙，名曰圆头。今一律剪发，

① 圆头脑：客家人称髻为脑，圆头脑即圆形髻。
② 瑞金县志编纂委员会：《瑞金县志》，中央文献出版社 1993 年版，第 783 页。

虽可省却金银首饰，而时髦女子仿西式烫松发，工价每至三四百元。”

（三）儿童发式

赣闽粤边区客家儿童（0—6 岁）的发式都较短，有光头、短发、招郎发、禾稿髻、披发髻、小辫等。禾稿髻在一些客家地区又被称为“鸦鹅髻”（如赣州龙南），它是在额头处剃留下桃形胎发，其他地方剃光形成的发式。在古代，人们认为要使儿童茁壮成长，首先需要护住命门，俗称“天灵盖”，位于头顶，正是禾稿髻所遮护的部位（见图 4－29 和表 4－6）此发式流露出了长辈为儿童祈福的心理，具有辟邪功能。同功能的还有披发髻，它是在小孩脑后留梳形胎发，其余地方剃光；或者其余地方短发，并在脑后蓄一细辫，长约十厘米。医学不发达的古代，常常把儿童夭折归结为：儿童阳气不足，易被鬼魅索走魂魄。大人时常揪揪披发或小辫子，可以保护儿童的灵魂，不被鬼魂勾走。由此可见，客家儿童发式多带成人的情感与意志。

图 4－29　客家儿童发式

客家婴儿满月前后迎来第一次剃发，理成光头，俗称剃脑毛。长至两三岁时，男女幼儿都在头顶前部留一块宽约 1.5 寸的方形发，形似镬铲，俗称“镬铲头”。女童 5 岁后不再理发，开始蓄发扎辫。辫式有蝴蝶式、牛角式、冲天辫等。十来岁时开始编单辫，直到出嫁时才梳髻。女孩头发长长时，由母亲用剪刀简单修理。男童五六岁时则蓄头心或扎冲天辫。“头心”头顶留发，四周剃光，似煲盖，又像酒缸盖，俗称“砂煲盖”、“酒缸盖”。

表 4－6　　赣闽粤边区客家各种发式及其变迁

性别 年龄	男	女
婴儿	鸦�髻[①]、短发、光头	剃满月头（短发）
儿童	清代：鸦鹊髻（俗称禾稿髻）	1. 圆形发（俗称安顶盖） 2. 齐耳短发（俗称招郎发） 3. 4 岁或 5 岁后不理发，蓄发留辫[②] 4. 新中国成立后：蝴蝶式辫、朝天辫、小辫
少年	1. 清代末民初：方形发（俗称东洋头） 2. 民国二十年始：西装头、陆军头、平头等	1. 清代：少女结单辫，额前留刘海，扎红头绳 2. 民国：短发，夹发夹 3. 新中国成立后：短发、蓄长发、结双辫等
青年	1. 明代：蓄长发；结发戴冠 2. 清代：前光后辫；或垂脑后，或盘头顶 3. 辛亥革命后：剪辫、光头、平头、西装头 4. 民国：短发、光头、西装发 5. 新中国成立后：西发、游泳发、平头、抛顶等 6. 现代：西装发、平头、游泳发、长发或烫发等	1. 明代：蓄长发，出嫁时梳发髻 2. 清代：未婚女青年编长辫，额前留刘海（俗称披发）；出嫁时用头簪或红绳挽成船形髻[③]；少妇梳左发 3. 辛亥革命后：剪长辫留短发、结辫扎红、招郎发等 4. 民国：短发（知识青年）、同古代（农村妇女） 5. 新中国成立后：短发别夹、游泳发、上海发、青年发等 6. 70 年代：齐耳短发（俗称阿拉头）、大包头、烫发、青年装、上海装、游泳发、学生式、短发、双短辫等
中年	1. 清代：头前剃光，头后蓄发结单辫 2. 民国时期：短发、剃光头、西装发 3. 新中国成立后：剪平头、分头、西装头、游泳头、学生装头、大包头、烫发等	发髻[④]（圆形或锥形发髻、方形髻、盘发套网）

续表

性别 年龄	男	女
老年	1. 明代：蓄须①（40岁左右开始蓄须） 2. 清代：短发、蓄须（长辈健在不得蓄须） 3. 民国：光头、短发、蓄须（过60岁有子孙者蓄须）等 4. 新中国成立：光头等	旋螺髻②、圆形或锥形发髻（束网、插银梳、别夹）

注：此表依据各地县志记载和田野遗存统计而来。①也是指髦，垂在儿童头上的头发。②有些地方的女孩剃过满月头后，不再理发，蓄小辫，一直待出嫁时梳成发髻，如赣州于都县。③革命时期，有赣南山歌唱“韭菜开花一管子心，剪掉髻子当红军”。④发髻有结成圆形、椭圆形、锥形、坠马形、舵形和船形等不同形状，挽好后再用细网罩住发髻，用银夹夹住头发，用根银簪横穿而过，固定发髻，甚至还插上些首饰或花饰。近现代，在赣闽粤边区还能见到遗存。⑤赣闽粤边区60岁以上的客家老人喜爱留胡须，特别是有子孙者，以此向往高寿。但是，父母健在不可蓄须，以示孝道。古代蓄须仪式是件很隆重的事，一般需要经过以下步骤：第一步，择良辰吉日；第二步，届时燃香、点烛、放爆竹；第三步，蓄须者跪拜祖宗；第四步，蓄须者端坐厅中；第五步，理发师向蓄须者恭喜道吉；第六步，开始刮脸、留须、理发；第七步，理发后给理发师红包；第八步，亲朋送礼祝贺，主人设宴待客。⑥盘缠成圆形。

（四）化妆

客家妇女从事大量体力劳动，平日少有化妆。但爱美是女人的天性，客家妇女还是会薄施粉黛的。广西客家山歌《梳妆纺纱织布歌》前四节详细描绘了一位织布妇女的梳妆情景：

梳妆

五更鸡儿叫洋洋，梳妆娘子出绣房。
左边放只油水碗，右边放只梳头箱，
手拿凳子平平放，梳妆娘子坐中央。
十指尖尖来解发，解开头发来梳妆，
大梳梳了小梳掠，十指尖尖把油放，
左边搽了三两六，右边搽了足四两；
梳出黄峰对蝴蝶，梳出金鸡对凤凰，
梳出犀牛来望月，梳出蝴蝶双对双，

梳出麒麟对狮子，两边梳出凤朝阳；
长短金钗排左右，耳戴珠环把金镶。

捡发

梳妆娘子回身转，捡发娘子出绣房。
手拿凳子平平放，捡发娘子坐中央。
十指尖尖来捡发，耳上毛发捡光光，
左边捡了右边捡，无条毛发在脸上，
手拿毛巾来拨发，小心拨得亮光光，
捡发娘子面带笑，梳妆娘子喜洋洋。

洗面

捡发娘子回身转，三寸金莲转绣房。
捡发娘子回身坐，洗面娘子出绣房。
手拿铜盆来舀水，铜盆舀水放中央，
手拿毛巾来湿水，毛巾湿水娘洗脸，
左边洗得白净净，右边洗得亮光光，
中间洗得银咁白，相公看见喜洋洋。

打粉

洗面娘子回身转，打粉娘子出绣房。
十指打开青铜镜，奴娇看见好真容，
左边照出双蝴蝶，右边照出凤凰双，
照出胭脂来点嘴，好比石榴火样红。

由上可知，客家妇女早晨梳妆特别注重头发的梳理与装饰，对面部也会进行必要的化妆，但这种现象并不普遍，仅是少数年轻妇女所为。对于客家妇女来说，普遍性化妆有两次：结婚时的开脸和死后的殓妆。

开脸即第一次绞面，将脸上的细黄毛拔除。在客家地区，客家姑娘在未议定婚事前，不可把脸部黄毛绞掉。按风俗，只有在议定婚期后，于出嫁前择定吉日才能开脸。有些地方还有专门的梳髻开脸仪式。届时，用三牲敬神，新娘端坐大厅中央，由一位命好且具有开脸经验的老成妇人，用坚韧细线将脸部黄毛绞掉。绞时，用牙齿咬住细线一端，两手拇指和食指分别撩住细线，使细线呈交叉状，贴紧新娘脸面，夹住黄毛，一张一弛地往外拔除。开脸的目的是使新娘脸部更加光彩照人。有首哭嫁歌《打扮新娘打扮哭》唱道：

> 你女割面就割面，倨爷爱抓九吊钱。变倒系子，一年都爱十打十吊剃头钱。变倒系女，也爱十打十吊割面钱。铜钱割面铜臭腥，花边割面正过睛。铜钱割面铜臭气，花边割面过周至。亚娘梳头爱梳好，又爱过村又过堡。亚娘梳头爱梳艳，又爱过村又过径。

割面即开脸。新娘埋怨父亲重男轻女，吝啬开脸钱。

殓妆指人死之后的化妆。客家人生前不注重化妆，死后殓妆却有许多讲究。当死者寿终正寝后，子孙要立马将其发辫解开，除下首饰，点香烧纸。之后立即带上铜钱，拿上瓦罐到河边买水回来给死者抹尸，进行殓妆，俗称“买水抹尸”。然后为死者穿上殓衣，再为其梳发。死者若是女性，则为其梳髻。

二　配饰

配饰按材质来分，可分为金银饰、玉石饰和布饰，按人体部来分，可分为头饰、项饰、腰饰、手饰和足饰。在众多配饰中，客家人对银饰特别钟情喜爱。新中国成立前，客家妇女一直都有以多佩戴银饰为美的习俗，女子出嫁需置备一套银器，有银簪、银钗、银手镯、银戒指、银耳环等十余件。即使系围身裙也要胸吊银牌，背系银链。1930 年毛泽东在的《寻乌调查》① 中如此描述寻乌县的客家妇女们对银器首饰的钟情喜爱：

> 寻乌的妇女们……不论工农商贾，不论贫富，一律戴起头上和手上的装饰品，除大地主妇女有金首饰外，一概是银子的。每个女人都有插头发银簪子和银耳环子。这两样无论怎么穷的女子都是要的。手钏和戒指也是稍微有碗饭吃的女人就有。银也是个名，实际是洋铁皮上面涂一点银，有些是铜上涂一点银。

① 毛泽东：《寻乌调查》，载《寻乌县志》，1930 年 5 月。

苏维埃时期，中华苏维埃临时中央政府提倡移风易俗，改变穿金戴银习惯，广大客家妇女积极响应号召，仅瑞金一县捐献银饰就有数万两之多。[①] 1942年，定南县县政府第一次行政会议决定，限期取缔妇女穿戴银质装饰品，逾期未取缔者，处以20元以上，50元以下的罚金，并没收银器。因推行困难，未曾实施。[②] 另外，客家儿童除了童帽上有大量的银质饰品外，也非常流行在脖子上挂镌有“长命富贵”、“状元及第”等字样的银质长命锁或银项圈。可见，银饰在客家地区是多么风行。相反，金、玉等首饰在客家地区却极为少见，仅家庭富裕者少量佩戴。

（一）妇女头饰

传统妇女头饰具体包括发式、发饰、面饰等。赣闽粤边区客家少女结单辫，扎红头绳，婚后结髻。[③] 依据发髻的形状可分为圆形髻、锥形髻、船形髻、方形髻、方椭圆形髻等；依据盘发髻时的头发把数[④]可分为一把头、两把头和三把头（见图4－27和表4－6）。其中一把头平日多为中老年妇女发式，两把头、三把头发式与附近畲族妇女的光泽发式、霞浦发式在造型意象上很相似，相比之下客家发式只是发股盘绕跨度及体量变小，犹如畲族发式的简化。

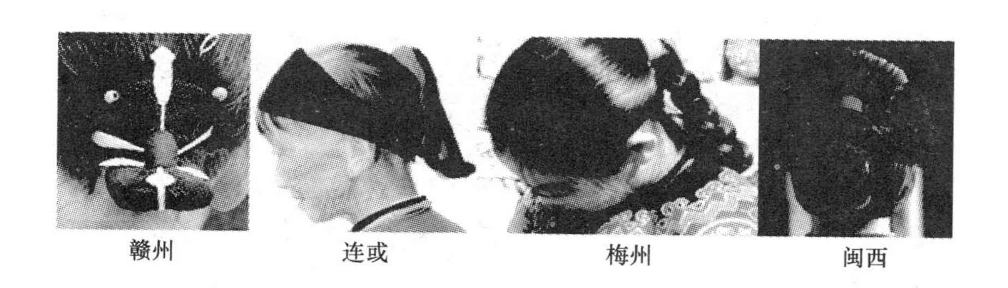

图4－27　今日还能见到的各种客家发式

客家与畲族的发髻都有戴网、别簪或钗的习惯（见图4－28）。簪是古人用来绾住头发，固定发髻或连冠于发的一种首饰。制作材料有金、玉、银、铜、铁等。以玉簪为贵，金簪次之，银铜簪再次之，铁簪为贱。

① 赣州地区志编纂委员会：《赣州地区志》，新华出版社1990年版，第2877页。

② 定南县志编纂委员会：《定南县志》，内部发行，1989年，第216页。

③ 髻，盘在头顶或脑后的发结。

④ 把，方言用法，意为头发的股数。

金玉簪一般为贵族富有者使用，银铜簪则受到中下层百姓的青睐，铁簪少有人用。在客家地区，最常见的便是银簪（见图 4 – 29）。长约 10 厘米，簪头镂空，簪身中间窄，两头大，末端尖利，造型如剑、如刀、如叉。据说制成这种形状与客家人的南迁历史密切相关。客家人南迁时，沿途难免遭到兵匪的袭击和地方恶势力的骚扰，客家妇女出于自卫防身的需要，也是为了便于隐藏和携带，便将小刀、短剑藏匿于发髻之中。客家人定居南方后，这种自卫的武器便演变成客家妇女最常用的银簪头饰。①

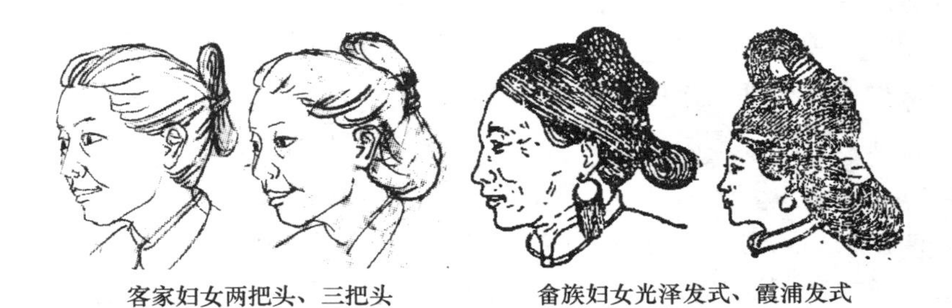

图 4 – 28　客家与畲族妇女发式比较

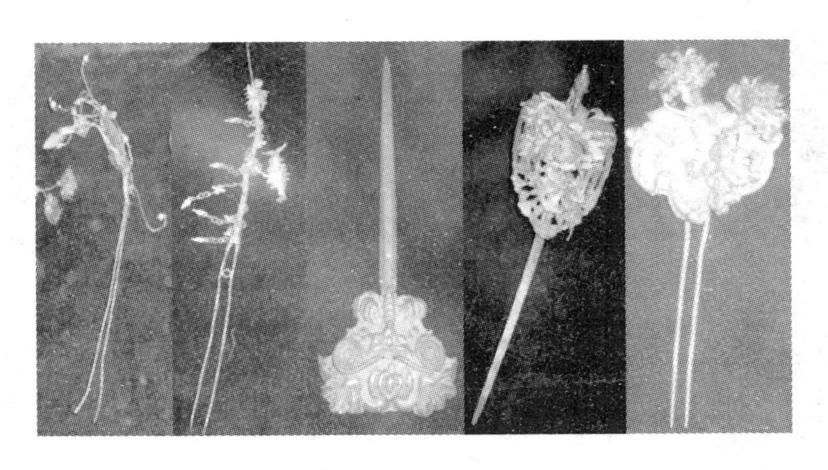

图 4 – 29　金钗、银簪

客家妇女喜用簪和她们婚后梳髻有莫大关系。凡客家妇女，一旦结婚，一律梳髻。最流行的髻便是圆髻，将头发团于脑后，用两根银簪十字

① 郭丹、张佑周：《客家服饰文化》，福建教育出版社 1995 年版，第 60 页。

交叉插入发髻固定，而后外用发网套髻，目针固定。银簪在此不仅起到固定发髻作用，同时露出来的精美簪头能给人赏心悦目的观感。正因为它的装饰性，银簪备受青年妇女喜爱；又因为它的实用性，不排斥年老妇女的佩戴，所以银簪在客家地区非常盛行，并逐渐形成少女出嫁时，女家哪怕是向男家索要也要为女儿置备银簪嫁妆的风俗。地处粤中偏北的新丰县，有首哭嫁调《担头没有凤冠髻》：

> 各人头发各人梳，使乜阿姨手咁多。阿嫂姐妹，担起头颅又没凤冠髻，搭落头颅又没云肩丝。阿嫂姐妹，担起头颅没容坐，搭落头颅没八宝。①

“八宝”当中就包括银簪，新娘对没有八宝陪嫁既伤心又埋怨，反复诉苦。至此，客家银簪不仅是一件普通的首饰了，它还是财富地位的象征和关乎着面子的问题。另外，客家先辈还用熟鸡蛋白与银簪一起包裹，趁热在患有头痛脑热之人身上反复擦拭，便可治病。此法历代相传，沿用至今。②

除了剑形、刀形等发簪外，赣闽粤地区还有梳形银簪，当地人习惯称其为“梳簪”或“银梳”，它兼具梳子的梳理功能和发簪巩固发型、装饰美化功能。造型方面依据梳弓与梳齿的形状及关系可大以分为两类：一类是，渐齿半圆形平面梳簪，这种梳簪的中间一根梳齿最长，依附半圆弧形的梳弓渐次向两端递减，整体构成半圆形状。还有两个造型特点，梳弓与梳齿构成一个平面，梳弓一般较厚（见图4－30）。另一类是，等齿长形弧面梳簪，其梳齿的长度几乎一样，制作过程中梳弓与梳齿平行构成长方形。值得注意的是，此类一些梳簪为了能够更好地适合头型，制作后期会将其弯曲成弧面（见图4－31）。具有弧面造型效果的还有银发夹，不过它没有梳齿，夹体往往呈流线型，它利用弧面的张力掐住盘好的发髻。可见，赣闽粤边区客家头饰的造型及品类与功能紧密结合，不同的形状及类别反映不同的功能。

---

① 使乜，用不着；担头，抬头；云肩丝，披在两肩的绸绢金丝绣成的装饰品；容坐，戴在头上的金银首饰；八宝，项链、戒指等首饰。

② 惠西成、石子编：《中国民俗大观》上册，广东旅游出版社1988年版，第477页。

图 4 – 30 渐齿半圆形平面梳簪

图 4 – 31 等齿长形弧面梳簪

面饰，诸多少数民族的传统中都有面饰习俗，面饰按照面部部位分类可见额饰、眼饰、鼻饰、唇齿饰和耳饰等；按照装饰的方式可分为文身、印痕、彩绘、镶嵌、镶挂和贴戴等。在赣闽粤边区客家成年女性[①]中也流传着面饰习俗，但是这种面饰与少数民族较为夸张的手法不同，与纯粹装饰及象征的面饰不同。客家妇女的面饰可以概括为以下特点：（1）追求绿色天然、朴素淡饰，客家女子平日不涂脂抹粉，这不意味客家女性不关心自己的仪表，更不表示客家女性不追求貌美。客家女性称为“挽面”的绞面方法就是她们保持肌肤光洁细滑的秘诀，是淡饰的主要手法。严格说挽面是一种面饰技法，绞去细小的汗毛达到美饰效果这种方式还能起到面部按摩作用。（2）注重实用功能，在面饰部位及手法上均有反应。田野调查中还能经常见到一些客家女性眉间（前额）会有红色的印痕，宛如仙子额头的“吉祥痣”。[②] 详细了解这是客家女性为了治疗风寒感冒采用“钳痧”[③] 时留下的痕迹。可见，客家妇女这种无意中形成的美饰带有

① 主要是已婚女子及中老年女性。

② 吉祥痣，源于印度佛教，早期是一种宗教仪式中面饰的符号，佛教传入我国并随着它日渐世俗化后，民间常用朱砂点在儿童眉心，去灾避邪、祈福儿童茁壮成长。客家人留下的钳痧印记带有去除病灾的作用，同样是吉祥祈福。

③ 钳痧，是广泛流传于客家地区的传统民间医学外治法之一。它具有通经活络、发散解表的功效，依据施治的部位不同它可以用来治疗中暑（颈部或胸胁间隙等）、感冒（眉间、额头）和晕车（眉间、太阳穴或颈部）。

极强的实用动机。客家妇女头饰中出于实用的还有“眉勒”，它是老年女性（特别是子孙兴旺的老年妇女）春秋季的日常头饰之一。眉勒不同于头衣可以遮蔽住大部分头部，主要护住前额和太阳穴部位防止风袭。眉勒的造型常见、、、四种（见图4－32和图4－33）。

图4－32　赣南定南客家眉勒

图4－33　闽西头戴眉勒的客家老人

除上述面饰外，耳饰是客家女性面饰中较为典型的一种形式。赣闽粤边区客家女性不兴佩戴烦琐的耳饰，一般不佩戴或佩戴造型简练的耳饰，如小银环、茶叶梗或红绳等。这都是为了保证劳作时不受体大复杂耳饰的影响，和防止贵重体大耳饰遗落。但是，在婚嫁、年节等喜庆日子还会佩戴造型较复杂的耳饰。赣闽粤边区的客家女性的耳饰造型可分为耳线、耳钉、耳钩、耳坠和耳环。耳环，顾名思义形成圆环；耳线是一种软饰造型，具体又有三种常见形式：第一种是直接一根红色棉线穿过耳洞，线的两端自然下垂；第二种是使用红色棉线穿过耳洞结环而成；第三种是使用红色棉线串珠，再穿过耳洞打结加固。耳钉，形状极似现今文具中的“图钉”，钉针用于插入耳洞，钉头起美饰效果，依据钉头的不同造型可以将常见的耳钉分为乳头钉、梅花钉、鱼形钉等；耳钩，因其形似钩，常挂于耳洞而得名。耳钩上往往还挂上花型坠或鱼形坠，还有的会挂上较长的链坠，这样形成一种耳坠款式；耳坠相对较长，所以有步摇的视觉效果，有的坠中空成铃，还有听觉效果。在以上耳饰中以耳环最多见，耳坠最丰富。

概而言之，赣闽粤边区客家妇女面饰采用印痕、贴戴和镶挂等方式，主要集中在额头、眼睛和耳朵；发式和发饰整体上无唐明奢华，而承宋俭朴之风。

（二）儿童头饰

赣闽粤边区客家儿童头发较短，直接装饰头上的发饰较少，依附于童帽间接装饰头上的饰物非常丰富。首先常使用刺绣法制成的饰物有蝴蝶、凤鸟、蜜蜂、公鸡、牡丹花、芙蓉花、石榴花和莲花等。还有用银、玉或铜制成的莲花图、妈祖像和铃铛等饰物。这些饰品按其作用与形式可分为三类：（1）主饰，顾名思义，装饰在最醒目部位（多指正前方），起主导作用的饰物。一般有面积大，制作较精细，集中突现主题的特点。常有妈祖、八仙、寿星、观音、罗汉、八卦和吉语等（见图4－34）。这些主饰有浮雕和半圆雕的形式。（2）辅饰，主要是配合主饰起充实主题，丰富装饰构成的作用。面积相比主饰小，多为浅浮雕或浅透雕，常装饰在童帽的边缘或两侧，如吉语、莲鱼图、梅花钉和乳头钉等。（3）链饰，指常装饰在童帽两侧或后面，并与主饰、辅饰形成动静对比，丰富童帽视听感染力的饰物。有圆形链铃、方形链铃、鱼形链铃、寿桃链铃、金钟铃、南瓜铃和链坠等（见图4－35）。

图4－34　八仙银饰

图4－35　附于童帽的头饰

（三）项饰与胸饰

赣闽粤边区的项饰与胸饰主要体现在儿童和成年女性的服饰上，男子服饰较为简单几乎没有项饰与胸饰。

儿童的项饰依据形态不同可以分为涎兜、项圈、项链、香囊，其中涎兜最为常见，其整体形如◉、◘，内形一般为正圆形、椭菱形或椭圆形，正圆形最多见；外圆常常呈波浪形弧线，构成荷花形、梅花形等，也有极少数方外形的涎兜（见图4－36）。这些涎兜由布、线等材料为主制作而成，材料的低廉是此项饰在客家地区流行的重要原因。相对贵重一些的材料是银，家庭相对富裕一点的都会为儿童配置银质的项圈或项链，田野调查中发现遗存项链比项圈多。项圈、项链上会挂上坠饰，大多数是三层坠饰，第一层坠饰的造型常有麒麟（麒麟带子）、长命锁（元宝锁）和圆形长命牌（五宝）① 三种，第二层坠饰几乎都是圆形长命牌，第三层坠饰一般都是带铃铛的链坠，铃铛的造型分为抽象与具象两种，抽象的常见长方体、球型和椎体等，具象的常见鱼形、花形、桃、石榴等。第二层与第三层坠饰已经下垂到了胸前，实质上起到了胸饰的效果。此外，赣闽粤边区客家儿童的其他胸饰物品不多见（见图4－37和图4－38）。

图4－36　赣闽粤边区各种涎兜造型

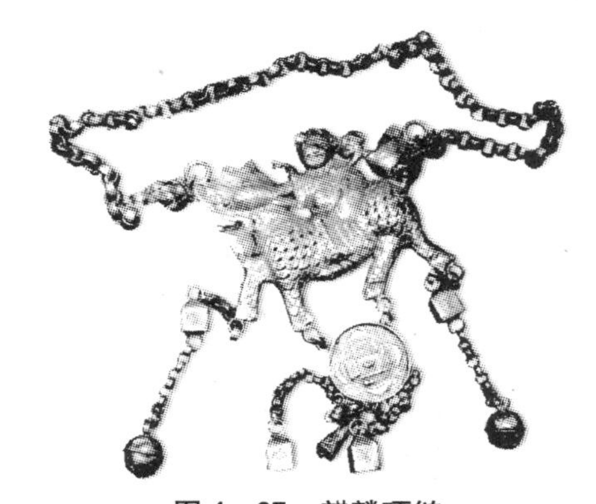

图4－37　麒麟项链

图4－38　圆形长命牌（五宝）

① 上面常常刻着“剪刀、算盘、书、尺子、香鼎”或“剪刀、算盘、书、尺子、香鼎”或“双鱼、太极图、毛笔、葫芦、鞋”等五宝组合。

项饰中的长命锁，在客家地区极为常见。长命锁是古人面对战争频仍、瘟疫横行、灾荒不断等考验时，渴望平安，为祈求辟邪去灾，祛病延年而制作的装饰物。明清时期最为盛行。它造型似锁，是将“锁”锁有形物体的功能引申、夸张、扩展至锁无形性命的一种美好想象。俗信认为，儿童一旦佩戴上长命锁，便能辟灾去邪，将命“锁”住。所以许多儿童从出生不久起，就佩戴上长命锁，直到成年。

赣闽粤边区开发程度低，蛇蟑横行，山水灵异飞动，客家儿童常着惊受吓，生疾患病，成长不易，促使客家人对长命锁锁命的功能至为崇信。客家长命锁普遍是银制，锁型各异，有圆形、方形、椭圆形等。正面铸有“长命百岁”、“状元及第”、“长命富贵”、“长发其祥”、“福”、“禄”、“寿”等文字；反面多为麒麟、龙、虎等吉祥动物。客家人都相信这些文字和图案具有增强保育的力量。另外一些银锁经过大胆变形，做成剪刀、尺、算盘、书本等物形状，寄托着长辈对儿童长大后能裁能剪、能掐会算、考取功名的美好愿望。银锁一般拴银质项链或项圈，下坠 4—5 个银铃，寓意“连中三元、四季平安、五子登科”。

长命锁特殊的锁命功能，常受到儿童外婆的特别重视，成为送给外孙的重要礼物。但在客家地区，生存处境普遍艰难，使许多家庭无力送长命锁给外孙。若孩子父母也无力为孩子制备长命锁，则可以向亲友筹钱。筹钱时，孩子父母事先用红纸包上七粒白米、七叶红茶，散给众亲友。亲友接到小红纸包后，便以铜钱回礼，数额在数十文至百文之间。孩子父母便用这些礼钱购得银锁。这种锁称为百家锁，一般正面会镌上“百家宝锁”或“长命百家锁”字样。

成年女性纯粹用来美化的项饰不多见，一些银链往往作为“拦胸裙”套在颈部，这种银链一般较宽，形成带状。两头有扣，扣的造型款式较为丰富，有蝴蝶扣、牡丹花篮扣、梅花扣、港币扣[①]、麒麟扣、乳头扣等（见图 4－39）。还有，一些银链结合拦胸裙挂胸侧，下端坠有银牙签（俗称牙刺）和银耳勺（俗称耳挖）等。还有，一些银链作为围裙系带，系于腰位，这类银链也较宽、两头有扣。装饰与服装结构部件结合是她们结合生活实践创造性改造服饰的反应：婚嫁后的客家女子多勤于劳作，平时

① 赣闽粤边区的自然环境迫使大多数客家男子外出务工，港澳台地区，甚至国外都有他们的身影。他们返乡时自然会带上各地的一些东西，银链上的港币就是他们带回或寄回的物品之一。这成为地区间文化交流的独特标志。

无太多时间穿戴、饰物，于是她们将银链条与围裙系带结合，形成银链条挂系拦胸裙的习俗。这种审美与实用的巧妙结合形成赣闽粤边区妇女项饰与胸饰的特色。

图4-39　银链、银扣

此外，长久以来客家人还有佩戴香包的习俗。香包又称香囊，是一种驱邪压魔的吉祥物。中国人佩戴香包的历史至少可以上溯至战国时期，屈原在《离骚》中就有“扈江篱与辟芷兮，纫秋兰以为佩”的记载。从婴儿时期开始，客家人便佩戴香包，直至成家立业，为人父母。他们称袋子为荷包，比如称钱袋为钱荷包，称烟袋为烟荷包，所以客家人也称香包为“荷包”。荷包尤其受到客家少男少女的喜爱，他们常将其当作信物，寄托着对爱情的无限憧憬、瑰丽遐思和对婚姻生活的大胆想象与万千祈愿。

传统香包内充丁香、雄黄、艾草、冰片、藿香、苍术等具有芳香除湿功效的中药材粉末，外表绣以各种图案。客家荷包则一般内装茶叶、豆子、盐巴、稻谷、芝麻等物，寄寓着年年丰收、日子节节高及多子多孙等众多愿望[①]；外表则绣满吉祥纹样。有大量的客家山歌对荷包纹样进行了描摹，如兴国山歌《绣香包》：

一绣香包正起头，十人见了九人谋；香包绣得铜钱大，百般花朵在上头。

二绣香包正剪样，花朵想烂妹心肠；郎要麒麟对狮子，姐要金鸡

① 宋经文：《客家香荷包》，载陈建才主编《八闽掌故大全·民俗篇》，福建教育出版社1994年版，第184页。

对凤凰。

三绣香包费思量，三两丝线四两香；千两黄金偓唔卖，一心绣起送情郎。

四绣香包四四方，灯盏火下绣鸳鸯；鸳鸯绣得成双对，鸳鸯成对姐成双。

五绣香包绣五龙，五龙绣在香包中；郎吊香包江中走，香包下水会成龙。

六绣香包绣六身，绣起南海观世音；中间绣个莲花鼎，两边童子拜观音。

七绣香包绣七星，绣起天上七姑星；七姑星来七姐妹，七姐下凡配董永。

八绣香包绽毫光，绣只鲤鱼出长江；绣条大路通南海，绣条小路通妹房。

九绣香包绣九龙，九龙闹海春意浓；柳毅带信洞庭走，才子佳人喜相逢。

十绣香包绣十般，绣起文官对武官；文武官员作陪衬，绣偓情郎坐中间。

十一绣香包一整冬，几多心事在妹胸；心中想起香包事，情哥夜夜在梦中。

十二绣香包整一年，绣起香包郎过年；绣起香包情哥带，荣华富贵万万年。

由该首山歌可知，客家荷包纹样众多，又以象征爱情的吉祥图案居多，主要有麒麟、狮子、金鸡、凤凰、鸳鸯、龙、七星、七仙、鲤鱼、文武官员等。还有花草纹样、文字纹样和抽象符号，如青竹、兰花、莲花、红花、树叶、牡丹等花草；“吉祥”、“如意”、“福”、“禄”、“寿”、“喜”等文字。这些纹样绣工细密精准，形态稚拙传神，色彩绚丽多姿，充满着象征和寓意，倾注了客家少女的浓厚情感，具有深厚的文化内蕴。

客家荷包造型各异，三角形、椭圆形、心形等都有，很受客家人喜爱。客家儿童在端午节洗浴后，会戴上荷包与亲人一起爬山登高；出远门，走亲戚，更是荷包不离身；客家少女恋爱后，会将自己的甜情蜜意做成荷包送给恋人；女儿出嫁时，客家母亲也会为其挂上一只香荷包，祝愿女儿婚后多子多福。甚至客家人盖祠堂、建新房，上大梁时，也会恭敬地在大梁正中安放上一只荷包。① 这种荷包一般内装谷物之类，祈望祠堂或新居能保佑五谷丰登、人丁兴旺、百事百顺。

（四）手饰与足饰

手饰在赣闽粤边区包括手镯和戒指，与中原汉族不太相同的是：中原汉族还有（指）甲饰，有涂指甲、蓄指甲和指甲套。客家人为了适应劳作生活，甲饰对于他们是不实用的。赣闽粤边区的手镯品类及造型与我国诸多地区较一致，包括软镯和硬镯。前者常见串珠镯、链镯和绳编镯三种，其中绳编镯是一种使用红绳编结而成，装饰在儿童手腕时，偶尔可见在红绳上系小银铃铛的款式。硬镯常见银质的绳纽镯、线环镯、面环镯、体环镯。线环镯比较纤细，面环镯往往环体较宽成弧面效果。此外，体环镯和绳纽镯较有特色：绳纽镯，好似两个线环镯按照编绳的方式缠纽成麻花效果呈现，镯体较宽；体环镯是一种双层空心镯，横切面常见半圆环、圆环两种。中空处常填入几个小石子，手晃动时此镯会发出声音（见图 4－40）。

软镯-串珠镯　　硬镯-线环镯　　硬镯-绳纽镯　　硬镯-体环镯

图 4－40　赣闽粤边区各种手镯造型

戒指多成年人佩戴，妇女佩戴多于男性。它是赣闽粤边区客家服装饰物中最能反映穿戴者兴趣取向的品类②，其造型依据佩戴者的选择非常丰富。戒指一般由指环和戒面（戒头）两部分组成，戒头是戒指上造型最多变的部位，大小不同，或具象与抽象不同，或动物与植物不同，等等，具

① 宋经文：《客家香荷包》，载陈建才主编《八闽掌故大全·民俗篇》，福建教育出版社 1994 年版，第 184 页。

② 客家地区的服装及饰物很多具有群体美，有着一定的程式。按照风格论的观点这种程式正式构成风格的基础。例如客家大襟衣、大裆裤的款式风格。

体如圆形、方形、菱形、龙头形、花形、文字形、印章形、藤蔓形、如意形，等等，这些除配对的龙凤戒外，很少有相同的款式。

足饰的品类及造型在赣闽粤边区不太丰富。客家妇女极少佩戴足饰，只有儿童会佩戴脚圈（足镯）。其实脚圈和手镯的造型特点基本一致，常常一起佩戴儿童身上，俗称银锡子、脚绕子，以示吉祥与避邪。

第三节　客家服饰造型符号特点与源流

“人不再生活在一个单纯的物理宇宙之中，而是生活在一个符号宇宙之中。”① 我们可以从客家服饰品类系统的符号意义感受到这点，还可以在赣闽粤边区客家传统服饰的纹样、色彩和构成等特点上更深入体会到这一点。

服饰具有符号意义，符号学是服饰文化研究的一个重要角度，了解符号特性对理解服饰文化具有特殊的意义。索绪尔在《普通语言学教程》中认为：“语言是一种表达观念的符号系统，因此，可以比之于文学、聋哑人的字母、象征仪式、礼节、形式、军用信号等。它只是这些系统中最重要的。因此，我们可以设想有一种研究社会生活中符号生命的科学；它将构成普通心理学的一部分，我们称它为符号学。”② 苏珊·朗格引艾恩斯特纳盖尔关于符号的解释是：一种可以某种不言而喻的或约定俗成的传统，或通过某种语言的法则，去标示某种与它不同的另外的事物的事物。③ 而苏珊·朗格自己还从艺术符号学的角度认为“艺术即人类情感的符号形式的创造”。④ 综合符号学各流派的观点，我们站在符号美学的角度概括，并基本认同的观点见表4－7。

由此可见，符号是人创造的有象征性指示的识别形式，识别性、象征性是符号的重要功能与特征。“象征是某种隐秘的，但却是人所共知之物的外部特征。象征的意义在于：试图用类推法阐明仍隐藏于人所不知的领

---

① ［德］恩斯特·卡西尔：《人论》，甘阳译，上海译文出版社1986年版，第33页。

② ［瑞士］费尔迪南·德·索绪尔：《普通语言学教程》，高名凯译，商务印书馆1980年版，第37—38页。

③ ［美］苏珊·朗格：《艺术的问题》，滕守尧译，南京出版社2006年版，第145页。

④ ［美］苏珊·朗格：《情感与形式》，刘大基译，中国社会科学出版社1986年版，第51页。

域，以及正在形成的领域之中的现象。”① 赣闽粤边区客家传统服饰的造型符号②就具有象征意味的指示，它向我们指示客家文化的源流、特质与精神等，成为解读客家人文化心理重要的物态密码，成为客家服饰文化特色重要的视觉识别载体。

表4－7　符号、记号、信号的基本观点

比较项目	符号	记号	信号
内涵	思想的工具（联想），有概念的作用，能指示某种意义，并被识别	能指明规定意义被识别	能传递某种意义，并被感知
主体	人能创造符号	人能创造记号	人能创造信号；动物只有信号
功能	可给“想象力”的静观提供形式和实现象征性	指明一个事实	指明一个事实
联结范围	可使我们获得一种举一反三的能力	仅指明一个事实，不能使心理进一步转换到另一个对象	指明事实时被干扰的因素很多
逻辑	1. 不容许简单、直接、一对一的对应关系 2. 逻辑关系比记号复杂，它至少包括：主体、符号、概念和客体 3. 能被理解为观念呈现时，使我们想象到的一切	1. 简单、直接、一对一的对应关系 2. 只能被理解为被它所规定了的事物或情况	相对模糊的对应关系；需经过更复杂的解码判断

一　纹样符号与源流

赣闽粤边区客家传统服饰上经常使用的“纹样符号”③ 有动物、植物、文字、人物、物品和几何纹六大类，其中又以前三种最为多见。这些纹样符号主要出现在妇女和儿童服饰上，涉及冬头帕、眉勒、围裙、绣花鞋、鞋垫、童帽和肚兜等品类。

① ［瑞士］荣格：《分析心理学的理论与实践》第三卷，成穷等译，生活·读书·新知三联书店1991年版，第24页。

② 艺术造型的基本要素一般包括点、线、面、体块、色彩等。服饰的造型符号是由这些基本要素构成，包括：纹样、色块、构成样式等。

③ 纹样在传统图案学中是多指单体，且具有样式化、程式化效果，可以组合、重复的符号形式。它从出现就具有相应的象征指向，具有符号意义。

（一）动物纹样

赣闽粤边区客家传统服饰上常使用的动物纹样有蝴蝶（如  、 、 、 ）、鱼骨纹（如  ）、凤鸟、蜜蜂和公鸡等。这些动物纹样在不同服饰品类上使用的频率与呈现出的造型特点均有不同，如使用频率方面：童帽上蝴蝶、凤鸟、蜜蜂和公鸡最常见，冬头帕和妇女围裙上鱼骨纹和蝴蝶最常见，绣花鞋和鞋垫上蝴蝶最常见。再如造型方面：童帽上的蝴蝶多写意，冬头帕、围裙上的蝴蝶方正概括，绣花鞋、鞋垫上的蝴蝶灵动。这些纹样符号象征着客家人对美好生活的向往与祈福，如公鸡纹样被广泛使用的动机就是取“鸡”与“吉”的谐音，还有，公鸡是很多地方辟邪镇宅的祥兽。其他常见动物纹样的象征意义（见表4－8）。

表4－8　赣闽粤边区客家服饰上常见“纹样符号”的造型与象征意义对照

造型	名称	象征意义	造型	名称	象征意义
	糖环	甜蜜幸福		牡丹	富贵
	耙子	丰收		花蝶	生殖
	担钩子	丰收		石榴	生殖
	鱼骨	生殖		瓶戟	平安
	竹叶纹	丰收 茁壮成长		荷花	平安
	凤鸟	吉祥	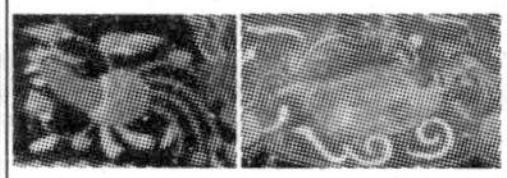	公鸡	吉祥辟邪

……

通过对动物纹样系统的内部比较和外部比较，我们可以在其中找到赣闽粤边区客家传统服饰与长江流域的文化联系。长江流域有一类或作裤带，或作袜带，或装饰在服饰边口的丝带叫作“悟子”，其上也有蝴蝶纹、、和鱼纹。由这些纹样的造型我们可见客家[①]动物纹样与长江流域有着较密切的承袭关系，同时也可以看出客家动物纹样具有更加简练、概括的艺术特点。

（二）植物纹样

植物纹样是赣闽粤边区客家传统服饰上使用最为广泛的纹样符号，常饰于童帽、涎兜、肚兜、冬头帕、围裙、绣花鞋、鞋垫、布贴等服饰品类上。具体纹样常有牡丹花、芙蓉花、石榴花、莲花、梅花、竹叶花和竹叶纹（如、）等（见表4－8）。

特别值得一提的是：赣闽粤边区客家传统服饰上的花卉纹样与动物纹样常常合为一体，如童帽中蝴蝶纹样造型以线为主，轮廓常常由牡丹花盘绕或花瓣变形而成。这样“蝶”与“花”浑然一体，正所谓真正的“花蝶”。营造出了一种图案造型上的“双关审美意境”。[②] 同时，在“花蝶”与“瓜瓞”的谐音关系中，还可以感受到它与中原文化的一脉性。[③] 在中原民间文化中常常使用“蝶戏花间”象征性与生殖，“蝶”象征阳，“花”象征阴。可见，赣闽粤边区这种阴阳浑然一体的“花蝶”造型，向我们展示出了客家人原始混沌的审美特点。

（三）文字纹样

这是一类独特的纹样，它们主要出现在赣闽粤边区的冬头帕和妇女的围裙上，由阿拉伯数字与汉字组成。据田野调查的第一手资料初步统计，这类纹样有200多个（见图4－41）。可以归为以下几类：一是祈福类，如“福、禄、寿、囍”；二是方位类，如“上、中、下、西”；三是姓氏类，如“王、马、周、于”；四是时政类，如“毛、主、席、万、岁、国、党”；五是数字类，如“2、5、9”；六是物品类，如“车、弓、币”；七是未能解读或无意义文字纹样。七类中以祈福类文字运用最广，以未能解读或无意义文字最多，数字相对较少。冬头帕花带的文字纹样大部分由

① 指赣南地区的龙南、定南和全南三个县。

② 张海华：《客家童帽文化初探》，《赣南师范学院学报》2006年第1期。

③ http：//skc.sysu.edu.cn/gztz/132124.htm，中原有“瓜瓞连绵”祈福多子多孙的图案寓意。

黑白两色打织而成，一般是黑底白字形成凸起的阳文，也有一些刚好相反形成黑色阴文。

图 4 – 41　常见的文字纹样

在赣南龙南县杨村田野调查时，许多客家妇女向我们表示，她们从未读过书，不识字，但只要给她们一张报纸，任何文字都能打在冬头帕的花带上。她们认为，花带中的文字纹样除了祈福类文字表达了客家人颠沛流离后，渴望宁静安康、子孙繁衍、多福长寿的愿望外，大部分是没有意义的。如姓氏类文字纹样是使用者的姓氏，仅是怕与别人的冬头帕混淆而已；时政类文字纹样也是客家妇女将宣传标语打织在花带上而已，是时代留在客家服饰中的痕迹。

她们的解释基本符合事实。首先，仔细观察这些文字后，发现其构字规律是由简而繁，反复使用。如“日”与“旧、百、月、目、用、甩、明、胆、朋”等字，“福”与“副”和繁体字“师”等字，即由某字或添增笔画，或改变局部，或双字复合而不断衍化，从而形成丰富的文字纹样。其次，花带上也有不少错别字。比如，在同一条花带中，有左“月”右“旦”合成“胆”字，也有左“旦”右“月”合成的错字。其三，即使是姓氏文字纹样也大量雷同，相当部分根本不是使用者自己的姓氏，而是模仿别人花带所打下的字。似乎由此可推断，对大多数不识字的客家妇女来说，这些文字或许仅仅是为了便利打带或追求装饰效果美观而已，别无其他意义。

在花带上打字的习俗起于何时？为什么这些文字大都是用黑白两色构成，置于菱形内，不端不正，打成歪斜状，而不用更具装饰效果的红、黄、绿、蓝等色来构字和将其打端正呢？若仅是为了追求美观，为什么又不用吉祥花鸟、龙凤虫鱼纹样来代替如此众多的文字呢？这些疑问都没有得到很好的解答。或许，起初这些文字是有某种象征含义或隐藏着神秘的信息，只是随着时间的流逝，后人无法知晓其中的秘密罢了。比如，一位客家老人说，（20 世纪 30 年代）地下党员常将重要情报巧妙地隐藏于花带中，数字暗示重要日期，某些文字暗示重要地名。赣南是革命老区，中华苏维埃中央临时政府驻地，是当年国共两党频繁斗争之地。花带能打织众多文字，难免不被地下党员用来传递情报。① 而其中的革命机密，我们已无从知晓，只能从“局”、“罪”、“司”、“革”等只字片语中想象当年我军地下党员激情燃烧的岁月。

除了明显的文字纹样外，还有一类比较抽象的文字纹样，寓意深刻。比如，“卐”乃万字纹，“□”意为万字不回头，二者表示万事顺应规律，生生不息；“□”形如戟，意为寿，取戟之谐音“吉”，客家人常称为“吉寿”②；“□”、“□”、“□”客家人称为“耙子”，状如大树分叉，长势茂盛，祈求多子多孙，人丁兴旺，等等。此类纹样一部分是中原文化古老意象的传承；另一部分则是客家人对自然界的模仿，通过大胆的夸张、变形，或简化等方式与现实原形拉开距离，注入内在意涵，形成的抽象的文字符号。我们将这类纹样中蕴含的思想概括为以下几种：

第一种为祈福意识，常出现的“□（福）”为我们展示了这一思想。

第二种是人物崇拜意识，在人文事象影响下，客家人将“毛主席万岁”绣于丝带。这种行为显然也源自他们对主席的敬意（见图4－42和图4－43）。

图4－42 “毛主席”文字纹样（阴纹）

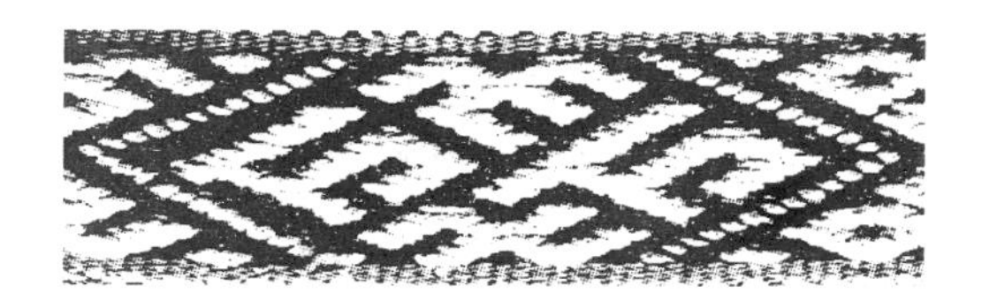

图4－43 万字重复组合

① 张海华、周建新：《江西三南客家妇女头饰——冬头帕》，《装饰》2006年第10期。

② 同上。

第三种是情报意识。江西赣南被誉为红色文化中心之一，瑞金等地常成为敌方围剿的中心；蒋经国在赣州任国民党江西省第四行政督察区专员六年等。这些表明敌我斗争在赣南或明或暗地激烈展开，从侧面说明了冬头帕里隐藏情报的可能。可见，客家革命先烈是何等的勇敢与智慧。

（四）人物纹样

主要出现在儿童服饰上，如童帽和涎兜。常见的人物有八仙、寿星、观音、妈祖与罗汉等形象。从这些人物纹样的形象类别来看，显示出它们同样象征着祈福和吉祥。

赣闽粤边区民间常说的“八仙童帽”，其人物纹样并非单纯指道家传说中的“八仙”，具体有以下形式：（1）在道家“八仙”中间放上“寿星”，实为“九仙”；（2）九个妈祖像并置；（3）九个罗汉像并置等。由此也可见赣闽粤边区客家服饰纹样在运用中的丰富性和发展中的变异性。（见图4－44）这种以“八”喻“九”的习俗，正好反映赣闽粤边区客家人崇尚“九”和奇数的心理。这种现象不单出现在服饰上，在客家其他民俗中也有体现，如赣州的“九狮拜象”。“九”在中原汉族文化中，也被广泛运用，上到皇帝下到贫民。这是因为它有两个象征寓意受到人们的偏好，一是“九”的谐音同“久”，寓意长长久久；二是“九”作为个位数中最大的奇数，象征“阳”。客家人对“九”崇拜的心理正源于上述两点。至于为什么以“八”喻“九”，是因为，人们习惯了道教八仙的故事及称谓。

图4－44　人物银饰（寿星和八仙）

以上例子可见赣闽粤边区客家服饰纹样不单通过造型形象来实现寓意及象征，还通过纹样数量来传递他们的精神取向。

（五）物品纹样与几何纹样

首先，这两类纹样对比前三类纹样使用频率略低。再有，这两类纹样中一些具体纹样的造型方法相似，如有些物品纹样也使用抽象几何形来进行造型。区别它们的关键在于物品纹样有具象物体与其对应，而与几何纹样对应的往往是一些抽象的概念或虚构形象。还有，这两类纹样常见于冬头帕和围裙的丝带上或偶尔见于童帽、布贴，如丝带上的，赣南客家人把它称为“糖环”，一种用米粉和糖制成的面食；还有、、，赣闽粤边区客家人把它们称为“耙子”（一类用于耙田、耙谷的农具）；又把“万字不回头”与称为“担钩子”（指扁担上的一类担钩）。除了这些物品纹样的例子外，还有几何纹样的例子，如童帽上的八卦符号，等等。

二 色彩符号与源流

服饰色彩，是服饰特点最为直观的识别形式之一，特别是传统服饰色彩。它往往是一个族群的重要识别标志，同时传统服饰色彩还具有性别、身份和地位的象征作用。通过服饰色彩可以把握人物的心理和族群的文化特质，于是从赣闽粤客家传统服饰色彩入手是探寻古代客家人心理及客家文化较好的切入点。

“蓝衫”已被很多现代人视为客家传统服饰的意象。有研究者认为客家人具有蓝色情结，“客家人对蓝色的迷恋，正是其痛失家园后低哑的咏唱”。[①] 甚至有研究者把“蓝色”视为客家传统服饰的标识。形成这类认知的主要原因有两个：（1）从现有的客家女性传统服饰遗存来看待整个客家传统服饰。在为数不多的活态遗存中，客家女性传统上衣的色彩给我们的第一印象的确是蓝色。（2）应用了现代建构的思维方式看待客家传统服饰。现今客家人为了塑造客家服饰品牌，建构易于识别的特征，在很多场合标示“蓝衫客”称谓。这两个原因表明人们现在对客家传统服饰色彩的认识多带有片面性和主观性。依据对客家文化及服饰的调研，我们发现客家传统服饰的蓝色（特别是赣南客家传统服饰蓝）流露出客家人对生活的平和与自信，透着客家人的灵性。并且，客家传统服饰的色彩情结呈现出多元状态。

① 肖承光：《客家服色中的蓝色情结》，《赣南师范学院学报》2003 年第 2 期。

（一）蓝色

首先，从服色使用历史看：我国封建王朝服色的使用礼制森严，常用来区分地位尊卑。蓝色，在我国古代常常是小官吏和儒生的服装主色，这类服装渐渐被称为“蓝衫”。这一词多见于唐代典籍，如殷文圭《贺同年第三人刘先辈咸辟命》云：“甲门才子鼎科人，拂地蓝衫榜下新。”[①] 再如《旧唐书·本纪二十》中载：“虽蓝衫鱼简，当一见而便许升堂；纵拖紫腰金，若非类而无令接席。”[②] 此后，“蓝衫”一词在历代典籍中都有出现，特别是明代更为明确地把“蓝衫”界定为儒生、士子的衣冠，如《明史·列传第二十六》载：“赐监生蓝衫、绦各一，以为天下先。明代士子衣冠，盖创自逵云。”[③] 明、清时期蓝色服装不仅见于小官吏，还流行于生员[④]之中。如《喻世明言》第十一卷：“只见茶博士指道：‘兀那赵秀才来了！’苗太监道：‘在那里？’茶博士指街上：‘穿破蓝衫的来者便是。’”[⑤]《儒林外史》第三十二回：“人家将来进了学，穿戴着簇新的方巾、蓝衫，替我老叔子多磕几个头，就是了。”[⑥]

由这些历史文献可以概括出中国古人身着蓝色服饰有两个原因：一是官方对官吏地位的视觉界定；二是民间对有点地位、学问和能干之人的敬慕。从这点看，客家传统女性服饰多蓝衫，也可能是客家女性地位上升[⑦]的缩影，我们不能排除这种联想。

其次，从染料使用情况看。通常有五种植物的蓝色色素可以制作成染料，茶蓝、蓼蓝、马蓝、吴蓝和苋蓝，其中茶蓝最佳。诸蓝适合生长在温暖湿润的气候，江南正具备这种气候条件。在明代，特别是在清代和近代，把蓝色作为服饰主色并非客家人独有，我国江南水乡很多地区的汉族

---

① （清）彭定求等编：《全唐诗》，中华书局1960年版，第8134页。

② 许嘉璐、黄永年主编：《二十四史全译·旧唐书》第一册，汉语大词典出版社2004年版，第671页。

③ 许嘉璐、章培恒等主编：《二十四史全译·明史》第五册，汉语大词典出版社2004年版，第2807页。

④ 唐国学及州、县学规定学生员额，因称生员。明、清指经本朝各级考试入府、州、县学者，通名生员，习称秀才，亦称诸生。泛指生活中现对有些学问、地位之人。

⑤ （明）冯梦龙编：《喻世明言》，陕西人民出版社1985年版，第165页。

⑥ （清）吴敬梓：《儒林外史》，中华书局2009年版，第219页。

⑦ 古代客家社会里，由于男性常年在外地谋生，有的甚至数十年不回家，杳无音信。女性在家中承担起了持家教子、家务农事等工作，往往成为家庭生活中稳定的经济来源。相比当时的中原汉族，客家女性随着其在家庭生活中作用的加强，其地位也相对在提高。

与少数民族都有此习俗，“蓝印花布”的流行就是一例。同时，《天工开物》载：“闽人种山皆茶蓝。其数倍于诸蓝。山中结箬篓输入舟航。”① 赣南地方志记载也有种植蓝的习俗，并且就在明代后期，赣南的蓝靛大量销往外地，《赣州府志》载：“城南人种蓝作澱，西北大贾岁一至泛舟而下，州人颇食其利。”② 可见，受地域气候影响闽粤赣盛产蓝靛，是促成蓝服色在此地域流行的客观原因。

再次，客家传统服饰的蓝色（特别是赣南客家传统服装）给人们印象最深的色彩指标是 C90、M65、Y0、K0（R13、G87、B167）。在这个指标附近的蓝色没有低吟、哀怨之感，反而蓝得透明、清澈。并且，客家女性传统上衣多大色块，或整件为蓝色，或在袖口、肩膀、下摆等处修饰宽约 5 厘米（0.15 市尺）的黑边（偶尔可见白边）。这些色彩关系都给人既素雅，又明快之感。还需注意的是，客家女性传统服饰的色调除了蓝色使用最多外，也可以见到白、灰、黑、青等色调的素衣。

（二）青色

客家女性传统服饰中有青色素衣外，男性传统服饰色调更是以青色为主。青色在古代由蓝草提取而来，荀子《劝学》曰：“青取之于蓝，而胜于蓝。”③ 这句话也表明青胜于蓝的差异。借助现代色彩学理论可以更准确得知：青色的色彩指标是 C100、M0、Y0、K0（R0、G160、B233）；蓝色的色彩指标是 C92、M75、Y0、K0（R0、G0、B255）。说明青色是一种带有绿色色素的色彩。再看古代，青色也常常代指翠绿色，李白《望天门山》云：“两岸青山相对出。”④ 和周密《少年游》云：“瑶草入帘青”⑤ 等。另外，它还代指黑色，如温庭筠《三洲歌》云：“李娘十六青丝发，画带双花为君结”⑥ 等。于是，在我国古代汉文化中，青色系列应该包括绿、青和黑等色彩。

青色的布衣在古代通常称为“青衣”，在多数朝代象征的社会地位都

---

① （明）宋应星：《天工开物》，中国社会出版社 2004 年版，第 121 页。
② 天启《赣州府志》卷三《舆地志 · 土产》。
③ （清）王先谦：《荀子集解》（上），中华书局 1988 年版，第 1 页。
④ （清）彭定求等编：《全唐诗》，中华书局 1960 年版，第 1839 页。
⑤ 唐圭璋编：《全宋词》第五册，中华书局 1965 年版，第 3281 页。
⑥ （清）彭定求等编：《全唐诗》，中华书局 1960 年版，第 275 页。

不高[①]，如《汉书·成帝纪》载："青绿民所常服，且勿止。"[②] 刘禹锡《和乐天诮失婢榜者》云："新知正相乐，从此脱青衣。"[③]《宋书·列传》载："忽有青衣童儿骑牛行。"[④] 特别是明、清时期青色成为地位较低男子的服装色彩，如《明史·选举志》载："先以六等试诸生优劣，谓之岁考……一二等皆给赏，三等如常，四等挞责，五等则廪、增递降一等，附生降为青衣，六等黜革。"[⑤]《清史稿·选举志》载："（考列）五等，廪停作缺。原停廪者降增，增降附，附降青衣，青衣发社，原发社者黜为民。"[⑥]"青衣"在这两个时期渐渐代指生员中的末等，接近革除。青色也渐渐成为普通平民男子的日常服色。

客家男性传统服饰色彩受以上大的文化背景影响，使用最多的是青色系列，常表现为藏青色、青灰色和黑色，以及它们不同明度的色相。此外，客家男性传统服饰色调中还能看到白、褐等服色（见图4－45[⑦]）。

（三）红色

除成人男女服饰色彩外，客家儿童（0—6岁）服饰色彩一般不分男女，多为浅或鲜明的色彩，常以米黄、浅蓝、白、红等色彩为主调。其中又以红色系列最为常见。此外，偶尔也可以见到一些藏青或黑色为主调的儿童服饰，但在这些色彩上还是会配上些鲜艳、明亮的色彩，特别是配上红色（见图4－46）。

儿童服饰色彩主要凝聚着成人的服饰色彩观念，传递着长辈对后代的期望、祝福和关爱。从山顶洞人就有尸体旁撒红粉希望生命在阴间得以延续的行为，可见远古祖先很早就认为"红"是生命力的图腾。民间迷信认

---

① 隋，是为数不多将青色用作后宫（皇后、妃）礼服的朝代之一，如《隋书．礼仪志》载："青衣，青罗为之，制与鞠衣同。去花、大带及佩绶，以礼见皇帝，则服之。"（许嘉璐、孙雍长等主编：《二十四史全译·隋书》第一册，汉语大词典出版社2004年版，第232页。）

② 许嘉璐、安平秋等主编：《二十四史全译·汉书》第一册，汉语大词典出版社2004年版，第132页。

③ （清）彭定求等编：《全唐诗》，中华书局1960年版，第4030页。

④ 许嘉璐、杨忠等主编：《二十四史全译·宋书》第二册，汉语大词典出版社2004年版，第1110页。

⑤ 许嘉璐、章培恒等主编：《二十四史全译·明史》第二册，汉语大词典出版社2004年版，第1314页。

⑥ 赵尔巽等：《清史稿》第十二册，中华书局1976年版，第3117页。

⑦ 《清代客家传统男装服饰》，梁小玲客家民俗收藏馆，2009年10月17日［2009－12－8］http：//www. szkjq. com/。

图4－45　客家男子的青色长衫（左）

为儿童处在阴阳交界处，“阳气”不足，阎王常派小鬼来收取他们的灵魂，为了保护孩子不受夭折，所以客家人使用红色服饰为儿童吸纳“阳气”，储备生命力。还有一点，红色在古代服饰色彩中象征社会地位较高，常常是皇室、权贵的礼服。如《宋史．舆服》载：“后殿早讲，皇帝服帽子，红袍，玉束带，讲读官公服系奚。”[①]《清史稿·洪秀全传》载：“袍服则黄龙袍、红袍、黄红马褂。”[②] 这结合客家俗语：“木桥断了换石桥，青衣脱下换红袍。”可见古代客家人还将红色衣服寓意为前程辉煌，让儿童穿上红色衣服，是对儿童未来的祈盼。

① 许嘉璐、安平秋等主编：《二十四史全译·汉书》第五册，汉语大词典出版社 2004 年版，第 165—311 页。

② 赵尔巽等：《清史稿》第四十二册，中华书局 1976 年版，第 165—311 页。

图 4－46　客家儿童的各种红色衣装

（四）五彩色

“五彩色”，意指多种色彩组合构成的色彩意象。田野调查中常见的色彩搭配有：红与黑（青）搭配、蓝与黑（青）搭配、五彩色组合等。

红与黑搭配是客家传统服饰中最常见的色彩组合，如童帽总体给人黑衬红的感觉，从中传达出一种远古神秘气息，表达客家人“宁弃祖宗田，不忘祖宗言”，依恋远古祖先的情怀。“天玄地黄”黑色象征天；“红”是生命力的图腾。从这角度理解，黑衬红是客家人“天命”与“天人合一”观念在童帽上的物化。同时，古人又认为黑是阴间鬼魂的象征。从此角度理解，黑衬红便是客家人在颠沛流离之后形成的生死共存哲学观的外化。除童帽外，这种色彩组合还可以见于儿童上（下）衣、绣花鞋、鞋垫等服饰品类上。

红黑色彩搭配形成的只是主色调，客家人还时常点缀些或蓝或绿或银白的冷色。如童帽色彩有很强的装饰感，常以黑色为底，在其上施以刺绣、银饰或花边等，形成强烈的视觉对比。其中，刺绣色彩吸取了粤绣鲜明、对比强烈的特点，它常以红为主色调，并在其中点缀绿色来营造一种激烈、欢快、活泼的气氛。红绿对比在黑色衬底烘托下，使得童帽刺绣色彩喜气而不杂乱。

蓝与黑（青）搭配在客家传统服饰中也是常见的组合。主要出现在女子服色的搭配上，她们上衣常着绲有黑（青）边的蓝襟衣，下衣着黑（青）大裆裤。蓝与青在现代色彩学中本属于类似色系，也都属冷色，它们搭配在一起给人平和、宁静的感觉。又因青黑或黑青的明度偏低，它们与蓝搭配时往往既不失蓝与青搭配的感觉，又有层次和灵动感。还有，在蓝与黑（青）搭配主色调上，也会搭配或红褐或黑或白或红或绿的纹样及饰物，这更加使得女子服饰色彩素艳搭配的层次分明、节奏合理。

因服饰品类间的搭配，而形成的五彩色组合是可以随时调整的灵活形式。仅此不够，赣闽粤边区客家人对“五彩色”也有偏爱，还有专门制作“五色布”的习俗。五色布有两种：一种是使用各色小布头缝合成一块大布，再用它制作服饰物品，常用于童帽的披风。另一种是使用红褐、黑、白、青灰、浅黄绿等色线相间编织出的条纹布，主要用于冬头帕的披肩和衣裙、连体衫的裙。透过第一种五彩布可以看到客家人的俭朴与创造性；透过第二种五彩布可以看出客家人与中原汉文化一脉相承的“五行五色”意识。五行，指金、木、水、火、土五种物质，是我国古代哲学思想的重要组成部分，主张世界万物都由五行物质相生相克推演不息而存在。认为世界是对立统一、联系转换的整体。《淮南子》载：金生水，水生木，木生火，火生土，土生金。金克木，木克土，土克水，水克火，火克金。东方，木也，南方，火也，中央，土也，西方，金也，北方，水也。[①] 五色分别对应方位五行，据《考工记》载：“画缋之事，杂五色；东方谓之青，南方谓之赤，西方谓之白，北方谓之黑，天谓之玄，地谓之黄。”[②] 人们对五行色的追求，应视作对世界平衡发展的视觉转换和精神物化，也是对物质世界不断和谐繁衍生息的祈福。

再看客家编织的五色布，清代“剃发易服”的高压政策，颁布了民间不得使用黄色的禁令，客家妇女巧妙地将黄色用浅黄绿色代替。浅黄绿色中同样有黄色色素，可见客家女子变通的聪慧品格。再如披肩（五色布）犹似客家深厚的地层，又如客家层层的梯田；额前部的大块黑色面料配上艳丽的两根丝带，有如厚重大地上的两条河流；还有戴好的头帕如

① 何宁：《淮南子集释》，中华书局1998年版，第165—311页。

② 戴吾三编：《考工记图说》，山东画报出版社2005年版，第55页。

同起伏的丘陵等等。这些都体现了客家人对传统“天人合一”思想的理解与应用。

客家传统服饰多为素色，蓝、青、红三类色系对应不同性别和年龄是客家传统服饰最常见的色调。此外还可以见到白、灰、五彩色等色调的服饰。白色主要用于内衣、五彩色主要用于头衣、灰主要用于外衣等，详情见表4－9。

表4－9　客家传统服饰色彩的使用情况

部位效果 性别年龄	头衣	上衣		下衣		足衣		使用最多的色彩	整体效果
		内	外	内	外	袜	鞋		
女	五色布	白红 浅青	蓝青 （黑、藏青） 灰	白 浅青	青 （黑、藏青）	白	蓝青 （黑、藏青） 灰红	蓝白	鲜明、灵动素雅、平和简练、大气幽古、神秘
男	黑 （藏青） 褐色	白	青 （黑、藏青） 灰白褐	白灰	青 （黑、藏青）	白	青 （黑、藏青） 灰	青白	素色、简练朴素、平和庄重、大方
儿童	红黑 （藏青） 五色布	白	红 米黄 浅蓝 白	白	米黄 浅蓝 白红	白	青 （黑） 红	红白	艳丽、鲜明活力、灵动自然、神秘

注：1. 表中男、女主要指成年人群。2. 表中儿童指0—6岁阶段内，服饰色彩一般不分男女。儿童步入少年时一般穿比成人小号的同款衣服。3. 客家传统服饰多为素色衣的效果。4. 表中列举的色彩，基本上都有明度变化或同类色变化。

综合上述，客家传统服饰的用色多受当时自然环境、染织技术限制，受中原文化和时代风尚影响，并且与性别、年龄、地位对应。客家女子传统服饰崇尚蓝色，男子传统服饰崇尚青色，儿童传统服饰崇尚红色。如果说客家人有蓝色情结的话，那么他们对红色、青色的情结也很深。客家传统服饰色彩表现出来的应该是多元情结。

三　构成规律与源流

单个服饰造型符号是通过构成形式组织在一起，从而形成完整意象。

卢卡契认为：纹样的构成要素是由节奏、对称、比例等抽象反映形式所构成。[1] 事实上色彩符号也是如此。基于遵循对称均衡、节奏韵律、比例重心、对比统一等形式美法则，将赣闽粤边区客家传统服饰造型符号的构成形式归纳为以下常见样式：

（一）填充（适合）构成

服装均由不同大小及形状的布料块面缝合而成，纹饰作为依附其上的部分，往往采用点缀、填充或适合等组织方式。赣闽粤边区客家传统服饰主要选择填充、适合的构成形式。这是一种“就地适形”的能动意识，有时巧妙的适合在服饰面料的造型中，例如挡胸裙上半部分的纹样就是适合在梯形内，童帽顶部的纹样适合在圆形内。此外，经常用来做适合外形的还有：圆形、方形、菱形、三角形、梯形、扇形、多边形和不规则形。这些主要是用于动、植物纹样和文字纹样，也包括少部分物品纹样的构成组织。众多纹样在形内组合整体上几乎都呈现出均衡对称的形式。这种形式审美反映出客家人对“和谐统一”的追求（见图4－47）。

图4－47　填充（适合）构成

① ［匈］卢卡契：《审美特征》，徐恒醇译，中国社会科学出版社1986年版，第257页。

（二）二方连续构成

二方连续纹样常由一个基本纹样向左右（上下）连续延伸成带状，常用于带、边的修饰（见图4－48）。在赣闽粤边区客家传统服饰中主要用于组织文字纹样与植物纹样，形成服装边饰或丝带。整条丝带（边饰）由主纹、辅纹和边纹组成。主纹是指需要组织的纹样，多成菱形单元；辅纹取主纹局部，成三角形单元。整个构成由主纹向左右两个方向依次连接，在其形成的三角形空档中填上辅纹，再在丝带两边编织出彩色条形边纹，形成类似二方连续纹样的构成形式。整个纹样组织松紧得当、主次分明，纹样内容丰富、局部单元富有变化，这点不同于一般二方连续纹样由一个相同单元元素不断重复的构成形式。依据靳之林先生的研究：◇为女阴，△为男阳。[①] 于是，丝带上这种由菱形与三角形相间的构成形式，也是一种古老的阴阳相合的象征（见图4－49）。

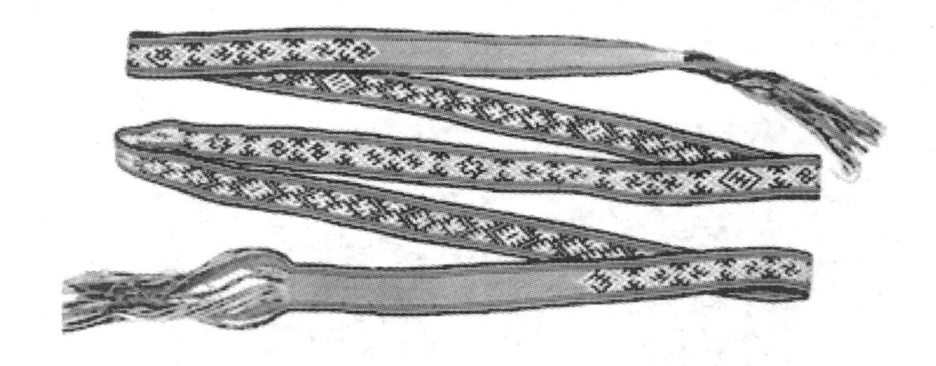

图4－48 丝带上的二方连续

（三）图地反转构成

阿恩海姆认为，“图”是具有封闭特性的形，有时又具有相对面积小的特点。“底”是封闭面之外的部分，同时面积较大的面也总是被看成“底”。[②] “底—图”是作为相对应概念而存在，它们的关系区分还与质感、体积、空间等有关。空间感在前、质感较精致或体积感较强的面更易

① 靳之林先生在《抓髻娃娃》（广西师范大学出版社2001年版）中，研究剪纸符号时对这类形状符号的象征寓意作了分析。本书认为它们的象征寓意具有普遍性。

② ［美］鲁道夫·阿恩海姆：《艺术与视知觉》，腾守尧等译，四川人民出版社1998年版，第305页。

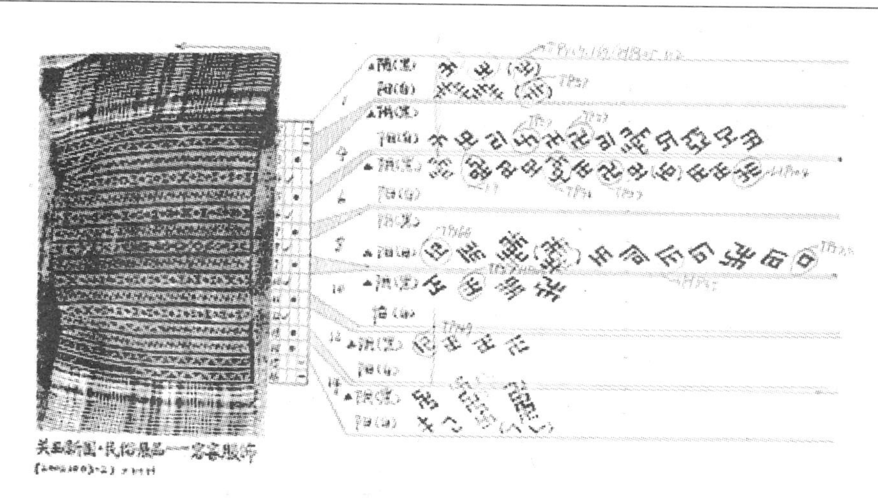

图4－49　客家传统服饰纹样阴阳纹分析

被感知成“图”。“图底反转”关系是指A面与B面互为图底的关系，即在把A面看成图，B面看成底的同时，也可把A面看成底，B面看成图，从而产生A、B面图底界定的视知觉模糊现象。这种视知觉效果产生的条件是在面与面相接时，质感、体积、空间、面积等比较项目越趋相同，视觉越模糊。

赣闽粤边区客家传统服饰常在同一平面空间、同一肌理质感、近似面积的基础上表现图底反转效果。这种构成形式主要出现在客家传统服饰的围裙、东头帕，用于文字纹样和少部分动、植物纹样的组织，常使用阴纹、阳纹两种面来形成图底反转效果。使阴纹、阳纹“互为背景从而随着视觉的中心转移，前后层次不断变化因而产生一种炫目的动感。由此走向构成的完整性——和谐”。[①] 这种“和谐”构成还蕴含着我国古代关于“阴阳”对立统一化生万物的生命关系。

（四）重复构成（近似构成）

主要使用在客家传统鞋垫、布贴等服饰上。常以文字纹样、物品纹样

① http：//skc. sysu. edu. cn/gztz/132124. htm，辛艺华与罗彬先生在分析土家织锦图案的构成时，对其上的“图—底”关系作了解读：土家织锦图案的构成符合古希腊哲人的辩证思想，即和谐是不协调东西的协调一致，是对立面的统一。土家织锦构成所达到高度的和谐是多样性统一的和谐，是包含着对立因素的统一，由于对立因素含量的多与少不可能相同，也使土家织锦图案构成形式丰富多样，从而使这种特殊的图地封锁间隙组合的纹饰从视觉经验的角度看有较高的信息含量。辛艺华、罗彬：《土家织锦的审美特征》，《华中师范大学学报》（人文社会科学版）2001年第3期。

为单元元素，按照方形或菱形单元格向上下左右重复，以此形成有节奏感、统一的意味形式。重复是日常最为熟悉的一个概念。常识告诉我们，一种观念通过重复不断强调，会在潜意识中，甚至行为上得到真实的映射。可见，重复是一种基础的，甚至原始的思维认知方法，它的最初心理动机、效果与目的都具有“强调性”。重复构成虽然是一种视觉效果，但是它与被选择的动机一样是为了强调某些信息。客家传统服饰上被用来重复强调的信息主要是⌘、卐和梅花等，它们都象征着生殖繁衍。可见，客家人想通过视觉感知获得从观念到真实的能量转化（见图 4 -50）。

图 4 -50 鞋垫重复构成

总之，赣闽粤边区客家传统服饰的造型符号是基于服饰品类的视觉提炼与精神升华，表现出识别符号的强烈象征性和价值指向，是服饰精神与服饰物质之间的物态载体。

小 结

通过本章对赣闽粤边区客家传统服饰视觉特点的分析，可以形成对其“幽古神秘、简练实用、质朴大方”气质的感知。这是因为服饰品类系统、服饰造型、服饰色彩、服饰构成等方面的内容已经构成赣闽粤边区客家传统服饰基本的视觉识别效果，这也是最直接、最直观的识别。但还不够，还需从以下几点强化对它的视觉识别：

（1）服饰的视觉识别不只是一个个孤立的单品，而往往以多个品类搭配、组合的整体形式呈现在人们面前。这一整体效果既依赖单体的特点，又表现出综合后新的美感与价值取向。赣闽粤边区客家传统服饰常见的品类组合及整体识别效果见表4-10和图4-51。此表与图为我们呈现出品类单品与品类组合间一致的美感与价值取向。体现了客家人在服饰上从始至终的追求：幽古神秘、简练实用、质朴大方。在此情境下，服饰品类组合的整体效果实际上起到了强化品类精神及文化指向的作用，可以说赣闽粤边区客家传统服饰的物态形式是精神及文化的符号。

表4-10　　赣南客家传统服饰常见的品类组合

年龄性别	头衣（饰物）	上衣（饰物）	下衣（饰物）	足衣（饰物）	整体识别效果
成年男子	清代留辫发，戴瓜皮帽、棉线帽	长衫、坎肩	大裆裤	船形布鞋	朴素、大方（特色不太鲜明，一定程度上能集中反映客家文化）
成年女子	冬头帕、包头巾、笠帽，梳髻别簪	大襟衣、衣裙连体衫，银链条、银链带	大裆裤 抽头裤	绣花鞋 布鞋	简练、实用，拙朴、大气，平素、典雅，平和、灵动，幽古、神秘……（特色鲜明，最能集中反映客家文化）
儿童	童帽	束带架衣项圈	开裆裤	平直圆头布鞋	艳丽、灵动，自然、神秘……（特色鲜明，能集中反映客家文化）

（2）赣闽粤边区客家传统服饰的视觉识别效果是在区域间承袭、变异的对比中不断强化的。赣闽粤边区客家传统服饰的视觉效果承袭了中原服饰文化、学习了土著服饰文化，又与它们不尽相同。这些服饰的品类单品与品类组合表现出来的视觉识别性具有地域文化、族群文化的标识特点，

图 4－51　常见的客家妇女服饰组合

从此角度看也能说明赣闽粤边区客家服饰品类系统具有符号的意义。正如《中国象征文化》一书中概括的："服饰，在特定的群体意识和传统观念中，早就是一种具有文化承诺意味的物态化的象征符号。"①

① 瞿明安、居阅时编：《中国象征文化》，上海人民出版社 2001 年版，第 600 页。

第五章　服饰之基
——客家服饰的原材料与工艺

服饰的造型品类和造型符号属于服饰文化视觉识别的载体，是相对静态且表层的识别形式。这些形式必须通过服饰制作工艺使之依附在材料之上，如此才能尽显其美感及意蕴，并且促成服饰文化系统的形成。从这个意义上看，服饰的原材料[①]与工艺是服饰视觉文明的基础。实际上，从服饰原料的获取到加工工艺等一系列行为同服饰视觉识别一样，也是服饰文化特色识别的重要形式。

第一节　原材料与自然之美

赣闽粤边区凭借其多省交汇的地理优势，在古代成为南下沿海进行贸易的重要通衢之一，例如赣南就被历史学家誉为我国古代海上丝绸之路的内陆要道之一[②]，赣州大余南接广东，今天还能在那寻觅到被誉为“岭南第一关”的梅岭驿道。这一定程度上能反映历史上的赣闽粤边区曾经出现过服饰原材料的频繁交易，甚至有大量服饰原材料的生产与加工。更为明确的史料有《汀州府志》同治六年载：“女勤织衽而资交易。”[③]《石城县志》道光四年载：“石城以苧麻为夏布，织成细密，远近皆称。石城固厚庄，岁出数十万匹。外贸吴、超、燕、亳间，子母相权，女红之利

---

① 原材料是原料与材料的合称。原料指没有经过加工制造的材料，材料指可以直接做成成品的东西。（中国社会科学院语言研究所词典编辑室编：《现代汉语词典》第5版，商务印书馆2005年版，第123、1674、1675页）

② 薛翘、刘劲峰：《考古发现与赣南古代史》，《南方文物》1986年第S1期。

③ （清）曾日瑛等修，李绂等纂：《汀州府志》（清乾隆十七年修，同治六年刊本影印），（台北）成文出版社1967年版。

益普矣！”①《宁都直隶州志》载：“夏布，州俗无不缉麻之家，缉成名为绩……夏布墟则安福乡之会同集、仁义乡之固厚集、怀德乡之璜溪集，在城则军山集，每月集期，土人及四方商贾如云，总计城乡所出夏布，除家用外，大约每年可卖银数十万两，女红之利，不为不普。”② 这种状况促进了赣闽粤边区客家传统服饰原材料的发展，促成了客家传统服饰原材料的多样（丰富）性，如苎麻（夏布）、葛草（葛布）、棉（棉布）、蕉（蕉布）、竹（竹布）、蚕丝（丝绸）、草、玉、金、银和铜等等，甚至贝壳也被用作服饰原材料。

再有，经受迁徙历练的客家人非常懂得忆苦思甜，加上客家地区资源缺乏，他们“崇尚俭朴”③ 不兴奢华。苎麻（夏布）、葛（葛布）、棉（棉布）、蕉（蕉布）、竹（竹布）、草等价廉物美的原材料倍受重视，成为赣闽粤客家地区最为普遍的服饰原材料，进而促成了一种俭朴的服饰特色。还有，这些原材料都来自大自然。

一 苎麻（葜布）

客家人称用苎麻纺织的苎麻布为葜布，因苎麻布凉爽吸汗，适宜夏季穿用，又习惯称其为夏布。我国种植苎麻的历史悠久，《诗经》就有对“苎”的使用记载：“东门之池，可以沤苎。”④ 苎麻适合在气候温和、水分充沛的地区生长，赣闽粤边区的地理环境与气候正好符合苎麻生长需要。依据1978年江西龙虎山悬崖墓葬考古发现春秋战国时期的苎麻印花织物可以说明，早在两千六百多年前，江西古越先民就已经开始了苎麻种植，并进行手工纺织。赣闽粤边区客家大本营的方志对苎麻的生长习性和生产情况多有记载。同治《安远县志》载：

> 麻，春种夏收，高六七尺，茎直，叶似苋而青。其皮，采剥可为绳索、草履之资。⑤

---

① 江西省石城县县志编委会编：《石城县志》，书目文献出版社1989年版，第261页。

② 罗中坚等编纂：《宁都直隶州志》（重印本），赣州地区志编纂委员会，内部发行，1987年，第260页。

③ 赣州地区地方志编撰委员会编：《赣州府志》重印版，内部发行，1986年，第760页。

④ 于夯译注：《诗经》，书海出版社2001年版，第97页。

⑤ 同治《安远县志》卷一《地理志之九·物产》，1990年重印本。

乾隆《汀州府志》载：

苧，皮可以织布，一科数十茎，宿根至春自生，岁三四收。[1]

道光《宁都直隶州志》亦有相似的记载：

陆机《草木疏》云：苎，一科数十茎，宿根至春自生，不须栽种。荆、扬间岁三刈或再刈，人工省而利息长。[2]

可见，苎麻春种夏收，根茎挺直，青叶，不需移栽，易繁殖，留根可自生，多产，一年可收割三四次，很好管理，省工省力，产量见表5－1。[3]

表5－1　　　赣县苧（苎）麻产量表

年　份	种植面积（亩）	总产量（担）
民国二十三年（1934）	520	436
民国二十四年（1935）	210	235
民国二十五年（1936）	330	368

同治《赣州府志》对苎麻的种类和生长习性则有更详细的记载：

苎：山产者，《尔雅》所谓薛山麻也；园种者，枲麻也；今通谓之苎麻。园种培灌夙根，岁可三刈，四五月曰头水苎，次发、三发以次而减。[4]

显然，苎麻有园种和野生两种。《农桑辑要》指出："（苎麻）至十月，即将割过根茬，用牛、马粪厚盖一尺，不致冻死。"苎麻虽然多产，

① 同治《汀州府志》卷八《物产》，（台北）成文出版社1967年影印。
② 道光《宁都直隶州志》卷十二《土产志》，1987年重印本。
③ 江西省赣县志编纂委员会：《赣县志》，新华出版社1991年版，第127页。
④ 同治《赣州府志》卷二十一《舆地志·物产》。

但产量会随着收割次数的增加而减少。并且，苎麻产量与其种植的土壤有较大关系，种于山和种于田产量就有较大差距。道光《宁都直隶州志》载：

乃山居虽亦种苎，而出产无多。自宜辟旷土以植苎麻，则不必向远方贷买，而所出之布本小而利益蓄矣。①

由于苎麻多产，本贱而利大，因此在客家地区种麻织布蔚然成风。道光《宁都直隶州志》载：

州治风俗不论贫富，无不缉麻之妇女。②

（石城县）男耕稼而不商贾，女麻枲而不农桑。③

同治《雩都县志》亦载：

地产苎麻，妇女勤辟□，兼主中馈，操井臼。暇则结履、刺绣。④

“缉麻”和女红、舂米一样，成了客家妇女的日常劳动之一，可见苎麻业之兴盛。

清末至民国，由于时局动荡、洋纱倾销，苎麻种植面积迅速萎缩，至改革开放初已很少见。比如，

大余县：苎麻……1951—1956 年，每年种植 161—200 亩，产量为 120—160 担。1957 年后种植面积逐渐下降，1980 年后种植极少，现仅数亩，多为田头地角零星种植。⑤

会昌县：1985 年，全县（苎麻）种植面积 56 亩……是年总产量 57 担。⑥

① 道光《宁都直隶州志》卷十二《土产志》1987 年重印本。
② 道光《宁都直隶州志》卷十二《土产志》，1987 年重印本。
③ 道光《宁都直隶州志》卷十一《风俗志》，1987 年重印本。
④ 同治《雩都县志》卷五《民俗》，1986 年重印本。
⑤ 大余县志编纂委员会：《大余县志》，内部发行，1990 年，第 171 页。
⑥ 会昌志编纂委员会：《会昌县志》，新华出版社 1993 年版，第 216 页。

客家人种麻，主要用于织布制衣。同治《赣州府志》载：

女绩为缕，别有机工织之造布，极精。①

说明用麻织布先要将麻纤维绩辑成麻线，然后才能上织机织麻布。因为苎麻生长高度在六七尺，其纤维仅一米左右长。有首客家山歌——《织麻歌》描绘了绩辑麻线的劳作场景：

织麻娘子双手拿张金矮凳仔，织麻娘子在中央，在中央。
织麻娘子右边放只麻水碗，左边放只织笼盘，织笼盘。

绩辑麻线一般由妇女完成，工具只需一条矮凳、一片“苎瓦”、一碗清水、一只笼盘。绩时，妇女坐矮凳，膝放“苎瓦”，左放笼盘，右放清水。笼盘用于放置捻好的麻线，清水则用以浸泡麻丝。浸泡后的麻丝非常柔软，将其分成均匀两条，放于“苎瓦”上即可捻成长线。捻时，要将接头接紧并注意均匀，若搓得松散或粗细不均，会影响苎布的美观和质量。与绩麻相比，织布却需专业织机和较高技术，常需雇请工匠。新编《兴国县志》记载：

旧志《风俗》说，兴国“妇女无蚕桑之职，惟事绩苎。而织布需另雇工匠……”②

种麻织布非常辛苦。在赣闽粤边客家地区流传着一首多个版本的《绩苎歌》，对织麻生产过程和织麻人的生活有全面的反映：

正月绩苎是新年，苎子爱绩苎爱圆；等得初三穷鬼日，等得初四神落天。

二月绩苎春水深，叔婆绩苎系正经；久闻叔婆绩苎快，一人绩过二三人。

---

① 同治《赣州府志》卷二十一《舆地志·物产》。

② 兴国县志编纂委员会：《兴国县志》，内部发行，1987年，第696页。

三月绩苎三月三，苎子爱佘布爱耕；苎子正爱上“南机”，又爱踏板过清明。

四月绩苎禾苗长，叔婆耕布系紧张；织出苎布圩上卖，换来白米度饥荒。

五月绩苎系端阳，家家有女转本乡；家家女子转到尽，又爱拗艾插端阳。

六月绩苎六月天，有布去卖正有钱；买块豆干等细仔，子母食到笑连连。

七月绩苎秋风凉，叔婆耕布系慌忙；苎布拿去换棉衣，换来大细做衣裳。

八月绩苎系中秋，百样神仙落来游；三姑七姊下凡到，大男细女闹啾啾。

九月绩苎九重阳，读书阿哥系“广张”；糊了纸鹞又无线，三餐吃饭爱气娘。

十月绩苎禾花开，做衫师傅请到来；朝朝叔婆来问做，几多师傅做唔开。

十一月绩苎系立冬，田鸡蛏子藏田空；挑担阿哥无汗出，绩苎叔婆寻火窗。

十二月绩苎又一年，苎子绩了布耕完；耕个布子收落柜，又爱踏板过新年。

这首山歌描写了全年绩苎的生产活动和绩苎人的生活。正月初四后开始绩麻，二月进入紧张期，三月可将苎麻线上织机织布。四月将苎布拿到圩上去交易，五月端午节，绩麻妇女抽空回娘家省亲。六月又卖布，七月开始置备冬衣。八月、九月，绩麻人会停下活计过中秋、重阳。十月天气寒冷，绩麻要用“火窗”取暖。十一月下雪了，绩麻人忙请做衫师傅来家赶做新衣服。十二月收拾停当，过新年。

由上可知，客家地区有专业的织麻工。他们以织麻为生，不下田种地，已脱离直接的农业生产。同时，从中也反映了苎布交易非常活跃、频繁。这首《绩苎歌》有多个版本在不同地区传唱，可以推测专业织工不是个别现象，而是形成了一定规模，恰好说明麻织物受到客家人的普遍欢迎。

苎麻纤维上有很多沟状凹槽，并且沟壁上有很多细孔，由它纺织而成的苎麻布有较好的吸水性、易干性，特别是透气性比一般棉布要高出几倍。着于身上清爽凉滑，所以苎麻布成为夏季服装的主要布料，因此得名“夏布”，在赣州全南也称为“热布”。夏布是制作客家传统服饰的主要衣料，赣闽粤边区各县均出产夏布，且品质优良。道光《石城县志》载：

苧布：石城以苧麻为夏布，织成细密，远近皆称。[①]

道光《宁都直隶州志》载：

……故宁都夏布，也称佳品。[②]

甚至，夏布曾一度成为清廷贡品，同治《赣州府志》载：

夏布，出宁都，春贡。[③]

道光《宁都直隶州志》亦载：

（宁都州）乾隆四十七年土贡：夏布三百匹。[④]

朝庭征收夏布在春天，故客家人也称夏布为春布。同治《兴国县志》载：

绩苧丝织之成布曰夏布，土俗呼为春布。[⑤]

其实，夏布的质感可细可粗，如龙虎山考古发现的苎麻印花布“经纬密度为每平方厘米经纱 14 根，纬纱 12 根，经纱宽 0.6—0.8 毫米，纬

① 道光《石城县志》卷一《舆地志·物产·货类》。
② 道光《宁都直隶州志》卷十二《土产志》1987 年重印本。
③ 同治《赣州府志》卷二十一《舆地志·物产》。
④ 道光《宁都直隶州志》卷十《田赋志》，1987 年重印本。
⑤ 同治《兴国县志》卷十二《土产》。

纱宽 0. 6—0. 9 毫米”①，细时如罗绢、轻薄如蝉翼。赣南夏布亦可细可粗，苎麻“四五两织成一丈布者为最细，次而六七两，次而八九两者则粗矣”。② 细、粗夏布常用于夏季服装，粗夏布也可见于冬季服装。

由于夏布品质优异，各墟市买卖非常活跃。客家人除自织自穿外，远销外地，形成巨大的生产规模。比如，仅赣南石城县固厚庄每年出产就达 10 万匹。道光《石城县志》载：

> 石城固厚庄（苧布）岁出 10 万匹，外贸吴越燕亳间。子母相权，女红之利普矣。③

兴国、宁都二县夏布的交易情况也相当活跃。同治《兴国县志》载：

> 夏布……一机长至十余丈，短者亦八九丈。衣锦乡宝城乡各墟市皆卖夏布，夏秋间，每值集期土人及四方商贾云集交易。其精者，洁白细密，建宁福生远不及焉。④

道光《宁都直隶州志》载：

> 夏布墟，则安福乡之会同集、仁义乡之固厚集、怀德乡之璜溪集，在城则军山集。每月集期，土人及四方商贾如云。总计城乡所出夏布，除家用外，大约每年可卖银数十万两。女红之利，不为不普。⑤

由上可知，夏布交易甚为活跃，吸引了“四方商贾”。在宁都县还形成了夏布交易的四大集镇：安福乡的会同集、仁义乡的固厚集、怀德乡的璜溪集和县城的军山集。宁都一县夏布每年约卖银数十万两，可想而知整

---

① 孙家骅等主编：《手铲下的文明：江西重大考古发现》，江西人民出版社 2004 年版，第 325 页。

② 罗中坚等编纂：《宁都直隶州志》（重印本），赣州地区志编纂委员会，内部发行，1987 年，第 260 页。

③ 道光《石城县志》卷一《舆地志 · 物产 · 货类》。

④ 同治《兴国县志》卷十二《土产》。

⑤ 道光《宁都直隶州志》卷十二《土产志》，1987 年重印本。

个赣南夏布生产的规模和利润。

晚清，夏布市场受到洋纱冲击，有人试图改进夏布生产，扩大销路。光绪三十一年（1905），（宁都）州署“已谕各机产，延雇提花工匠，试织花夏布，以增价值而广销路”。民国十三年（1924），有人在生产技术上历图改进，将麻碎溶成花，再纺纱织布。虽然夏布外观得到改进，但不耐用。民国初期，宁都县夏布生产的最盛年份外销量达4万匹以上，远销福建、广东、台湾、杭州、上海等地，甚至还出口日本、朝鲜和东南亚各国。县城建立了许多夏布作坊。但至民国十九年（1930）以后，夏布生产渐趋蓑弱，质量下降。新中国成立后，宁都成立了夏布社，加上社员副业生产，夏布产量一度回升，但此后，由于各类化纤布剧增，土制夏布滞销，产量甚微，80年代终没落。[①]

二　葛草（葛布）

赣闽粤边区的坡地、山脚等阴湿地段遍生着另一种纺织纤维：葛。它是一种蔓生草，主要生长于长江流域及江南地区的温湿地理环境中。我国古代葛盛产于吴越、岭南一带，所以葛布在古代典籍中经常被称为“葛越”，孔颖达《十三经注疏》曰：“葛越，南方布名，用葛为之。”[②]《史记·夏本纪》“厥贡盐絺，海物维错……岛夷卉服。”[③] 据孔安国解：絺为细葛布；卉服就是草服，葛越。《宋史·地理志》载：福建路，盖古闽越之地……有银、铜、葛越之产。[④] 以上均可说明北方葛及葛布产量较少，客家先民大量使用葛布制衣主要始于他们南迁至赣闽粤边区等地。

葛布成了客家传统服饰的又一重要材料，除了地理环境因素外，还因为葛布有耐磨、挺括的材料特点。《安远县志》同治印本就有“韧能耐久，沾汗不污”[⑤] 的描述。方志中对“葛”的种植情况记载不多，但对“葛布”的记载则颇详。同治《赣州府志》载：

---

① 宁都县志编辑委员会：《宁都县志》，内部发行，1986年，第211页。

② （清）阮元：《十三经注疏》，中华书局1980年版，第148页。

③ （汉）司马迁：《史记》，岳麓书社2001年版，第8页。

④ 许嘉璐、倪其心主编：《二十四史全译·宋史》第三册，汉语大词典出版社2004年版，第1782页。

⑤ 安远县志编纂委员编：《安远县志》卷一之九《物产》，同治版印本。

各邑皆有葛布，惟会昌更佳。葛有采之野者，有家园种者。布用纯葛则韧而耐久，沾汗不污。安远以湖丝配入谓之丝葛，经纬最细，亦佳。或杂以蕉丝谓之蕉葛，则脆薄不堪。大要人工辟绩，诸邑不如会昌之精。①

葛有园种、野生之分。葛布亦分为两种，一为"纯葛"，一为混纺葛布。纯葛又称作"净葛"，由纯葛纤维织成，经久耐用，具有良好的吸湿与透气功能。它凉爽挺括，"沾汗不污"，为上好衣料。赣南客家人为了在葛布上达到经丝细密、纬丝粗松、起横菱纹的肌理美感，而创造性地使用葛与其他纤维配合纺织，制造出了一种兼多种纤维优点于一体的新布料。比如，"丝葛"即葛纤维和丝绸织成，"蕉葛"则由葛纤维和蕉麻纤维织就，"葛棉布"由葛纤维与棉花混纺而成。葛棉布不仅保留了葛布耐磨、挺括的特点，还具有吸汗的特点，常用作冬季服装，如棉袄、棉鞋、童帽的面料或里料等。

纯葛品质绝佳，为何还要加入其他纤维一起混纺呢？原因有二：一是混纺后的葛布可以满足人们不同的需求；二是纯葛织物不够细洁、易起毛。加入其他纤维，即可使其具有多种材料的特性，可以增加其外观的美丽。混纺织物的品质要依其加入的纤维而定。比如，安远"丝葛"是用本地葛和浙江湖州蚕丝混纺而成，蚕丝洁白、细腻、韧性好的特性可以提高葛织物的品质。相反"蕉葛"则是加入蕉麻纤维，蕉麻粗糙，混纺后只会降低其韧性，显得"脆薄不堪"。葛布在赣南各县均有出产，但品质"惟会昌更佳"。在闽西则以连城、上杭、武平、永定所出为佳。②

同治《兴国县志》载：

葛布，粗细不等，出前坑者，佳□绩甚精，价亦最昂。③

可见，葛布有粗细之分，粗为贱，细为精。同治《安远县志》载：

① 同治《赣州府志》卷二十一《舆地志·物产》。

② 同治《汀州府志》卷八《物产》，（台北）成文出版社 1967 年影印本。

③ 同治《兴国县志》卷十二《土产》。

（葛布）纯葛织成，韧能耐久，沾汗不污，或以丝入经纬，布尤细稀。市亦无卖，各处贾人，载棉布以易者，皆是净葛。又有粤人负来者，则多杂蕉丝，入水色变，不如本处所出。[1]

上文表明纯葛布供不应求，以致市场脱销，各地商人远运赣闽粤边区少产的棉布来交换。广东商人见有利可图，便贩负蕉葛来卖，但品质远不如纯葛布，遇水即变颜色。

三　棉（棉布）

棉最早出现在公元前5000至公元4000年的印度河流域，至迟在南北朝时期传入中国。南宋之后，江南广泛推广棉花种植，至元代随着棉纺技术的不断提高，中国古代纺织业的结构也在发生变化，棉纺业逐渐取代了丝织业，并成为纺织业的重心。明太祖朱元璋也曾在全国大力推广种植，赣闽粤边区即在此时加入种棉行列的。赣南大余县有“在明朝时就已种植（棉）”[2] 的记载。虽然赣闽粤边各县方志有许多棉的记载，但该地区的土壤、气候却不适宜种植棉花，所以出现了“纻布拿来换棉布”[3] 的现象。本地出产的是木棉，种植不成规模，同治《赣州府志》载：

龙、定二邑多织木棉布。棉为本地所产，不甚广。[4]

新编《兴国县志》载：

原先少数农户零星种植的土棉。[5]

民国《武平县志》亦载：

棉，有草本、木本二种。草本高一二尺，木本高四五尺、七八尺不等。开白花，经日光则变紫色。此种纤维较长。又粤中一种木棉，不暖

---

① 同治《安远县志》卷一《地理志·物产》，1990年重印本。
② 大余县志编纂委员会：《大余县志》，内部发行，1990年，第171页。
③ 广东省当代文艺研究所编：《广东客家民歌》，广州出版社2005年版，第142页。
④ 同治《赣州府志》卷二十一《舆地志·物产》。
⑤ 兴国县志编纂委员会：《兴国县志》，内部发行，1987年，第167页。

和，只可作茵蓐枕垫用。[①]

棉为冬衣的主要制作材料。但棉喜热、好光、耐旱、忌渍，适宜于在疏松深厚土壤中种植。赣闽粤边区却多雨，空气湿润，显然不合适棉的生长。客家地区棉产量很低，以赣南赣县[②]为例：

表5－2　　赣县棉产量表

年　份	种植面积（亩产）	总产量（担）
民国二十三年（1934）	260	23
民国二十四年（1935）	5200	1150
民国二十五年（1936）	3200	760
1965年	337	100
1970年	128	97
1985年	14	8

由表5－2可知，单产量最低的年份为1934年，最高的年份为1970年，两者相差8倍多。新中国成立后的单产量比新中国成立前要高出许多，单产量大体上是在不断地增加。相反，种植面积却在不断地缩小。民国期间，1935和1936两年单产量比较接近，而与1934年的产量相差悬殊，平均亩产为0.18担。棉的单产量到底是多少呢？参考同一时期其他县的情况：于都县1935年全县种植面积500亩，总产80担[③]，平均亩产0.16担；大余县民国二十六年（1937）种植21亩，产量12.5担[④]，平均亩产为0.59担。三县的平均单产量为0.31担，据此可以推测出民国期间棉的亩产当在0.3担左右，可见其产量之低。

新中国成立后的亩产量比新中国成立前普遍增长，原因当是引进优良棉品种的结果。正因为赣闽粤边区的气候、土壤不合适种棉，而棉却是客家人冬衣的主要制作材料，所以不断引进优良品种，试图改变这种局面。

① 福建省武平县志编纂委员会：《武平县志》上，卷八《物产志》，民国三十年编修，第163页。

② 江西省赣县志编纂委员会：《赣县志》，新华出版社1991年版，第129—130页。

③ 于都县志编纂委员会：《于都县志》，新华出版社1991年版，第253页。

④ 大余县志编纂委员会：《大余县志》，内部发行，1990年，第171页。

康熙《瑞金县志》载：

隆庆三年，知县吕若愚始募人买（棉）花种于邻郡，教乡民种之，但土性不相宜，难种不生，今亡。①

清末“新政”实业运动，赣南农工商务局曾大力推广种植棉花等经济作物，但结果只能是劳民伤财。② 新中国成立后，大规模引种优良棉品种，广泛种植。

兴国县：1958 年引进岱字 15 号良种，在埠头试种。1973 年因国家计划要求，曾种植 9654 亩，亩产 37 斤。终因投资大，产量低，从 1975 年起停止了大面积种植。③

大余县：1958 年本县引进棉花新品种，棉花种植面积迅速扩大……至 1976 年，终因棉产量低，不合算，而停止种植棉花了。④

全南县：1958 年引进岱字棉和鄂棉在中寨和黄埠等地种植，亩产 24 公斤。1959 年全县种植达 1528 亩，但亩产仅有 5 公斤，产量太低，种植面积大幅度下降，1961 年下降到 33 亩。……至 1979 年基本停止种植。⑤

可见，历次引种都以失败告终，种棉业最终在 20 世纪七八十年代为赣闽粤边区客家人所弃。总之，赣闽粤边区种棉的规模小、单产低、品质差。客家人制作冬衣之棉，依赖外地购入。如清代瑞金县“瑞金旧无棉花，皆买自商贩”。⑥ 民国时期大余县“民用棉多从外地调入，每年约调入 350 担”。⑦

四　蚕桑与丝绸

蚕原产于中国北部，主食桑叶，由于驯化在室内饲养，故又称家蚕。桑，《说文》解说为“蚕所食叶木”。《龙岩县志》则载：“桑，落叶乔木，叶呈卵形，具锯齿，有分裂者，春末开花。花小单性，有淡黄色之

① 康熙《瑞金县志》，卷四《食货·物产》，书目文献出版社 1990 年影印本。

② 黄志繁、廖声丰：《清代赣南商品经济研究》，学苑出版社 2005 年版，第 53—54、59—60 页。

③ 兴国县志编纂委员会：《兴国县志》，内部发行，1987 年，第 167 页。

④ 大余县志编纂委员会：《大余县志》，内部发行，1990 年，第 171 页。

⑤ 江西省全南县志编纂委员会：《全南县志》，江西人民出版社 1995 年版，第 251 页。

⑥ 康熙《瑞金县志》卷四《食货·物产》，书目文献出版社 1990 年影印本。

⑦ 大余县志编纂委员会：《大余县志》，内部发行，1990 年，第 171 页。

萼。穗状花序，果实长，椭圆形，可食，叶饲蚕，皮採纤维为纸及丝料。”[①] 可知，桑是一种落叶乔木，叶可饲蚕。约在4000年前，中国就有了蚕的记载；至少在3000年前，中国人便开始了人工养蚕。历史上，养蚕缫丝很长一段时期为我国所独有的技术，中国丝绸在国际上享有崇高的地位。

虽然如此，丝绸在客家传统服饰中的应用并不突出，仅有少数富裕客家人才穿绸着缎。丝绸在客家传统服饰中的应用，主要在于与麻、葛等纤维混纺交织，或者用丝绸装饰衣服领边和制作小件服饰。赣闽粤边区方志对丝绸的记载主要集中在“贡赋”中。如同治《雩都县志》载：

> 洪武二十四年，丝二十三斤二两八钱。
> 永乐十年，丝二十三斤二两八钱。
> 正统七年，丝二十三斤二两八钱。
> ……
> 泰昌、天启、崇祯，丝二十三斤二两八钱。[②]

方志中虽然有征丝的记载，但这并不说明赣闽粤边区出产丝绸。因为贡赋可折银，无桑也征绢。同治《宁化县志》载：

> 洪武二十七年，谕农民咸得种桑于在官旷地，一亩植桑四十株，一株之征，岁为丝五钱，三丈之绢为丝二十两。本邑绢输一丈九尺三寸。为丝一十二两四钱六分，分桑二十五株，今折以价，一两四钱，办纳于丁粮，非旧制矣。
>
> 土俗不尽闻，乃无桑而征绢也。[③]

其实赣闽粤边区的客家人很少养蚕种桑，方志对此记载比比皆是。道光《宁都直隶州志》载：

---

① 民国《龙岩县志》卷十《物产志》，（台北）成文出版社1967年影印本。

② 同治《雩都县志》卷五《田赋》，1986年重印本。

③ 同治《宁化县志》卷五《贡赋》，同治八年重刊本，（台北）成文出版社1967年影印本。

旧《县志》、《通志》载：（石城县）……女麻枲而不农桑。妇无蚕桑之职，惟事绩纫苎……[①]

康熙《连城县志》载：

但土不宜蚕，妇职纺绩。[②]

光绪《长汀县志》载：

邑妇女不业蚕织。[③]

民国《清流县志》载：

俗不养蚕，间有小蚕，特妇人、孩子养为嬉耳。[④]

另一些材料却表明他们是会养蚕种桑的。如，同治《雩都县志》载：

蚕，雩俗不树桑，故蚕不生。惟土蚕生之，饲以乌桕柏，四十日可成茧，纫丝作绸，坚致耐久。[⑤]

道光《宁都直隶州志》亦载：

阳都[⑥]及瑞、石人皆不饲蚕，家园偶种桑树，皆二、三丈。大树叶密枝繁，结子如大豆，稍长有蓓瘰，霜后熟，色赤味甘。《四时月

---

① 道光《宁都直隶州志》卷十一《风俗志》，1987 年重印本。

② 康熙《连城县志》，卷二《舆地志·风俗》，连城县地方志编纂委员会，方志出版社 1997 年点校本。

③ 光绪《长汀县志》卷三十《风俗》，光绪五年刊本，（台北）成文出版社 1967 年影印本。

④ 民国《清流县志》卷二十《物产志》，福建省清流县地方志办公室重印，福建地图出版社 1989 年版。

⑤ 同治《雩都县志》卷五《土产》，1986 年重印本。

⑥ 阳都：现宁都县。

令》云：四月宜饮桑椹酒，能理百肿风热。

《瑞金县志》曰：瑞俗不养蚕，故蚕不生。惟土蚕生之。饲以乌柏叶，四十日成茧，纫丝作绸，亦颇坚纫耐久。州治土俗亦然，饲以桑叶，小女儿以木盘糊纸令蚕吐丝满，染各色，作袖领、小物亦佳。[①]

民国《武平县志》载：

邑中向无蚕业，故树桑者甚少，只有野桑。[②]

可见，赣闽粤边区饲养的是土蚕，“饲以乌柏叶”或野桑，土蚕之丝织成“土绸”。土蚕种类和习性方志亦有记载。同治《汀州府志》载：

蚕，阳德恶水，食而不饮，再天谓之原蚕，一名晚蚕。淮南子曰：“原蚕再登非不利也，王者之法禁焉，为其残桑而害马也。”[③]

光绪《长汀县志》：

蚕，丝虫也。春雷鸣后自卵，出而为，自蜕而为蚕。蚕而茧，茧而蛹而蛾，蛾而复卵，性属阳而恶湿，食而不饮。埤雅再蚕，谓之原蚕，亦名晚蚕。……邑产不作茧，畜之者以纸覆器，随器大小，方圆缠丝其上，理甚洁白。近有裁作团扇者，差胜罗扇，入药治一切风痰。[④]

同治《安远县志》则记载更为详细：

蚕蛾，眉勾曲如画，沉香色景。出绀碧间，以猩点金丝。仲春束稻草，将蚕娘寄于上，悬檐头，其雄自至，先孕而交。蛾生卵，经旬为蚕。西风起，蚕尽死。枝叶间，防鸟啄蚁蛀，随时持竿，逐而去

---

① 道光《宁都直隶州志》卷十二《土产志》，1987 年重印本。

② 民国《武平县志》上，卷八《物产志》，民国三十年编修，福建省武平县志编纂委员会，第 163 页。

③ 同治《汀州府志》卷八《物产》，（台北）成文出版社 1967 年影印本。

④ 光绪《长汀县志》卷三十一《物产》，（台北）成文出版社 1967 年影印本。

之，亦良苦矣。

茧绸，本地所出茧包不甚旺，多收买信丰、粤地，以灰水煮其性。缫丝织成匹，韧软通（适）体。蚕饲乌柏叶，丝稍黑，饲蜡树叶，色美。选丝细紧，可匹嘉应茧者，精工难成。自制或存之，售者罕焉。①

土蚕四十天即可成茧，但“饲以乌柏叶”，丝的色泽显得暗淡。土蚕难养，易死，易生虫蚁，所以“土绸”产量很小，满足不了自身需求。制作客家传统服饰的丝绸要从外地购入。同治《安远县志》载：

湖绵绸，安邑无桑地养蚕，贸易者于苏湖买丝绵，撚织成匹，精洁韧耐。②

本地土蚕难养，土绸质量不高，但蚕桑利润颇巨，当地官员试图引进良种，改变不出蚕桑的局面。在闽西长汀县：

前郡守王廷抡欲以蚕桑教邑人，事未果。③

宁都直隶州《兴畜蚕桑说》劝民兴桑养蚕：

两间之大，利农之外惟桑。古者农、桑并重，故耕三可以余一，耕九可以余三。州及两邑纵横不及五百里，崇山峻岭去三之一，为田一万五千九百七十三顷二十三亩。男妇大小不下八十万，计口授田，人不及三亩。上纳粮赋，下以仰事、俯育，衣服、饮食、医药、婚嫁、丧葬之费出其中。其勤者，以其余力种菸、芋、茶、桐，妇女绩苎为布以佐之，然所获变无几耳。终岁勤劳之所入，不偿终岁之所出。虽遇丰年，仅与平岁等，遇平岁则无以异于凶岁矣。故贫者日趋于贫而无以自存，非兴蚕桑之利乌能救此患哉！

桑百二十斤，饲蚕五斤，缫丝一斤。桑大者，采叶百二三十斤；

① 同治《安远县志》卷一《地理志之九·物产》，1990 年重印本。
② 同上。
③ 光绪《长汀县志》卷三十一《物产》光绪五年刊本，（台北）成文出版社 1967 年影印本。

中，七八十斤；小，四五十斤。户种桑三十本以饲蚕，岁可得钱四十千。清明浴种，端节缫丝，仅两月耳。以有余补不足，可免称贷之费。而缫余之茧扩而为绵，纺之作线；落叶之枝积而为薪；其皮可以为纸；蚕之粪复可肥田；取其二叶以饲牛羊，可辟疫，此又羡余之利也。州及两邑十五万户，以三分之二种桑、饲蚕，岁得银四百万两，岂非州之大利乎？

或谓江西风土不宜蚕桑。夫蚕喜温而恶寒，桑宜润而畏燥。古者公桑蚕室，西北之地居多。西北气寒而土多燥，东南气温而土多润，岂宜于西北反不利于东南哉？且江西与浙江壤相接，两浙蚕桑之利半天下，奚不可仿而行之也？或谓州俗变有行之者，桑大仅如钱，桑长不盈寸，吐丝散漫而不成茧，行之无效，故卒弃之。此又人事之未尽，不可委之于风土也。六畜饲之尽其道，无不肥硕者；五谷殖之得其室，无不丰茂。蚕以桑为天，桑不接不茂。既接之后，沃其根使肥，去根尺许锄其土，使疏畅，越二三年而蓬蓬然，其光油油然，气旺而力足，以之饲蚕，有不长发者乎？彼蚕之长不盈寸，所食者野桑也。听其自生自长而不知培植者，谓之野桑，所食者既无力，借其力以为力，尚望其有力哉？至若散温面晃成茧，则又有说：风物必有所借以成功。蚕之将吐丝也，去地三尺，承之以箔，藉之以草，复束草纵横插之。疏密得宜，置蚕于其间，使有挂丝之处。户必扃，窦必塞，毋使风入焉，以弱其力；毋使光照焉，以荡其神；箔之下炽炭于地，温温然助其气，越三日而茧成。望之如雪，所谓蚕山也。彼置之不得其地，而又多方扰乱之，安至其能成茧哉？

或又谓种桑饲蚕之法，既得其详矣，奈无隙地何？予谓州之隙地多矣。古者树墙下以桑，凡田头、地角、屋旁及园圃之内，皆可植也。桑至四月而落其枝，其下仍可植蔬菜。锄治滋灌，两得其益，无相妨焉。至居民稠密之处，凡村外衍之地，木之臃肿拳曲者，予以为尽可伐除以种桑，亦“启之辟之，其柽其据；攘之剔之，其□其柘”之遗意也。

或谓其意深远，行之不尽其宜，奈何？此又不足虑也。两浙户户饲蚕，家家种桑，童而习之，各尽其能。乡聘一二人以为师，朝夕讲求而效法之。利之所在，人争托焉。不数年而种桑之地阴相接，缫丝之车声相闻，遂成风俗矣。昔冉有商治庶，孔子曰，“富之”。朱子注谓“制田里，教树畜”。孟子与齐、梁之君言，王道制井授田，必继以树蚕。对开贤之言，行之天下，传之万世立效，独不宜于西江乎？阳都之民家无担石者十居八九，此亦有司责也。丙每与州人士言蚕桑之利，若有难色者，故作是说，以释其疑。由此说而力行之，十年之后，俗不殷富，户鲜盖藏，吾不信也。①

该文首先指出养蚕种桑在百姓生活和发展地方经济中的重要性，然后批驳了当地不可养种的理由，分析了大有可为的可行性。从中可以看出，赣南少有养蚕种桑、缫丝织绸风俗的原因是老百姓根据养土蚕的经验认为：当地风土不宜蚕桑，无田地种桑，没有养蚕种桑技术。该文作者则认为江西与浙江接壤，风土相似，宜于种桑，只是人们用野桑喂蚕，不懂保护蚕吐丝成茧，才造成蚕茧少、品质低。提出可以充分利用田头地角、屋前屋后空地种桑，甚至还可以在园圃中与蔬菜进行套作植桑；从两浙聘请专业师傅来教民养蚕种桑。此文作者对蚕桑之利知之甚详，也了解两浙养蚕种桑具体情况，劝民兴桑养蚕致富一方之心拳拳，很有可能是地方官员所作，也即可能是政府在推广蚕桑。但效果如何呢？当时的县志并没有相关记载，但可从新编县志中得到答案。新编《宁都县志》：

蚕，民国时期，县城周围农家有少量饲养。1963 年由农业部门牵头进行柞蚕饲养试验，未推广。1964 年县科委在城关李子园建立基地，饲养蓖麻蚕 5 万只左右，每年收蚕茧 760 斤左右，1966 年“文革”中停养。②

新编《瑞金县志》载：

1966 年在综草湖兴建蚕桑场，垦荒种桑 600 余亩，开始养蚕。……1973 年，因养蚕亏本，养蚕人员下放，桑园荒废，蚕桑场停止。③

---

① 道光《宁都直隶州志》卷十一《风俗志》，1987 年重印本。

② 宁都县志编辑委员会：《宁都县志》，内部发行，1986 年，第 167 页。

③ 瑞金县县编纂委员会：《瑞金县志》，中央文献出版社 1993 年版，第 339 页。

上述二则材料看似是政治原因导致养蚕失败。其实不然，宁都县在民国时期就仅有少量农家养蚕，瑞金县则是在1966年才“开始养蚕”。这些都说明《兴畜蚕桑说》劝民兴桑养蚕的效果极差，并未推广。而赣南其他县在新中国成立后养蚕也不成功。

全南县：全南栽桑养蚕始于1984年3月，年底有桑园98亩，产蚕茧0.4吨。[①]

兴国县：桑，有本地桑和引进的湖桑。1966年县建立蚕桑场开始种植，1975年种植481亩。后因经营不善，蚕茧滞销，导致桑树锐减。[②]

从上可以看出，赣南的蚕桑业一直没有发展起来，20世纪80年代前后基本不再种植，丝绸只是客家传统服饰的辅助性材料。

五　染料——蓝靛

蓝靛，是用蓝草制成的天然植物染料，是制造青黛时的沉淀物。蓝草种类繁多，种植历史久远，在各区域形成不同的栽种品种，名称五花八门。蓝靛也有许多名称，如淀（靛）、淀青、蓝淀、青、青靛、靛青等等。至于蓝草到底有多少种，哪几种可以制作蓝靛？《天工开物》中提到菘蓝、蓼蓝、马蓝、吴蓝、苋蓝五种蓝草皆可为淀。[③]

赣闽粤边区种植的蓝草主要有大小蓝之分。如广东河源《佗城镇志》载：“靛，有大蓝靛、小蓝靛，是春种夏割，与石灰混合成靛，可作染料。”[④] 大小蓝各指哪种蓝草呢？《天工开物》云：“近又出蓼蓝小叶者，俗名苋蓝，种更佳。”[⑤] 可推断其所指大小蓝为蓼蓝和苋蓝。而在乾隆《汀州府志》中载：“一种，叶如蓼而圆者，曰蓼蓝；一种，小叶者曰槐蓝。”[⑥] 则说明古时汀州大小蓝指蓼蓝和槐蓝。光绪《长汀县志》又载：“邑有二种，马蓝叶大名大青，槐蓝叶细名小青，皆作淀。”[⑦] 可见在长汀县大小蓝则指马蓝和槐蓝。此外，《宁化县志》和《清流县志》亦有与

---

① 全南县志编纂委员会：《全南县志》，内部发行，1995年，第253页。
② 兴国县志编纂委员会：《兴国县志》，内部发行，1987年，第168页。
③ （明）宋应星：《天工开物》（译注本），上海古籍出版社2008年版，第121页。
④ 龙川县《佗城镇志》编纂委员会：《佗城镇志》，内部发行，2005年，第50页。
⑤ （明）宋应星：《天工开物》（译注本），上海古籍出版社2008年版，第121页。
⑥ 乾隆《汀州府志》卷八《物产》，同治六年刊本，（台北）成文出版社1967年影印本。
⑦ 光绪《长汀县志》卷三十一《物产》，光绪五年刊本，（台北）成文出版社1967年影印本。

《长汀县志》相似的记载，认为大蓝为马蓝，小蓝为槐蓝。[①] 诸种说法差距甚大。蓼蓝和苋蓝为同一品种，槐蓝又叫木蓝，而蓼蓝与木蓝、马蓝是不同的品种。它们显然不是同一品种的不同别称。或许是古人由于缺少现代植物学知识，对蓝草名称的混乱称呼。但可以肯定的是大小蓝的区别在于蓝叶的大小，叶大者为大蓝，叶小者为小蓝。大小蓝是客家人对大叶蓝和小叶蓝的通称或俗称。

同治《赣县志》对大小蓝的区别有更详细的记载："靛，有大小二种，大蓝叶如莴苣而肥厚微白，如擘蓝色。小蓝茎赤，叶绿而细密。今为淀者多用小蓝，以染布帛。赣属耕山者种，赣邑尤多。"[②] 可见大蓝是叶大，肥厚，色白，小蓝则茎赤，叶小，绿色。

同治《安远县志》亦载："靛，大小蓝二种。摘叶和石灰，渍汁成淀。七月刈，九月再刈。乡间禁种熟田，惟山田岭上栽之。"[③] 可知，蓝靛一年可收割两次，收割期在七月和九月。由于赣闽粤边区山多地少，熟田要用于生产粮食，官府就禁止百姓将蓝靛种于良田。因此蓝靛大多种在山上，种植者主要是山民。当然，这些山民中，有许多是流动的"棚民"。他们冶矿开山，植麻种靛。

官府禁止民众将蓝靛种于良田，可推测种靛要比种粮获利更多。并且种靛规模巨大，使该地区出现了粮食问题，官府才不得不加以禁止。由于史料缺乏，现难以知晓当时蓝靛的种植规模。但笔者初步统计了一下明清时期所修的赣南州府县志，其中有14部有蓝靛的记载，涉及赣州、赣县、南康、信丰、安远、兴国、宁都、龙南、定南、大庾、崇义等县。[④] 这充分说明明清时期赣南蓝靛业规模巨大。乾隆《汀州府志》载有一份蓝靛土贡清单："明岁派……靛花青七十三斤，长（汀）宁（化）各十二斤，清（流）十三斤，归（化）十斤，连（城）八斤，上（杭）九斤，武（平）永（定）各四斤。"[⑤] 也反映出闽西蓝靛种植规模不小。

---

① 李世熊：《宁化县志》卷二《土产》，同治八年重刊本，（台北）成文出版社1967年影印本；福建省清流县地方志办公室：《清流县志》，福建地图出版社1989年版，第354页。

② 同治《赣县志》，《土产志·草之属》，同治十一年（1872）刻本，《中国地方志集成》影印。

③ 同治《安远县志》卷一《地理志之九·物产》，1990年重印本。

④ 李贵民：《明清时期蓝靛业研究》，硕士学位论文，（台湾）成功大学历史研究所，2004年，第112—117页。

⑤ 乾隆《汀州府志》卷九《赋役》，同治六年刊本，（台北）成文出版社1967年影印本。

其实，赣闽粤边区的蓝靛业之所以能大规模发展，和其能获得较高的产量是相关的。以赣县为例。[①]

表 5-3 赣县蓝靛产量表

年　份	种植面积（亩）	总产量（担）
民国二十三年（1934）	500	600
民国二十四年（1935）	1800	2520
民国二十五年（1936）	800	1600

可知，与苎麻、棉花等经济作物相比，蓝靛的产量算是很高的。大规模种植蓝靛，对赣闽粤边区客家人生活产生了巨大影响。它不仅使蓝色成为客家传统服饰的主色调，而且吸引了四方商人前来交易，客家人从中获得巨大收益。天启《赣州府志》载："城南人种作蓝靛，西北大贾岁一至，泛舟而下，州人颇食其利。"[②] 兴国县则"邑产除油、烟外，蓝利颇饶"[③]，其收益仅次于油、烟，充分说明蓝靛业之兴。

明清之后，武平县"自洋靛由外输入，而土靛不消，种蓝者少矣"。[④] 宁都县"1949 年全县种植 355 亩，总产量 2662 担。1953 年种植 877 亩，总产 12690 担。随着化学染布业的发展，蓝靛种植面积逐年减少，到 1960 年已无种植"。[⑤] 其他县的情况也相差无几，赣闽粤边区蓝靛业就此衰落。

六　其他原材料

客家传统服饰除了使用上述苎布、葛布、棉布、丝绸等布料外，还会使用蕉布、竹布。蕉布和竹布是两种非常具有地域特色材料，竹布以竹为原料，山蕉与竹都是赣闽粤边区的重要土产。蕉布的特点是凉爽不腻，据"清朝雍正年间大埔县知县《咏大埔风土》诗云：'长机蕉布轻于葛'"。[⑥] 所以，蕉布主要是用来制作盛夏贴身衣服。竹布的特点是透气、吸水、滑腻、清新、防臭。赣闽粤边区这两种布料没有因为其优点和原料的盛产，

---

① 江西省赣县志编纂委员会《赣县志》，新华出版社 1991 年版，第 126 页。

② 天启《赣州府志》卷三《土产》。

③ 同治《兴国县志》卷十二《土产》。

④ 民国《武平县志》（上）卷八《物产志》，福建省武平县志编纂委员会整理，1986 年，第 165 页。

⑤ 宁都县志编辑委员会：《宁都县志》，内部发行，1986 年，第 166 页。

⑥ 冯秀珍：《客家文化大观》（上），经济日报出版社 2003 年版，第 292 页。

而成为使用广泛的服饰材料，这是因为蕉布易破，不适合客家人繁重的劳作；竹布加工复杂，成本较高，只适应经济较好的人家使用。

另外，还有非布料，如草、玉、金、银、铜、竹和贝壳等材料被使用。其中，草是与客家人情缘很深的一种服饰材料①，主要使用稻草编制草鞋、草帽、蓑衣和冬天的床垫。其纹理鲜明，质地松软。另外，金、银、铜、锡、玉的质感色泽众所皆知，它们在客家传统服饰中主要用于饰物制作，如耳环、戒指、项链、铃铛等品类。并且因客家人“崇尚俭朴”②，大量使用金玉之风不盛，偶尔在富裕人家可见金质等贵重材质，相比之下普通人家几乎使用银、铜、锡代替，银最多见。还值一提的是竹和贝壳，这不只是因它们有自身独特的质感，还因其凝聚了客家的独特文化，竹与草一样在汉人南迁中就结下了情缘③，贝壳则是客家文化与沿海文化融合的实证。竹除了制作竹布外，还主要用来制作纽扣和竹片衣；贝壳主要用来制作纽扣和帽饰等。这些原材料的基本情况见表5－4。

表5－4　　赣南客家传统服饰主要原材料的基本情况表

种类	历史情况	我国主要产区	材质（质感、肌理）	性能	赣南客家传统服饰中的用途
苎麻（苎麻布）	1. 浙江吴兴钱山漾新石器遗址考古发现距今约4700年的苎麻纺织平纹布④ 2.《诗经·陈风》是目前发现最早记载苎麻的文献 3. 江西龙虎山悬崖墓葬考古发现春秋战国时期（2600多年前）的苎麻印花织物	南方	可细可粗，细时如罗绢、轻薄如蝉翼，粗时糙且显生硬；主要起菱纹或平纹；清爽凉滑	有较好的吸水性、易干性，特别是透气性（比一般棉布还要高出几倍）	多制作夏装、蚊帐；粗夏布也可见于冬季服装

① 在中原汉人南迁途中“草”常被用来制作鞋，甚至充饥。今天的客家葬礼中还可见脚穿或手提草鞋的习俗。

② 赣州地区地方志编撰委员会编：《赣州府志》重印版，内部发行，1986年，第760页。

③ 本书作者在《客家民间竹器的文化内涵》中分析了竹器有见证与记载客家人南迁中辛酸历史的情感功能，蕴藏着特殊的情感文化内涵，是客家人创造美好生活的情感载体，反映着客家人对幸福的向往。（张海华、肖俊：《山东工艺美术学院学报》2006年第3期）。

④ 浙江文物管理委员会：《吴兴钱山漾遗址第一、第二次发掘报告》，《考古学报》1960年第2期。

续表

种类	历史情况	我国主要产区	材质（质感、肌理）	性能	赣南客家传统服饰中的用途
葛（葛布）	1. 江苏吴县草鞋山马家浜文化遗址考古发现五六千年前的三块罗纹葛布残片① 2.《诗经》中有与葛相关的大量诗句② 3.《十三经注疏》曰："葛越，南方布名，用葛为之。"	南方	肌理鲜明，起横菱纹（丝细密、纬丝粗松）、平纹	耐磨、挺括、吸汗	多制作棉袄、棉鞋、童帽的面料或里料等
棉（棉布. 葛棉布）	1. 莫高窟北区石窟发掘出土了隋末唐初的几件棉织品③ 2. 对棉布记载的文献大量出现在元代之后的典籍中④ 3. 南宋之后，江南广泛推广棉花种植，至元代棉纺技术不断提高	长江流域；黄河流域；西北；华南	肌理起横菱纹（丝细密、纬丝粗松）、平纹；手感柔软、温和	易皱、易吸汗、透气、易缩水、保暖	多制作棉袄、棉帽填料、面料
草	1. 历史最为悠久、使用地区最为广泛 2. 春秋战国时期已有蒲草编织的斗笠，秦汉时期草鞋等草编物品已经在民间广泛使用⑤ 3.《全唐诗》等文献中有其相关服饰记载⑥	全国各地	粗糙、松软	吸水、易干性，易透气性	草鞋、草帽、蓑衣等

① 霞光：《江苏纺织的源头——三块葛布》，《江苏地方志》2002 年第 3 期。

② 笔者统计：《诗经》中与"葛"相关的句子有十六句。

③ 彭金章、沙武田：《敦煌莫高窟北区洞窟清理发掘简报》，《文物》1998 年第 10 期，第 4 页。

④ 如《明史》、《清史稿》等。

⑤ 张仃主编：《中国民间艺术大观》，湖北少年儿童出版社 1996 年版，第 59 页。

⑥ 如"百姓奔窜无一事，只是椎芒织草鞋"。[（清）彭定求等编：《全唐诗》，中华书局 1980 年版，第 9949 页]

续表

种类	历史情况	我国主要产区	材质（质感、肌理）	性能	赣南客家传统服饰中的用途
竹	1. 依据考古，目前发现我国最早对竹的使用可追溯到距今约7000年的新石器时代仰韶文化、半坡等遗址出土的陶器上，有的陶钵底部还粘着竹篾席的残片① 2.《山海经》中有竹描述②，随后《竹谱》对竹有系统记载	南方	青皮硬、细滑；竹黄硬、略粗；清爽自然	柔韧性好、碰击有声	竹衣、竹扣
银	1. 山东临淄商王村考古发现战国银器③ 2. 唐代银器制作极为兴盛，宋、元时期银器逐渐商品化、民间化	全国各地，南方为多（江西储量最多）	硬、光滑、亮泽	可塑性强、碰击有声	银簪、银镯、银链、银牙剔、银戒指、银耳环等

注：赣闽粤边区客家传统服饰原材料源于中原的使用传统，客观上更因为南方盛产这些原材料。

原材料的质感、肌理、性能等物质特性都是形成材质之美④的物质基础，乔治·桑塔耶那认为，事物本身的原材料特性可以“给予事物的美以某种强烈性、彻底性和无限性”。⑤ 确实如此，原材料的特性不仅成就了自身的美，更给制作成的物品带来了美。赣闽粤边区客家传统服饰原材料几乎都取自天然，拥有无限的“自然之美”。具体各种原材料的自然特性组合运用就形成了包括视觉、触觉和感觉，甚至还有听觉和嗅觉在内的“多维审美体验”。如葛棉布的横菱纹肌理、银饰炫亮的质感、竹布自然清新的气息和银铃的声响等构成的多维审美，这正是各种原材料孕育的结果，正是自然之美的具体表现。

---

① 关传友：《论先秦时期我国的竹资源及利用》，《竹子研究汇刊》2004年第2期。

② 如“其西有谷焉，名曰共谷，多竹。”［（汉）刘向校：《山海经》，吉林摄影出版社2006年版］。

③ 徐龙国：《山东临淄战国西汉墓出土银器及相关问题》，《考古》2004年第4期，第68页。

④ 材质之美包括原料的本性美和材料的质感美，也包括原材料的功能美和形式美。

⑤ ［美］乔治·桑塔耶纳：《美感》，缪灵珠译，中国社会科学出版社1982年版，第52页。

第二节　原材料的加工工艺与手工之美

赣闽粤边区客家传统服饰的原材料在具有源于大自然、绿色天然的“自然之美”的同时，还具有“手工之美”。这是因为传统服饰的原料到材料，它们间的转换完全依赖手工工艺。手工劳动又是“在人类所有一切可以谋生的职业中，最能使人接近自然状态的职业”。① 从此角度可理解传统服饰原材料的“手工之美”是对其“自然之美”的强化。“优秀的手工艺才是自然的光荣赞歌。”②

在赣闽粤边区客家传统服饰原材料的加工工艺中，流传着诸多优秀的手工艺。如苎麻（夏布）的加工工艺、葛棉（葛棉布）的加工工艺、竹（竹布）的加工工艺、草（草编）的加工工艺、银（银雕）的加工工艺等。通过上一节的分析我们已经得知，在以上原材料中苎麻（夏布）被使用最多，也很具有地域特色。所以下文将在诸多优秀的手工艺中重点探讨赣闽粤边区客家夏布（苎麻）的加工工艺。从苎麻到服饰一般要经过四个大步骤：（1）苎麻加工成锭；（2）纺织成布；（3）布的染色；（4）加工成服饰（见图5－1）。

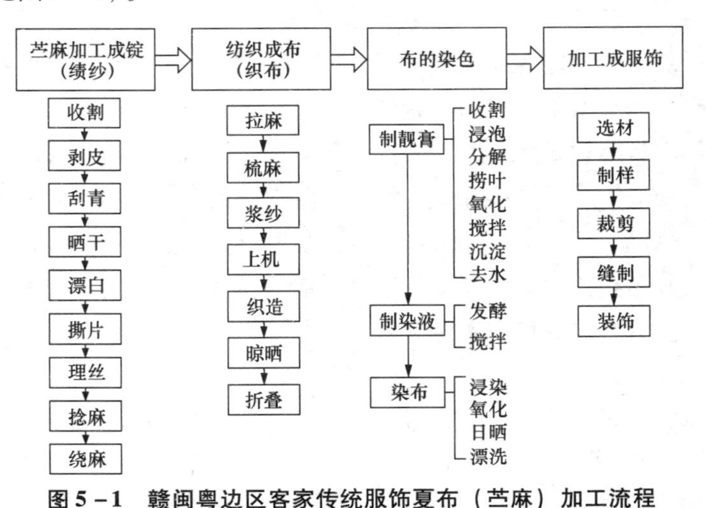

图5－1　赣闽粤边区客家传统服饰夏布（苎麻）加工流程

① ［法］卢梭：《爱弥儿》，李平沤译，商务印书馆1996年版，第262页。

② ［日］柳宗悦：《民艺论》，孙建君等译，江西美术出版社2002年版，第192页。

有一首客家山歌《梳妆纺纱织布歌》以纺纱织布的劳动过程作为歌唱内容，写实性很强，记载了客家人用苎麻纺纱织布工艺流程。

绩麻

照镜娘子回身转，绩麻娘子出绣房。
左边放只温麻碗，右边放只绩麻篮，
手拿白麻来湿水，白麻湿水娘开丝，
左手撕麻右手绩，双手收回就成纱。

纺纱

绩麻娘子回身坐，纺纱娘子出绣房。
左边放只麻罐子，右边放架纺纱车，
手拿车带来放好，安好车带就纺纱，
一日纺得三两六，两日七两总不差。

倒纱

纺纱娘子回身坐，倒纱娘子出绣房。
手拿纱格轻轻放，十指尖尖就倒纱，
我娘叫我勤勤倒，倒好纱来织裙衩，
一日倒得三斤半，两日就倒七斤纱。

卷纱

倒纱娘子回身坐，卷纱娘子出绣房。
手拿纱垒来放好，装好纱车就卷纱，
勤卷之人有衫着，懒卷之人无衫穿，
粗纱拿来自己用，幼纱给女做嫁衣。

牵纱

卷纱娘子回身坐，牵纱娘子出绣房。
手拿斧头把桩打，一共要打五条桩，
十只纱箩平平放，十指尖尖串钢圈，
十只钢圈匀匀串，无分串到双条纱。

织布

粗纱条条牵好了，手拿梭子穿幼纱，
左手拿梭右手接，织布机上来穿梭；
织出虾公蹦蹦跳，织出老蟹打风车，

织来织去织完了，下了布机又绩麻。

一 苎麻加工成锭

苎麻加工成锭是整个传统服饰加工工艺的第一步，苎麻的选料、生麻（原麻）的加工、麻锭的加工等都会影响布匹的质量，所以也是非常重要的基础环节。

（一）生麻（原麻）的加工工艺

苎麻生长速度很快，赣闽粤边区大多数情况下每年均可以收割三次，一般第一次在5月中下旬，俗称春麻，也称头麻，据农民介绍头麻的韧性最好。第二次在7月中下旬，第三次在9月下旬至10月上旬。有时气温与雨水适合时甚至可以收割四次。据说收割及时与否，会影响纤维的质量好坏，也会影响剥麻皮和刮青皮的效率。经过剥皮、刮青、晒干后形成片状或丝状的原麻，因其没有经过漂白等处理，俗称生麻，这种麻在今天客家山区村落的墟市上偶尔还可以见到。

图5－2 原麻

图5－3 陶搓板[①]

图5－4 麻团

① 此陶搓板上的纹理与植物叶纹结合，很好地体现了装饰依附于功能的特点。

（二）麻锭的加工工艺

在原麻基础上麻锭的加工一般有五道工序：漂白、撕片、理丝、捻麻、绕麻。漂白是指将土黄色原麻通过漂白法变为白麻片的过程，赣闽粤边区客家的传统漂白方法很有特色，它不使用漂白粉等化学制剂，而常用洒水暴晒法、接露暴晒法或浸湿暴晒法等天然方法进行漂白。撕片是指将漂白后的麻片撕开成缕。再将它放入水中用手指梳成一根根细丝，称为理丝；接着是捻麻，在大腿上垫好搓板，用手掌在搓板上将细丝捻、搓成细麻线（也有些人称其为纱线），此环节也被称为“搓麻”。其中使用的搓板多为陶土烧制而成，搓板上有纹理增加捻、搓时的摩擦，这样更容易将细麻丝捻开成为更细的麻线；此后，再使用纺车将细麻线绕成麻锭，为织布做准备。田野调查还偶尔见到手摇式和脚踏式的三锭或一锭纺车遗存。更大型的纺车不多见，这主要是因为赣闽粤边区（客家）几乎家家都有绩苴（绩麻）的习惯，中小型的纺车就能满足家用，甚至还能有节余用来交易。这种生活状态使得中小型的纺车留存于今天还能看到。但是，在赣闽粤边区历史上应该出现过大型纺车，这可以从各地方志中反映出来，如《石城县志》道光四年载：“石城以苧麻为夏布，织成细密，远近皆称。石城固厚庄，岁出数十万匹。外贸吴、超、燕、毫间，子母相权，女红之利益普矣！”①《宁都直隶州志》载：“夏布，州俗无不缉麻之家，缉成名为绩……夏布墟则安福乡之会同集、仁义乡之固厚集、怀德乡之璜溪集，在城则军山集，每月集期，土人及四方商贾如云，总计城乡所出夏布，除家用外，大约每年可卖银数十万两，女红之利，不为不普。”② 这些都说明赣南地区夏布交易频繁，商贾云集，大量夏布销往外地。这种现象表明古代赣南地区可能有大规模的夏布生产作坊，大型纺车肯定也在其中运作。并且，客家地区多将夏布作为贡品上呈，如果是散户家机制造肯定很难保证质量，由此推测赣闽粤边区也应该出现过大型纺车和织机。

二　织布工艺

织布又可细分为七道工序：拉麻、梳麻、浆纱、上机、织造、晾晒、折叠。拉麻、梳麻和上浆需要耗费大量体力，这三道工序在江南盛产夏布的其他地区由男子完成，在赣闽粤边区，由于客家男女分工

---

① 江西省石城县县志编委会编：《石城县志》，书目文献出版社 1989 年版，第 261 页。

② 罗中坚等编纂：《宁都直隶州志》重印本，赣州地区志编纂委员会，1987 年，第 260 页。

的特点①，该工作主要由客家妇女承担。我们在田野调查时还可见女性梳麻、上浆的身影，可推测古代客家女子从事此工序的普遍性。这些工序之所以费力是因为它要将麻锭上的麻线一头固定在过麻架上，另一头系结于木棍上，并固定在系麻架或压在大石头下，从而将麻线拉直，拉直的麻线长度一般取决于需要纺织的布匹长度。据说梳麻是为了保证织布中麻线（特别是经线）均匀分布而进行的准备工序，它实质上是拉直的同时也在梳理。梳理麻线与浆纱也是紧密结合的工序，麻线拉直后接着使用腕力转动蘸有浆糊②的大毛刷，来回地将浆糊刷于麻线上。浆糊需上得均匀，没有浆糊颗粒可以提高夏布的质量。据说浆纱是为了保护经线，减少织布中因经线与织机摩擦，而造成的起毛或易断现象。上好浆的麻线晾干后就可以装上织布机，称为上机（见图5－5）。因为上机时要将麻线穿绕织机部

图5－5 织机

① 客家男子多外出务工，客家女性成为家中的主要劳动力，需要担当起里里外外的家事，包括繁重的体力活。

② 据说这种浆糊是用大米粉和山茶油，按照一匹布用米粉1000克、植物油100克的比例，小火熬成。其中的油，是使用遍生于赣南山中的山茶树籽榨制而成。加入它可以使浆糊散发出更浓的植物香味，并能起到一点防腐、润滑和增加麻线韧性的作用。

件上，所以有些客家人又将这个工序又称为穿机、绕机。上机需要细心灵巧，以防止拉断麻线，使得此项工作更加专属于客家女子。上机完成意味着织布准备工序都做好了，接着就可以织布了。织布也是专属于客家女子的工作。织布较为复杂，经纬线的组合形式常有平纹组合和菱纹组合（见图5－6）。熟练织女一般情况下两整天可以织出一匹夏布。织好的布匹再经过晾晒、折叠就可以存放，供于服饰制作了。

图5－6　经纬线的平纹组合

成品（夏布）主要是客家女子辛勤劳动的结晶，一些人也将之称为勤布、女布。[①] 时至民国，随着士林布、化纤布等洋布和现代布料的使用，民间为了区分，又将夏布、葛布、棉布等手工布统称为土布（见图5－7）。

图5－7　不同密度的夏布肌理及成品

三　布的染色

织好的夏布本色偏白近土黄，其中经纬线较粗的本色夏布，只是在葬

① 女布的称谓可追溯到汉唐时期，如《后汉书》载："锦绣绮纨，葛子升越，筩中女布。"（许嘉璐主编：《二四十史全译·后汉书》卷七十九，汉语大词典出版社2004年，第1069页）

礼上用来充当粗麻布制作孝服；经纬线较疏的本色夏布，只是用来制作蚊帐。本色夏布很少直接用来制作日常衣服。夏布成为常服布料还需经过染色，赣闽粤边区客家人经常将它们染为蓝、青（黑）、红（红褐）、米黄、白和绿等颜色。使用的染料以植物染料为主，其中有蓝靛草染蓝、茜草染红、五倍子染黑、栀子和槐花籽染黄等。另外还有些矿物染料，如孔雀石染绿、绢云母染白①等。

以上染料中又以蓝靛植物最适合赣闽粤边区的气候，最盛产的是蓝靛草（茶蓝）。此外，如长汀、梅州、龙川和安远等几地还使用小蓝（槐蓝②）、大蓝。我们在前文已经列举了明代后期赣闽粤边区蓝靛大量销往外地的史料。蓝靛是赣闽粤边区最具代表性的服饰染料，我们以其为例了解客家土布的染色工艺。赣闽粤边区传统的蓝靛制作及染布方法在本章第一节中有所介绍，主要可归纳为四道工序：蓝靛植物的获取、制靛膏、制染液、染布。

（1）蓝靛植物分为野生和培植两种，一般在山岭培植，春种夏割，有时也在冬月采收蓝叶。据说收割时间能影响蓝靛质量，七月收割的最好，并且是清晨带有露水的蓝叶，收割来的茎、叶马上用来制作靛膏。这样保证蓝叶最为新鲜，有利于鲜明蓝色素的分解。

（2）制靛膏是指制作膏状、不溶的蓝靛染料。制作步骤较为复杂：收割来的蓝草要取其叶浸泡在装有清水的大缸内，使其分解出蓝色色素，待缸内水变蓝，随后捞出蓝草茎、叶，大致按照1∶20的重量比将适量石灰倒入水缸内，并同蓝色水搅拌均匀，再静放沉淀后，掠出表面的水及浮沫，将它们集中晒干，可以制成靛花，即青黛。这是一味清热凉血的好中药。从搅拌到掠沫的流程重复多次，再过滤掉多余的水，留下缸底的蓝色膏汁——蓝靛，至此蓝靛才制作好。

（3）制染液工序是指将膏状的蓝靛染料发酵成染色液体的过程。这个工序相对简单些，只要将促酵剂③与膏状蓝靛放入装有清水的染缸发酵，每天搅拌一两次，两三周时间，待缸内水微呈黄绿色，并且表面出现蓝色泡沫即可。制好的染液比开始泡叶时的蓝水更具有浸染渗透性和色彩

① 在赣南，孔雀石主要产于南康绿池；绢云母主要产于会昌县岩背锡矿山。

② 福建一些地方还将此蓝称为“小青”，因其叶小得此名。此蓝为小型灌木，因此又得“木蓝”。

③ 常用的助酵剂由木灰碱液、糖蜜、麦芽糖和麦皮等制成。

持久性。这样，可以保证布料染色后，在一个相对较长的时间里色泽鲜艳如初。

（4）染布是将本色布（也有将染过色的布再次加染或改染）浸染于装有染液的染缸内，待浸透后将其取出氧化、日晒、漂洗。重复这个工序流程，依据次数从少到多，可相应的得到由浅到深不同色阶的蓝色布料。（见图5－8）赣闽粤边区客家的蓝染工艺中还有个特点，就是很少使用扎染、绞染、蜡染等技法，而以通染技法为主，色彩素雅、鲜明（见图5－9）。

图5－8　不同色阶的蓝色夏布

图5－9　客家女性在纷纷购买蓝色襟衣

上述流程与《天工开物》中描写的制靛流程也很相似。[①]《天工开物》由明末江西奉新人宋应星所撰。他长期生活在江西、福建，在此间的生活阅历对他的著作肯定有所影响。由此我们很难排除宋应星吸取了赣闽粤边区客家人生活实践的可能性。由这些史料也可见赣闽粤边区客家的染布工艺是沿着清晰的脉络传承下来的，并可进一步说明传统客家服饰工艺的特色在明代已经成熟，并对后世影响深远。

四 其他常用加工工艺

加工工艺是针对原材料表现出来的行为美。赣闽粤边区客家传统服饰文化中，这是一种区别于工业化的技术美，表现为手工技术的特色。“技术是创造表现形式的手段，创造感觉符号的手段。技术过程是达到以上目的而对人类技能的某种应用。”[②] 由此可见，技术美的体现在于它是形式美、符号美形成的重要途径。赣闽粤边区客家传统服饰表现出的手工技术美不仅于此，更重要的是表现出手工美。“在人类所有一切可以谋生的职业中，最能使人接近自然状态的职业是手工劳动。”[③] 也正如柳宗悦先生所说：“复杂的机械与手工艺相比，虽然在生产中显得轻而易举，但机械制作的逊色之处，在自然面前只不过是微不足道的标记而已。”[④] 可见，手工美最大的特点是一种自然状态的美。手工美可以在服饰布料本身的制作工艺中体会到，还能在刺绣、布贴、镂空（裁剪）、银饰等，与布料相关的加工工艺中有同样体会。

（1）刺绣技法。赣闽粤边区客家传统服饰上使用的刺绣风格吸收了粤绣特点。绣品以有平绣、垫绣、补花绣与十字绣，其中以前两者为常见。主要针法有：齐针、劈针、扎针和接针等，绣纹形成手工人为的肌理美和色彩美。刺绣技法主要依附在功能构件上使用。

（2）布贴技法。是指一些布头通过手工拼贴缝合形成图形的方法，包括使用五色布[⑤]来制作服饰的方法。此法可以丰富服饰的色彩层次，也

---

① （明）宋应星《天工开物》中记载的流程如下：“凡造淀，叶与茎多者入窖，少者入桶与缸。水浸七日，其汁自来。每水浆一石下石灰五升，搅冲数十下，淀信即结。水性定时，淀沉于底。”（宋应星：《天工开物》，中国社会出版社 2004 年，第 121 页）

② ［美］苏珊·朗格：《情感与形式》，刘大基译，中国社会科学出版社 1986 年版，第 51 页。

③ ［法］卢梭：《爱弥儿》，李平沤译，商务印书馆 1996 年版，第 262 页。

④ ［日］柳宗悦：《民艺论》，孙建君等译，江西美术出版社 2002 年版，第 192 页。

⑤ 这里说的五色布是前文提到的第一种形制，即使用各色小布头缝合成一块大布。

主要用来塑造功能构件。

（3）镂空（裁剪）技法。常基于功能需要对服饰的局部做结构性镂空（裁剪），使服饰创造性的表现出新的功能特性或审美特性。如“拖鞋式”的绣花鞋在后跟处裁剪掉一部分，使得鞋既有保暖之用，又有拖鞋之方便。

（4）银饰技法。是一种与布料加工工艺有关，又比较特殊的技法形式，因为它在赣闽粤边区客家传统服饰上既有依附于布的加工技法和装饰功能，又有脱离于布的加工工艺和相对独立的装饰功能。依附于布上的银饰多呈片状，通常是银料放在花模上使用锤打法而成，并且在银饰边或背面有与布缝合的线孔。

需要进一步提出来描述的是脱离于布的银饰加工工艺。首先，锤打法是不可少的，因为这种技法比铸造更节省材料。它与冲模法、镂空、焊接组成赣南客家传统银饰加工最常用的基本技法。其次，也还有掐丝、镶嵌、点翠等稍复杂一些的技法。

第三节　典型服饰的制作流程与真诚之美

服饰原材料加工好后，就可以进入制作环节。赣闽粤边区从事客家服饰制作的工作主要由两类人群。一类是专门从事服饰制作的工匠，也称裁缝师傅。他们主要制作一些大件或复杂的服饰，并且多被一些经济条件略好些的人家请去家中干活，以计天或计件的方式算工钱。除工钱外，工作期间东家还要请裁缝师傅吃喝。可见，东家以非常真诚的态度对待此事。古代人往往把添置衣物看作一件很重要的大事，特别是在制作嫁衣、寿衣、殓衣时，还要在工钱之余送上“红包”，受到真诚款待的裁缝师傅往往也会以更加认真地工作回馈东家。另一类是居家妇女她们会自给自足，为家人缝制衣物，特别是在经济条件一般偏差的人家。她们主要制作嫁妆、童帽、鞋子、鞋垫、涎兜、围裙等小件，但是她们大多都会服饰裁剪缝纫，时常一些大件衣物也自己完成。她们一针一线倾注着对家人的真挚情感。下文仅就客家大襟衣和童帽两类典型服饰来介绍其制作流程以及蕴含的真诚之美。

一　大襟衣

大襟衣是客家服饰中最具代表性的服饰之一，下文结合大襟衣的裁剪示意图进一步介绍其结构和缝纫步骤。

（一）选材

用来制作大襟衣的布料很多，葜布（夏布）、葛布、葛棉布、棉布、士林布和丝绸等布料都可使用。大襟衣的棉衣形式材料分为面料、里料和填料三种，面料可使用各种布料；里料主要使用棉布或士林布；填料主要使用棉花，有些非常贫困的地方也出现过稻草填料。除了中间填充棉花外，面料以上布料都可用，里料常使用棉布和士林布。除此外，还须选用尺、锥、针、线、剪刀和熨斗等工具材料来制作大襟衣（见图 5－10、图 5－11 和图 5－12）。

图 5－10　（南朝）铁剪

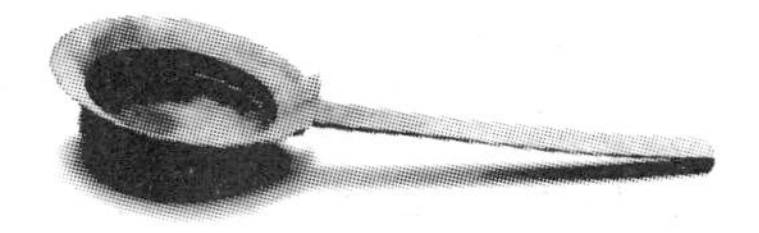

图 5－11　（三国）长柄青铜熨斗

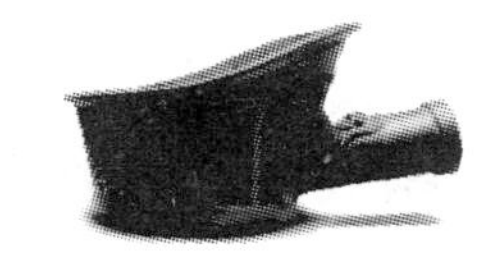

图 5－12　（明代）兽面纹铜熨斗

（二）量体

实际上，是用尺子测量体形，采集体形尺寸，所以俗称采寸。缝纫师一般需要测量人体的背肩宽、胸围、腰围、手臂长和上身长。同时，还需掌握体型的局部特征。

（三）制样

客家传统服饰制样多采用平面裁剪法即按照量体得到的尺寸在纸张上进行测量、绘制出大襟衣的裁剪图（也称画样），并进行修剪成纸样。实质上是为了减少裁剪环节的差错，不至于浪费较珍贵的布料，而在纸上绘制裁剪图，并将其裁剪成纸样的过程。

经过对一些实物的测量，将纸样的结构效果绘制如图 5－13 所示，并且，通过纸样可以更加清晰地看到客家大襟衣的一般结构、平面效果和裁剪尺度。

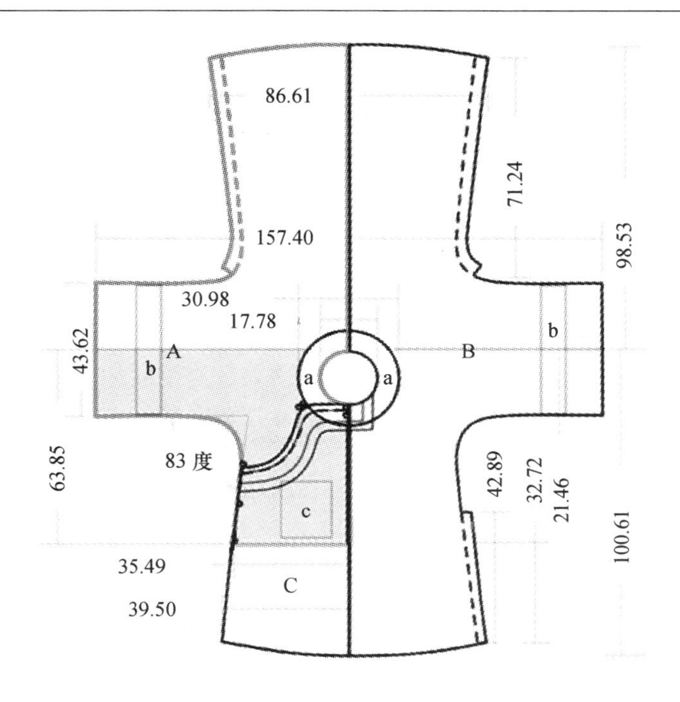

图 5－13 大襟衣结构示意图

（四）裁剪

对于熟练的缝纫师，一般会直接在实际的布料上进行。但是，为了进一步减少裁剪差错，还会在胚布上按纸样先裁剪，试穿调整后，再在正式的布料上裁剪。另外，裁剪中常使用滚轮、线钉或缝线记来作裁剪标记。

大襟衣的裁剪主要采用正裁方法。将布料裁剪成三大块，左边一块成“□”形（A），右边一块成“□”形（B），左右各一片组合成“□”形，左边的下方要短些。组合形上下对折便可以形成大襟衣的大体形状。第三块是用来制作偏襟的部分，裁剪成“□”形（C）。A、B 和 C 这三块布料组合在一起就可以形成大襟衣的形质。此外，衣领（a）、绲边（b）和口袋（c）三部分均为后加裁剪。这种裁剪是较为实用和节约材料的方式。再有，大襟衣结构的具体裁剪尺寸见图 5－13。

（五）缝制

裁剪好的布料需经过缝制才能成衣。缝制包括四个密切环节：假缝、试穿、调整和真缝。假缝是将裁剪好的胚布或正式布料在关键部位缝制形成服饰立体感，而后试穿，再针对试穿情况来调整裁剪布料，接着进行正式缝制，制成大襟衣。

大襟衣的具体缝制是将 A 、B 两块布料上半部分在中缝处缝合，将B、C 两块布料缝合，A 布料的下半部分重叠在 C 布料的下面；再将 A、B两块布料上下对折后，缝制袖子、衣侧和绞边；最后在缝好的衣形上加缝上衣领、绲边和口袋，一件大襟衣也就缝制好了。概括其缝制特点，可见常在背部中间有垂直接缝，衣两侧均有开衩，还有袖子上常绲边，一起装饰作用，二便于折起衣袖。再对比前文黄升墓中褙子的特点：背部中间有垂直接缝，并常在短袖子基础上缝接延伸袖达到正常的袖子长度。有些还会在接缝处绲上花边。由此比较可见大襟衣在裁剪缝制的方法承袭了宋代服饰的特点。

（六）熨烫

最后一个工序是将缝成的大襟衣熨烫平整。

二　童帽

童帽制作流程主要包括选材、做布壳、剪帽样、刺绣和缝制五个环节，有一部分客家妇女也会在选材环节完成后，就进行刺绣。整个环节中，选材与大襟衣几乎一样，刺绣也主要使用上述加工工艺，现将做布壳、剪帽样和缝制介绍如下：

（一）做布壳

布壳主要起衬托布料，并使帽子更加厚实耐用的作用。每年夏秋为做布壳的好时期，客家妇女这时将面粉熬成浆糊，先将一张报纸帖在平板上，再把从破旧衣服上裁下或其他途径采集来的布丁一层层拼贴在报纸上（依实用需要，决定拼贴的厚度）再放入太阳下晾晒。至浆糊晒干，布壳的四边从木板上翘起时把它们揭下，放入阴凉的地方压平，布壳便制好（见图 5 – 14）。

（二）剪帽样

布壳晒制好之后就可以剪帽样。先用设计好的帽样平面图（多为传承下来的），印模在布壳上，裁剪下布壳帽样，再以布壳帽样为标准裁剪出面料帽样、里料帽样或胆料帽样。一部分客家女性将面料帽样的裁剪放在已经刺绣好的布料上进行，一部分客家女性裁剪好面料帽样后，再进行刺绣。这两种处理方式都可以表明客家传统服饰装饰元素依附功能部件，围绕实用，追求形式功能统一的特点。剪帽样与做布壳还合称为“制坯”（见图 5 – 15 和图 5 – 16）。

图 5 – 14　晒制布壳

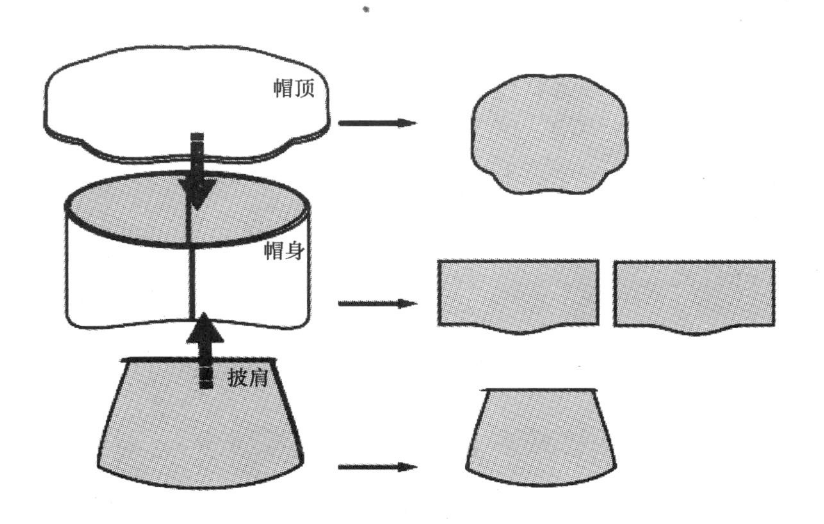

图 5 – 15　披肩帽裁剪

（三）缝制

一般依据从外向里有面料、衬料、里料的顺序将帽样叠好缝制成帽顶、帽身和披肩，再将三者组合缝成帽。有的在面料与里料中放入棉填料和胆料，这种童帽客家人又称为“棉帽”；有的在面料上还要缝制银饰，这种童帽客家人又称为“银花帽”“银铃帽”。

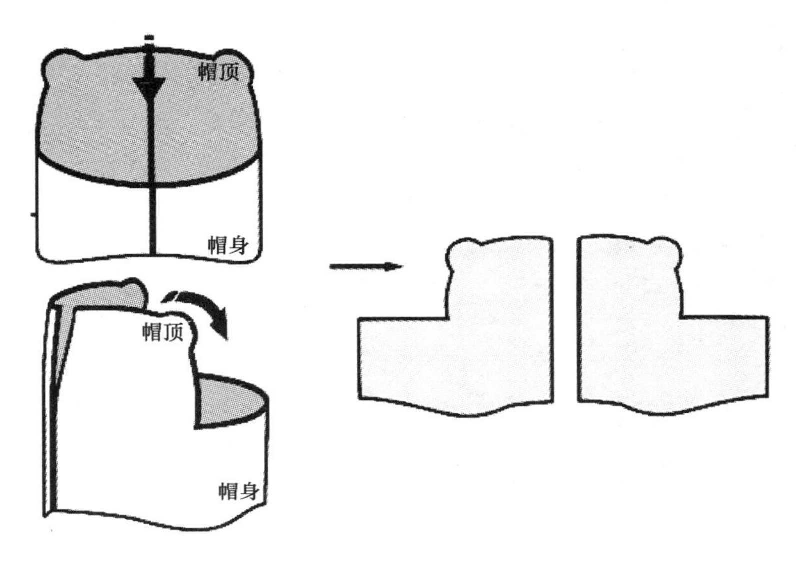

图5－16 齐耳帽裁剪

赣闽粤边区客家传统服饰制作流程紧凑、平实，围绕实用、节省展开着。客家人对每个环节均一丝不苟，整个流程中倾注了赤子真诚。这些情景内化在成品服饰上，呈现出服饰朴实的形式和坚固的质地。从而满足了客家人的实用要求，同时展现真诚的品性。

小结

综上所述，从赣闽粤客家地区来看，客家服饰的材料与工艺可以概括出以下特色：

（1）原材料的选择到使用主要有四个历史原因：一是受自然地理特点影响；二是受经济与文化交流影响；三是受客家人俭朴的生活理念与开拓创新的禀赋影响；四是受客家人的迁徙经历影响。这些促成了客家传统服饰原材料及服饰具有“多样性”与“俭朴性”和“自然”的特点。

（2）加工工艺主要受自然条件和实用标准影响，较少受礼制思想束缚。这成就了客家传统服饰形质自然、质朴、大气的识别基调，也充实了人们对客家传统服饰行为识别的内容。

（3）赣闽粤边区客家传统服饰的形式与内容统一、装饰与功能统一或文质统一是在实用基础上实现的，其装饰时常依附在功能之上，达到形式审美与实用的统一。

（4）在服饰材料的获取到服饰制作工艺的一系列行为流程中，体现了客家人在近乎天然中寻找美之质朴的行为意识，在人与人、人与物间真挚情感交流的过程中寻求自然和谐的美学理想。如苎麻（夏布）、葛（葛布）、棉（棉布）等被客家人精心培植加工，原材料上物质特性流露的“自然之美”也真挚地回馈使用者，为我们带来了“多维审美体验”。这些由服饰原材料与工艺流露出的特点与服饰造型、纹样一样是识别服饰文化特色的重要内容，不可忽视。正如日本学者柳宗悦先生所言“工艺之美也是材料的美。忽视对材料的开发利用，也就不可能充分开发工艺之美”。[①] 客家服饰也不例外。

① ［日］柳宗悦：《民艺论》，孙建君等译，江西美术出版社2002年版，第191页。

第六章　民俗文化

——客家服饰特色与民俗行为

服饰是人类行为的集中体现。从服饰材料生产到制作工艺，再到穿戴方式、搭配选择、服饰社交到脱卸方式，再从服饰保洁到再次使用，每个服饰行为的环节及流程都与民俗行为（生活）水乳相融，并成为民俗行为（生活）不可或缺的重要部分；服饰特色的形成、再现和被强化，都存在于民俗行为（生活）之中。服饰行为作为一个族群活态（动态）识别体的意义，就在于她生动地呈现在民俗生活之中的。这也是活态服饰与馆藏服饰的本质区别。

可以先从赣闽粤边区地方志描述的民俗生活中识别到古代客家人传统服饰的整体特点。

清流：国朝俗尚俭约，不事浮华，冠婚丧祭亦颇近古。[①]

大埔：妇女妆束淡素，椎髻跣足，不尚针刺，樵汲灌溉，勤苦倍于男子，不论贫富皆然。

宁化：服饰弗流于奢僭，冠婚丧祭间用古礼。[②]

雩都：无甚贫甚富，颇类古之齐民的。居不求华，服不求侈。食不求异，器用不求奇。

兴国：闾阎朴实，非达官贵人不衣绮罗。市无帛肆，途绝游妇，邑坤徒步无舆马。

会昌：妇以绩麻为职。

龙南：宫室服器多从质素。

---

① （清）曾日瑛等修，李绂等纂：《汀州府志》，清乾隆十七年修，同治六年刊本影印，（台北）成文出版社1967年版。

② （清）李世熊：《宁化县志》卷一《风俗》，清同治八年重刊本影印，（台北）成文出版社1967年版。

长宁：女勤纺绩，俭约有唐魏风。

石城县：男耕稼而不商贾，女麻枲[1]而不农桑。（旧《县志》、《通志》载）[2]

……

由此可见，赣闽粤边区客家民风俭朴，近似魏唐古风，其传统服饰不求奢华，多求朴素实用。此外，我们还可以具体从女性生活、日常习俗（节俗、礼俗和禁忌等）和民间文学等角度识别客家人的民俗生活与服饰特点。

第一节　客家服饰与客家女性

一　客家女性解放与地位提升

迁徙生活是客家女性解放的起点。走出闺阁的禁锢，迁徙使客家妇女必须和男子一样担物负重、扶老携幼、跋山涉水；突破种种生理极限，如破除“裹足”习俗，就源于迁移中客家先民女性倍受小足之苦的经历。

赣闽粤边区的日常生活是客家女性解放和地位提升的关键。在农耕时代汉族有“男耕女织”的传统，这一传统也划分出了男主外、女主内的日常生活格局，也禁锢了女性走出家门的思想。客家女性的日常生活却打破了这种千年格局：她们既主内，又主外，既耕种，又绩织。黄遵宪曾经感慨写道：“吾行天下者多矣，五洲游其四，二十二省历其九，未见其有妇女劳动如此者。”产生这种现象的原因主要有两点：（1）面对赣闽粤较恶劣的生存环境，家园重建需要男女共同奋斗，客家男子多外出赚钱，数年难回，有甚者杳无音信。故女子必须承担所有的日常劳务，甚至成为日常生活中稳定长久的经济来源。（2）在汉畲长期杂居中，受到畲族母系

① 枲 xǐ，麻类植物的纤维。

② 参见赣州地区地方志编撰委员会编《赣州府志》重印版，内部发行，1986 年，第 760—761 页；罗中坚等编纂《宁都直隶州志》（1824 年编修），赣州地区志编纂委办，内部发行，1987 年重印本，第 239 页。

文化遗存的影响[①]，客家女子是日常劳动的主角。一部分即使在家的男子，也常过着悠闲的生活，时至今日我们还“时常可见客家中老年男子手持烟筒，悠闲自得抽烟的情景”（见图 6 – 1[②] 和图 6 – 2）。

图 6 – 1　抽烟的客家男子

图 6 – 2　砍柴而归的客家老妇人

恩斯特·卡西尔在《人论》中说：“人的突出特征，人与众不同的标志，既不是他的形而上学本性也不是他的物理本性，而是人的劳作。正是这种劳作，正是这种人类活动的体系，规定和划定了‘人性’的圆周。语言、神话、宗教、艺术、科学、历史，都是这个圆的组成部分和各个扇面。”[③] 从这个角度理解，正是随着经济地位的巩固、女户主形象的形成，客家女性的文化地位相应提高；成为“中国最优秀的劳动妇女的典型”。[④]所以，英国人爱德尔还评价说：“客家民系是牛乳上的乳酪，这光辉至少有百分之七十是应该属于客家妇女。”[⑤] 可以肯定这百分之七十的光辉中包括以客家女性为主要群体创造的服饰文化，赣闽粤边区客家传统服饰就是典型的案例。

---

① 据罗勇先生推测，南迁汉人中男子应该多于女子，男子与定居地女子通婚较多，就包括客家男子与畲族妇女的结合。这种推测的可能性不能排除，这也可以帮助我们解释客家地区为何常见“女劳男逸”现象。

② 张海华、肖俊：《客家民间竹器的文化内涵》，《山东工艺美术学院学报》2006 年第 3 期。

③ ［德］恩斯特·卡西尔：《人论》，甘阳译，上海译文出版社 1986 年版，第 87 页。

④ ［英］爱德尔：《中国访问记录》，载《客家人种志略》，1890 年。

⑤ 同上书。

二　从“家头教尾、灶头锅尾”到“田头地尾”

赣闽粤边区客家女性的勤劳体现在勤于持家、教子、做饭和针线活等方面，具体劳作行为包括耕作。如《赣州府志》就有相关记载：“各邑贫家妇及女仆，多力作，负水担薪，役男子之役。”[①] 对此现象，郭沫若先生也有“健妇把犁同铁汉，山歌入夜唱丰收”的描述。客家女性的勤劳节俭更有山歌《客家姑娘》，又名《勤俭姑娘》传唱道：

勤俭姑娘，鸡啼起床。梳头洗面，先煮茶汤。灶头锅尾，光光昌昌。

煮完早饭，刚刚天光。洒水扫地，担水满缸。早早食饭，洗净衣裳。

上山砍柴，急急忙忙。淋蔬种菜，蒸酒熬浆。纺纱绩苴，唔离间房。

针头线尾，收拾柜箱。少说是非，唔敢荒唐。子嫂和气，有商有量。

买鱼买肉，唔敢先尝。开锅铲起，敬奉爷娘。爱惜子女，如肝如肠。

留心做米，无谷无糠。人客到来，礼节周详。欢欢喜喜，检出家常。

鸡卵鸭卵，豆豉酸姜。有米有谷，晓得留粮。粗茶淡饭，老实衣裳。

越有越俭，唔好排场。饥荒年月，耐雪经霜。砍柴买米，唔蓄私囊。

唔偷唔窃，辛苦自当。唔嫌丈夫，唔骂爷娘。这等妇道，正大贤良。

这首民歌更加全面、明晰地勾勒出赣闽粤边区客家妇女日复一日劳作和持家的具体内容，向我们展了勤劳贤惠的形象。客家妇女兼顾内外，特别勤于户外繁重劳作的生活方式，促成了女性服饰选择、制作的创新性，形成了一系列的行为识别焦点。她们根据不同的劳作行为选用服饰，如为

① 赣州地区地方志编撰委员会编：《赣州府志》重印版，内部发行，1986 年，第 763 页。

了适应劳动，赣闽粤边区客家女性选择襟衣与大裆裤为常服，制作上改进旗袍，加宽了袖、变短了衣长。于是，在田头地尾可以识别到强健的客家女性。再如，为了不弄湿鞋，“日暮女郎来打水，长裙赤脚鬓堆鸦”。[①] 于是，我们可以识别到敢于突破“女不露足”观念的客家女性，等等。综合上文，可以说客家女性生活方式（行为）强化了人们对客家服饰文化特色的识别（见图 6－3 和图 6－4）。

图 6－3　灶头锅尾客家女性

图 6－4　田头地尾客家女性

三　女红与纺纱绩麻

据赣闽粤边区文献与实地调查可知，赣闽粤边区客家女性在孩童时期就开始从事“针线活”[②] 的学习，可说是她们孩童时期的必修功课。从简单的绩麻到纺棉织布，从缝补到刺绣，再到稍复杂的缝绣鞋垫、做鞋帽和制衣等无不涉及。有客家民歌为证：

> 一岁娇，二岁娇，三岁拾柴爷娘烧。四岁五岁学绩麻，六岁七岁纺棉纱。八岁九岁学绣花，十岁绣个牡丹花。十一十二放牛羊，十三十四学种瓜，十五十六做嫁妆，十七十八带子带女转外家。

---

① 赣州地区地方志编撰委员会编：《赣州府志》重印版，内部发行，1986 年，第 763 页。

② 汉声编辑室编著：《中国女红——母亲的艺术》，北京大学出版社 2006 年版，将“女红”分为纺织、浆染、缝纫、刺绣、鞋帽、编结、剪花、面花和玩具九类。其中与服饰相关的部分在赣闽粤边区客家人那里被习惯性的称为“针线活”。

“针线活”好坏是衡量一位客家女子是否心灵手巧、聪慧勤劳的重要标准。每位女子在青少年时期要将自己的嫁妆缝制好，如鞋垫、鞋袜和一些常服，在这个过程中客家女子缝制的不单是一个个服饰成品，更是她们对未来生活的憧憬；成家之后，更是要为夫家父母、夫儿制作衣帽、鞋袜，所有对亲人的情感都寄托在一针一线中。于是，“针头线尾”成了赣闽粤边区客家女性一生的情感缩影，也使得客家女性成为赣闽粤边区客家传统服饰文化创造的主力军（见图6－5）。

图6－5　从事针线活的客家妇女

赣闽粤边区客家的传统“针线活”是中原汉族“女红文化”的延续。“女红”即“女功”、“女工”，在旧时指女子所做的纺织、缝纫、刺绣等工作和这些工作的成品。[①] 它可追溯到《周礼·九嫔》中对女性要求的记载：“妇德、妇言、妇容、妇功。”[②] 这“四德”标准正是赣闽粤边区客家女性勤于“针线活”，并形成美德的重要原因。

客家女性的勤劳在客家山歌中有大量的反映，有很多与服饰有关的描述，反映了客家女性纺纱绩麻的劳作场景和勤劳、节俭的品格。如流传于闽粤赣边区的《麻布神歌》唱道：

---

① 中国社会科学院语言研究所词典编辑室编：《现代汉语词典》第5版，商务印书馆2005年版，第1008页。

② 陈成国点校：《周礼·仪礼·札记》，岳麓书社1989年版，第20页。

幺妹要勤快哟，勤快要绩麻。三天麻篮满哟，四天就崩了弦。上街就把机匠请。机匠一进屋，就把麻线牵，牵起就好刷。幺妹挽鱼子，机匠就来编。请个机匠二跛跛：长的打来翻羊角，短的打来两头梭。几天才把麻线编，编起来就好染，染起做衣衫。青布来捆领，蓝布打托肩。衣衫做好了，幺妹拿起穿。穿起就好看。咿哟，幺妹啰，穿起像天仙。[①]

这首山歌描述了一位勤快的客家姑娘绩麻生活中的生动插曲，我们可以从情节和关键字上感受到小姑娘跌宕起伏的心理变化：开始这位小姑娘满怀穿上美丽新衣的憧憬，勤快地织布。接着弦崩了，小姑娘“上街就把机匠请”，“就”字展现了她焦急的心理。不料请来的机匠水平不高，害的姑娘“几天才把麻线编”，“才”也展现了她焦急等待的心理。最后，姑娘穿上美丽的新衣，开心愉悦。一位纯朴、可爱、勤劳的客家姑娘形象呈现在我们面前。客家女性绩麻劳作的民歌版本较多，从不同角度反映了客家女性辛勤劳动的身影。

闽西山歌《妹会浆洗郎衣裳》唱道：

妹会洗来妹会浆，妹会浆洗郎衣裳；落雨拿在屋角挂，天晴拿出见太阳。

这些民歌记录了赣闽粤边区客家人与服饰有关的勤劳生活：纺纱绩苴、针头线尾、染布制衣、浆洗衣裳等。这种勤劳生活可以追溯到《诗经》成书的年代，《诗经·豳风》载“八月载绩……九月叔苴”[②]，其中，“绩”与“苴”[③] 等类似古语，今天在赣闽粤边区民歌中还能听到，除丰顺的《绩苴歌》外，再如寻乌也有类似版本的《绩苴歌》：

十二月绩苴又一年，苴子结了布织完，织个布子收落柜，又爱踏板过新年。

---

① 幺妹：小妹；鱼子：织布工具；二跛跛：技术不高明。

② 于夯译注：《诗经》，书海出版社 2001 年版，第 106—107 页。

③ 据于夯译注：绩（jì）意为纺麻，苴（jū）意为麻籽。（《诗经》，书海出版社 2001 年版，第 106、108 页）

这说明赣闽粤边区客家人把“勤劳”作为财富历代传承，说明赣闽粤边区客家人在服饰文化中努力实现着中原旧梦。

第二节　客家服饰与客家人的日常习俗

“宁弃祖宗田，不忘祖宗言”是客家先民在迁徙与家园重建中形成且强化了的传承观念，表现在赣闽粤边区客家人的日常习俗中为“有先人遗风，礼让之俗近古”。[①] 同时，“客家先民南迁客地面对的最大困难是生存；最先维持的也是生存。即便是后来客家人反‘客’为‘主’，也还面临着资源缺乏等生存问题”[②]，这表现在日常习俗中勤于节俭。还有，“十里不同风，百里不同俗”，迁移途中遇到的各种风俗表现在赣闽粤边区客家人的日常习俗中为：同楚俗，习畲风、重中原古礼。综合这些可以概括出赣闽粤边区客家人择衣的首要标准是：朴素实用。再有，制衣、着衣、解衣等服饰行为的标准是：多按照古礼、新俗[③]为之。服饰行为在民俗中具体有常俗服饰文化、节俗服饰文化、礼俗服饰文化和禁忌服饰文化，等等。

一　常俗与服饰

赣闽粤客家地区的等级制度相比中原汉族有所松弛，这也反映在了赣闽粤边区客家日常服饰上，其等级色彩明显淡于正统服饰的礼制。《礼记·内则》曰“男女不通衣裳”[④]，而赣闽粤边区客家男女传统服饰的品类系统告诉我们：他们的服饰品类很多可以通用，如男女都着同形制的大裆裤。还有，长辈（中老年）与晚辈（青年）的服饰在品类与造型上也没有特别差异；居家与外出的服装也没有等级区别，如远行时，只是出于实用，在居家服饰上添上包袱、雨伞等服装配件；狩猎时，为了避邪，只在腰间多挂上浸过猪血的麻绳网。

---

① 赣州地区地方志编撰委员会编：《赣州府志》重印版，内部发行，1986 年，第 760 页。

② 张海华：《客家传统制器思想初探》，载罗勇主编《客家文化特征与客家精神研究》，黑龙江人民出版社 2006 年版，第 218 页。此文对客家先民的生存困境作了叙述。

③ 古礼：指中原汉文化承袭下来的礼俗；新俗：指客家先民（客家人）在迁移和生产中学习而来，或自发，或古礼移风形成的习俗。

④ 陈戍国点校：《周礼·仪礼·札记》，岳麓书社 1989 年版，第 389 页。

日常劳动与休闲生活中的女子常服没有太大差异[①]，男子也只是劳动时腰间多块围裙。劳动过程中他们的服饰及举止自然大方，没有刻意保洁的举止。劳动后不太脏的衣服睡觉时一般会挂在墙壁的竹钉上，或摆放在床边的椅、柜上。脏衣服会搁置木盆或木桶里准备清洗，男女衣服忌混合在一起清洗。清洗有的在家中使用大木盆盛水完成，大多在河边、溪边或井边完成，在这些地方经常能看到蓝衫女子洗衣的靓丽风景线。清洗衣服主要集中在清晨或晚上，极少在白天或中午，因为这个时段清洗衣物常被讥笑为懒妇。清洗衣服常用工具有搓衣板和棒槌（见图6－6），槌衣的清脆之音时常伴着说笑声随风传得很远很远，确实有“万户捣衣声”的景象和“秋夜捣衣声，飞度长门城”和“迎欢裁衣裳，日月流如水。白露凝庭霜。折杨柳，夜闻捣衣声，窈窕谁家妇”[②] 等诗句的意境。洗好的上衣多使用竹篙穿过两袖晾晒，裤会使用竹制的衣架撑好或直接搭在竹篙上晾晒（见图6－7）。晒干的衣服整齐叠好衣箱等下次使用，长期不穿的衣服会时常取出晾晒，避免发霉生虫。

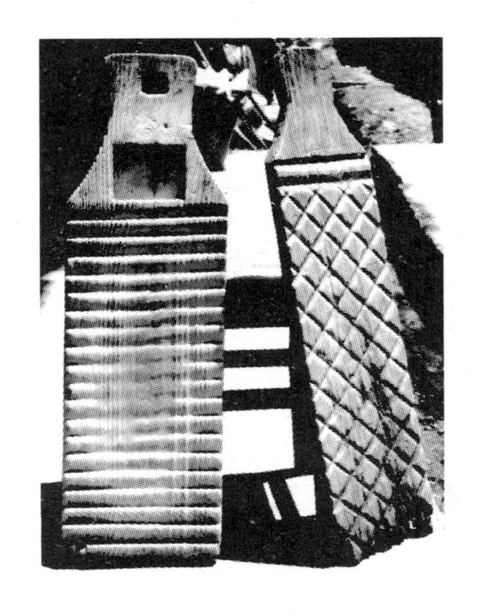

图6－6　搓衣板

① 这主要是因为客家女子很少有休闲时间。

② 参见李白《秋歌》，（北周）庾信《夜听捣衣》，乐府诗《八月歌》。

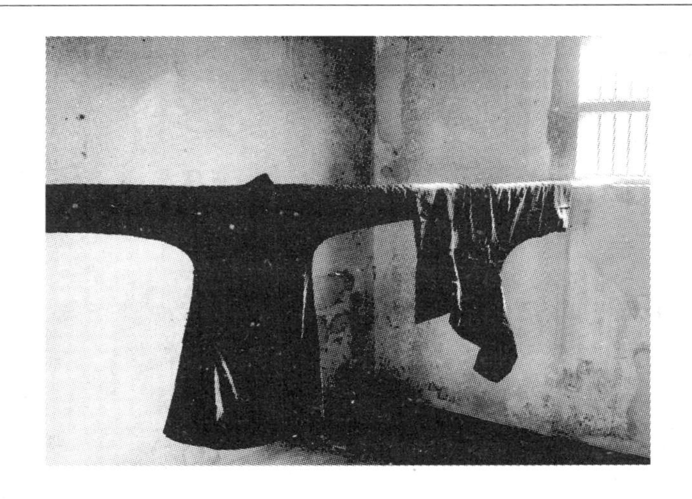

图6-7　大襟衣与大裆裤的晾晒方式

一些服饰的日常习俗，在客家山歌中同样有所反映。如全南山歌《做花鞋》：

月光光，圆叮当，借你锁匙开禾仓。打开禾仓一本书，送给哥哥去读书。读书捡到一根红丝带，留给大嫂做花鞋。做到几多对？做到两三对。哪对好？介（这）对好，留给明年讨二嫂。

此首山歌传唱做花鞋，是要“留给明年讨二嫂”用。客家绣花鞋一般是结婚时女方准备好送给男方亲友，为的是展示新娘女红手艺和勤劳品格。男方做花鞋，要么是给新娘作新婚鞋，要么是男方亲友众多，女方由于时间紧迫所做花鞋不足，或男方觉得女方女红水平不高会丢面子时，男方才将自家的花鞋等服装、饰品拿出来赠送亲友。

粤东韶关山歌《打鞋底》、仁化山歌《巧梳妆》和曲江山歌《绣花针》等，则道出了正月比较有闲暇时间做女红的事实：

打鞋底

正月里来是新年，手拿鞋底连，打正了鞋底，好出去看花灯，好出去看花灯。

巧梳妆

正月里来暖洋洋，妹在房中绣鸳鸯，忽听街上花灯闹，哪有心机坐绣房？

绣花针

正月里正月花，娘子妹子去绣花，手拿绒线绣花针，妹子绣绣花，妹子绣绣花。

二　节庆、礼俗与服饰

赣闽粤边区客家人除常服习俗外，节日中的服饰变化不太明显，多限于新旧变换。经济宽裕人家会在春节添置新衣，经济一般或贫者遇新年还是会穿上件相对新些或干净的衣服。以“新”或“洁”为来年赢得新气象。特别是儿童服饰在节日中更讲究“新”、“洁”，长辈或多或少的都会为儿童穿上红色或带有红色的新服饰，有新童帽、新上衣、新鞋，等等。如端午节当天儿童要穿新衣，佩戴新香囊，有的地方也称为香包。香囊内常装一个鸡蛋，也有的装菖蒲根、艾叶[①]、丹砂、雄黄、五谷等（见图6-8）。这些习俗是为了辟邪、祈福，凝聚了天下长辈对后代的期望、祝福和关爱，是中华民族优秀的情感之一。

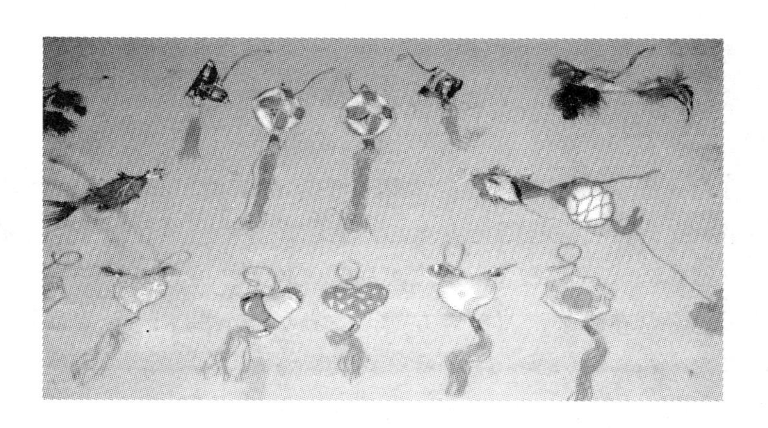

图6-8　客家各种形状的香囊

这种情感在礼俗服饰文化中也多有体现。如赣闽粤边区客家的庆诞

---

① 鸡蛋在民间象征生命孕育；菖蒲根和艾叶有香气，在民间多用来驱虫、祛病，具有辟邪的象征；五谷祈福子孙以后丰衣足食。

礼，婴儿初生的第三天，要做“三朝”。[1] 当天婴儿家要备酒接待前来祝贺的亲朋、邻里，并向客人馈赠染色的红鸡蛋，一般为四个以上的双数。这时客人会送产妇一碗“月日菜”或小孩衣饰等礼品。特别是等到婴儿满月（或百日或周岁）行“满月礼（或百日礼，或周岁礼）”时，其外公外婆会送婴儿大量服饰，常有衣裤、童鞋、童帽、围兜、项圈、手镯、脚钏等。小孩长到入学时，其外公外婆或舅舅还会送一个书包、一双雨鞋、一把伞、约一丈布料和若干文具等，赣闽粤边区客家俗称“庆入学礼”。

从礼俗角度看，赣闽粤边区客家服饰文化还表现在冠礼、婚礼、寿礼、葬礼等礼俗之中。如赣闽粤边区男女都保留了中原行成年礼的习惯，男行“冠礼”、女行“女之笄”（也俗称“上头礼”）。男子在20岁或新婚庆典之日举行“冠礼”，特别是后者，男方婚宴近半举行冠礼，由其舅舅或祖父为其加冠，以展示成年。使用的冠在田野考察时发现造型各异，没有统一规范，常见的冠有礼帽、官帽、军帽。这与中原“冠礼”中，冠有较严格的造型礼制不同。这些也反映出礼制思想在赣闽粤边区客家传统服饰中渐渐疏松。不管怎样，这些被创新应用了的冠造型都离开不了对身份的向往，对时尚的追逐，以及对成人责任的一种提升。这些又与中原冠礼的民俗心理相一致，反映出赣闽粤边区客家人在文化变迁当中对中原文化的传承与创新。另外，女子将要出嫁时（约16岁）需行“上头礼”，即将头发盘起来并饰发簪，以展示成年和可婚嫁。“婚礼”更是赣闽粤边区服饰文化展示的盛会，嫁妆通常必须有衣服、布鞋、苎线、衣箱子和三圆桶[2]等；新娘出嫁前要化妆梳簪、挽面、描红，出嫁时还要佩戴头饰、簪、钗、坠耳、手镯、戒指和开光铜钱等饰物。这些嫁妆与饰物的多寡、贵重与否，一般视男方聘礼厚薄和娘家家境而定，民间流传顺口溜说：“下等之人赚钱嫁女，中等之人将钱嫁女，上等之人垫钱嫁女。”（见图6－9）

再如“寿礼”除了鸡、猪、钱、糖果和喜炮之外，也少不了布料、鞋等服饰，一般礼数是布料一份（一丈）、鞋两双。还有，人将死时（死者断气前）需撤去他的棉衣和棉被，以免他来生无衣无被。[3] 小殓时替死者穿上寿衣，一般为单数，寿衣款式在清代仍然承袭明代礼服或模仿九品

① 旧时第一胎的“三朝”礼俗更重，此日女婿要提鸡、蛋、糖、酒等到妻子娘家报喜。

② 三圆桶，是指马桶、脚盆、坐盆。

③ 撤去棉衣、棉被，而不撤出其他衣物，是因为棉衣、棉被在古代认为相对贵重。

官吏的官服，寿衣布料因贫富好坏不一，色彩多见青、白、棕等。死者家人，男丁在死者去世当日开始蓄“孝脑”，即不理发。孝子头戴竹篾和纸花编扎而成的“愁笼帽”、身披麻、腰系草绳、手执哀杖、脚穿草鞋，俗称“披麻戴孝”；女丁着白衣、披白帽。吊丧亲朋会送祭轴布、香烛与冥钱。出殡时亲朋都有着白衣的习俗，在瑞金还有手提草鞋的习俗。总之，服丧期间多穿素色衣、忌穿红戴绿，举止严肃、忌说笑娱乐（见图6－10）。

图6－9　客家婚礼服饰（现代改制版）

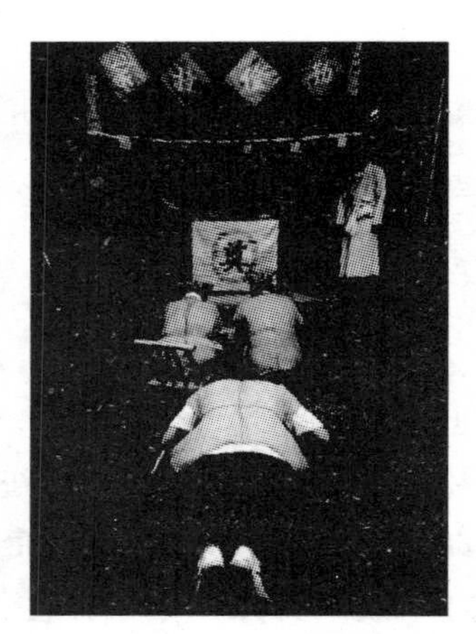

图6－10　客家葬礼服饰

三　妆饰习俗

妆饰习俗在客家山歌中常有反映，如闽西明溪山歌《梳妆歌》：

> 梳两鬓，黑似墨，调和胭脂把脸搽。
> 点口红，画眉毛，一对金环坠耳下。
> 金簪银钗插满头，压邪铜钱身边挂。

这首山歌与会昌县山歌《梳妆曲》描写客家妇女日常梳髻化妆不同，是一首新娘梳妆曲，描写的是新娘化妆的情景。客家姑娘未出嫁时梳辫，只有订婚或正式结婚后才将头发盘起梳鬓。梳鬓俗称“上头”，童养媳或等郎妹多是在除夕夜间梳鬓成婚的。客家新娘出嫁前夜，不但要梳鬓，而且还要将脸上的汗毛夹拔“净面”化妆，胭脂搽脸，描红画眉，头耳饰以金银首饰。另外，出嫁时新娘不能将身上的邪气或晦气带回夫家，常将铜钱佩戴于身，用以避邪。

土地革命时期，中央苏区很快就兴起了短发潮，深受群众拥护的中华苏维埃中央临时政府提倡短发，赣南当地到处流传着剪发歌谣，如于都县岭背山歌《剪掉“圆头脑”》、上犹县客家山歌《剪发歌》、崇义县苏区歌谣《妇女剪发歌》、兴国山歌《十剪发》，等等。其中《十剪发》唱道：

一剪发，初来兴，剪发宣传要认真，宣传老少一齐剪，先要打破旧脑筋。

二剪发，是花朝，不剪害处同你嘲，三工不梳会打结，衣衫拖得可帮刀。

三剪发，正来兴，别人不剪莫去拼，首先自己带头剪，先行做个带头人。

四剪发，正立夏，不剪头发惹人哇，出外走到别地去，说你地方不开化。

五剪发，五月中，剪了头发人较松，随便走到哪里去，说你同志很开通。

六剪发，正割禾，剪了头发好得多，一来省得人工到，二来免得生虱婆。

七剪发，三伏天，不剪头发不卫生，一身散发油头臭，走到人众惹人嫌。

八剪发，桂花香，不剪头发不合装，个个剪正短头发，你冇剪发配不上。

九剪发，是重阳，剪了头发更排场，长短由你自家剪，最好要剪大西装。

十剪发，剪完哩，首饰金银倒了佢，倒来铜钱再生产，利国利家又利己。

四　日常禁忌与服饰

赣闽粤边区客家传统服饰的禁忌不仅存在于葬礼之中，还在于诸多日常细节上，这些服饰禁忌文化同样折射出赣闽粤边区客家人的民俗心理，如：

1. 忌把“帽子”称“冇子”。可见于龙南和宁都的大沽、小布等乡村，因为帽与“冇”“毛”同音。

2. 忌反穿衣服，忌腰间系草绳或麻绳，认为反穿衣服和系草绳（麻绳）如同穿孝服，不吉之兆，表示家有丧事。赣闽粤边区各地都有类似习俗。

3. 忌青年蓄胡子，特别是父母健在男子，否则认为是对长辈的不敬。

4. 忌初三做针线活，特别是忌在厅堂动用针线。

5. 忌着白色、黄色衣服办喜事；忌挂红布挽幛、挽联办丧事；父母健在忌戴白帽；忌穿白鞋外出拜年。

6. 忌女孩出嫁时带走娘家泥土。新娘上轿前必须换上新鞋，并由父母或兄弟或最亲的亲戚背到厅堂（祠堂）祭祖辞别。鞋不沾土才上轿。此忌可见于南康、崇义等地。

7. 忌使用猪、猫无偿赠予亲友。因为，赣闽粤边区客家俗谚有“猪来穷、狗来富、猫来带麻布”说法。带麻布是指要穿孝服，不吉利。

8. 忌高挑和不用专用竹竿晒女人衣裤（特别是贴身衣裤）；女人的晾晒衣物，忌男人收；男人忌通过晾晒女裤的地方，特别是裤裆下。赣闽粤边区各地都有类似习俗。

……

可见，这些禁忌涉及服饰称谓、服饰穿着行为、服饰制作、服饰色彩、服饰礼俗等方面。禁忌存在于节俗、礼俗等日常生活的多方面，它是民俗的重要组成部分。“禁忌的根源可归诸一种特殊的魔力，这种魔力内在于人和精灵身上，而且可以通过无生命物体这个中介进行传递”。[①] 从此角度理解，赣闽粤边区客家传统服饰上的禁忌思想也应该是万物有灵观的反映，是一种神性力量的转移。以上涉及的各项日常习俗都表现出群体性特点，凝结着赣闽粤边区客家人共同对美好品格的维系、也有对迷信的执着。对这些迷信在此不作跨历史性的批判，而透过这些习俗及禁忌，我们可以更全面地把握赣闽粤边区客家人真实的生活状态和原始的文化心理特征，这些是其传统服饰文化特点不可少的部分。

---

① ［奥］西格蒙德·弗洛伊德：《图腾与禁忌》，赵立玮译，上海人民出版社2005年版，第30页。

第三节　客家服饰与客家人的生产习俗

客家山歌常在野外演唱，取材于日常生产生活，对客家传统服饰的生产和服饰制作人员的生活有不少的记载。比如，客家传统服饰最主要的制作材料是苎麻布，客家山歌就有很多织苎的传唱：丰顺《汤坑绩苎歌》、高鹤《织麻歌》和于都《绩歌》等。其中《绩歌》唱道：

（男）什么圆圆在半天？什么圆圆水中生？什么圆圆街上卖？什么圆圆妹身边？

（女）月光圆圆在半天，脚鱼圆圆水中生，铜锣圆圆街上卖，绩笼圆圆妹身边。

作为移民，客家人的勤劳掩盖不了背后生活的艰辛。宁都民歌《绣花》唱道[①]：

一匹绸绣朵花，绣的是牡丹花，牡丹花是富贵花，开在有钱人的家。可怜我苦命的女儿哟，买呀么买不起它。

此民歌中也透着秦韬玉《贫女》[②] 的意蕴，反映了旧社会女性对美好生活的向往心理与残酷现实之间的矛盾冲突，以及作为贫苦百姓的无奈心情。又如大余民歌《牛头歌》：

正月牛头去上工，一碗腊肉满东东，看牛伢子夹一块，东道眼珠辘辘动。

二月牛头天气冷，雨雪纷飞湿衣衫，草皮割了两三担，回来还要饿夜饭。

三月牛头三月三，再冷也要西进坑，清早出门到夜转，眼泪鼻涕一大把。

四月牛头是立夏，牛头碗里冇只蛋，缸里冇有挑满水，又要打来

---

① 田野调查中有时也发现《绣花》被称为《一匹绸》。

② （唐）秦韬玉《贫女》：“蓬门未识绮罗香，拟托良媒益自伤。谁爱风流高格调，共怜时世俭梳妆。敢将十指夸偏巧，不把双眉斗画长。苦恨年年压金线，为他人作嫁衣裳。”

又要骂。

五月牛头是端阳，正当禾花阵阵香，东道全家吃鱼肉，看牛伢子有点尝。

六月牛头日当中，东南西北有点风，起早摸黑冇得歇，一天要当两三工。

七月牛头七月半，东道烧纸敬祖先，牛头思亲吾敢转，还给东道洗衫衣。

八月牛头是中秋，看牛伢子眼泪流，东道一家尝月饼，牛头望月眼巴巴。

九月牛头是重阳，秋风吹来阵阵凉，又有长衫和短衫，冻得牛头好凄惨。

十月牛头实可怜，戴顶斗笠烂了弦，东道不肯买一顶，还要喊你戴到年。

十一月里雨带雪，看牛伢子冇得歇，半夜给牛垫禾草，自己回屋蓑衣贴。

十二月里是年关，出门的人回家园，将想回去看一看，东道翻面不认账。

衣与食一样是劳动人民基本的生活需求，现实中这种需求却被地主阶级剥夺，此民歌描写的“雨雪纷飞湿衣衫”、“给东道洗衫衣”、“又有长衫和短衫”、“戴顶斗笠烂了弦”和“自己回屋蓑衣贴”体现了地主阶级与劳动人们的矛盾。歌中唱出的“服饰”成为矛盾物化的焦点，也成了劳动人民释放内心苦闷的情感载体。再如闽西客家《织布歌》描述了男女共织的艰辛生活，特别是织女起早摸黑，还要当心布店厉害的老板和布的卖价，具体唱道：

新做冷纪（织机）长长捺，学晓织布冤枉（辛苦）倠，
天光起床做到暗，搞到手软脚又黎（疲倦）。
学晓织布冇相干，脚踏冷纪纱会断，
遇到春日淫浸雨，浆纱唔到会断餐。
上县回布（以布换纱）心正焦，半夜起床来做朝，
又愁买来又愁卖，布价唔好会讨饶。

看布先生真嗒牙（厉害），专同妇女打牙花（开玩笑），
看到男人来回布，打低价钱扣尺码。
哥妹织布双张机，你就前头偓背尾，
手拿棉茧丢梳过，莫话飞纱闪倒你。
木匠师傅死孤摸，造了冷纪畀偓坐，
二四八月布价好，脱身唔得见亲哥。
织布生理偓唔贪，朝晨织到二三更，
手软脚黎目又睡，日夜好比坐冷监。
阿哥织布妹打纱，你抛梭来偓转车，
织好三丈织九六，俩人合心做起家。
织好布来又浆纱，偓哥出汗妹泡茶，
指望明年布价好，油盐柴米买转家。

此首山歌叙述了织布女对织布生活的抱怨。学会织布，从天亮起床织到黑夜，直到手软脚疲倦，若遇到连绵春雨，还不好浆纱，将导致断炊。即使不出意外，付出辛劳，织成好布，也不一定能有好回报，甚至一无所得，因为“又愁买来又愁卖，布价唔好会讨饶”。供纱的商人特精明，还爱开织布妇女的玩笑，若是男子去用布换回要纺织的纱，则商人们会打低价钱和克扣尺寸。织布女深深地厌恶这种辛苦又无多少回报，只是赚取一些加工费以维持生计的纺织工作。织布生活“朝晨织到二三更，手软脚黎目又睡”，“脱身唔得见亲哥”，对其来说“好比坐冷监”，以至臭骂打造织机的木匠师傅“死孤摸”，即不得好死。对美好生活的向往，只能寄托在没定数的来年，希望明年布价好，好买些柴米油盐回家。从中可以看出古代织布工作的辛苦及织布工人生活的艰难。

韶关山歌《绣花调》同样表达类似的情感：

手拿绣花针，硬有七八斤，翻开花样看，横七竖八一大群，绣龙不像龙，开口扮颈，开口扮颈要吃人。

织工的起早贪黑，生活极其困苦，而同样从事与服饰相关工作的鞋匠及裁缝的生活也同样充满艰辛：

（一）补鞋歌

前世冇修就系偓，投差行业补皮鞋，口里含等猪鬃索，头颅打低尽命拉。

（二）裁缝歌

做衫师傅下流侪，每日坐在阴影下，一日到暗唔出屋，恰似狗牯掌厅下。

长汀歌谣《哪个愁来毛妹愁》则更直白地表现了客家人食不果腹，衣不蔽体的尴尬生活：

哪个愁来毛妹愁，暗晡毛米煮糠头。叔婆伯母问偓样般煮，浮浮绊绊一锅头。

哪个愁来毛妹愁，着件烂衫毛肩头。日咧洗衫毛衫换，夜咧洗衫毛热头。

生活穷苦到吃只能煮糠充饥，穿只有一件没有肩头的衣服，白天洗衣没有衣服更换，晚上洗衣则没有暖身之衣。食不能果腹，衣不能蔽体，生活之苦莫过于此。

小结

服饰是民俗的一种表现和载体。服饰会随着生产民俗、人生民俗、岁时民俗和精神民俗的演化而发生变迁。[①]客家服饰贯穿客家人的人生礼仪，从出生、婚嫁、寿诞到去世入棺都有着不同的服饰民俗文化。综合本章节的内容我们还可以概括出以下特点：

一　多层功能的统一

我们从以上诸多日常习俗的事象中不难体会到，赣闽粤边区客家传统

① 柯玲：《服饰民俗学新探》，《东华大学学报》（社会科学版）2007 年第 1 期。

服饰的功能具有实用、伦理、审美及情感的不同层面。这些层面是在“实用”的基础上，实现“实用与伦理”“实用与审美”“实用与情感”“伦理与审美”“伦理与情感”“情感与审美”的交叉统一（见图6-11）。

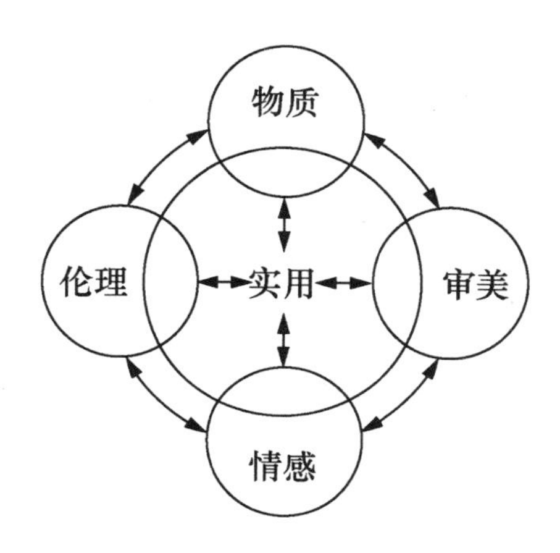

图6-11　多层功能的统一

二　识别及传播模式

这些民俗生活事象都具有较广泛的影响力和较强的行为识别力，有意无意地带有传播性。[①] 这点又是与客家民系迁徙经历极为相关的，也正是移民经历使得其民俗生活中的传播性和识别力更为强烈。识别是传播的有效环节，良好的传播效果依赖于识别。这是因为传播需要依赖多种认知方式才能完成，“认知系统的目标之一是识别并对新异刺激归类”。[②] 于是，借用传播学的“传播模式”和认知心理学的一些知识绘构“服饰行为识别流程”（见图6-12），这有利于我们对赣闽粤边区客家传统服饰各项行为进行整体理解和概括。

---

① 陶立璠先生在《民俗学概论》一书中认为：民俗有播布性，其主要传播方式为两种：一是由于民族迁徙造成的传播；二是由于采借方式而造成某一民俗向不同的地区和民族扩散。（陶立璠：《民俗学概论》，中央民族学院出版社1987年版，第38页）先生所言的“播布性”应该就是“传播性”，客家民俗的传播性方式两种都具有，并且以第一种最为典型。

② ［美］贝斯特：《认知心理学》，黄希庭等译，中国轻工业出版社2000年版，第59页。

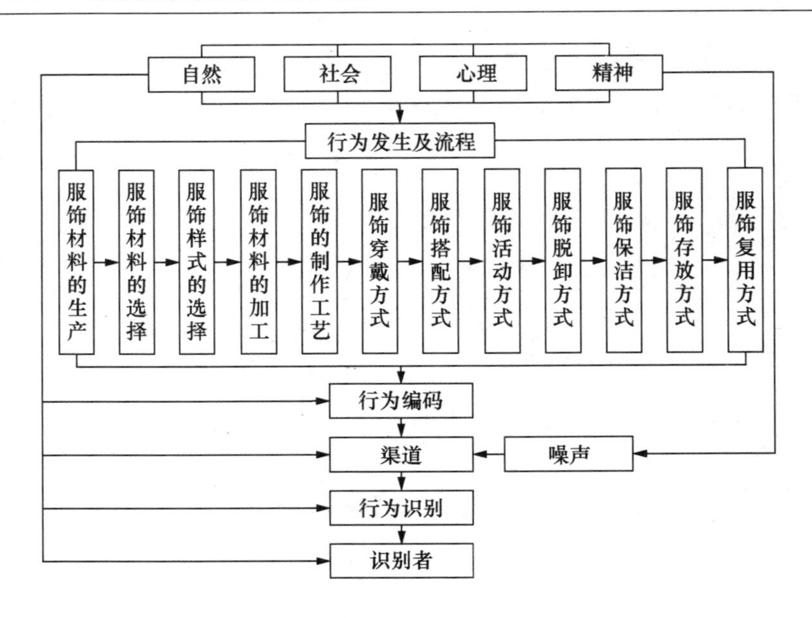

图 6－12　赣闽粤边区客家传统服饰行为的识别流程

图中行为识别的“渠道”具有强化或弱化识别的作用，“渠道”主要是指因自然、社会、心理和精神等因素形成的识别环境、条件。同时，影响“渠道”形成和识别过程的“噪声”也主要源于这四个方面。学者、游客等人，甚至包括客家人自己都在一些特定的渠道里识别到了客家特色，如黄遵宪先生在田野对比中识别到了勤劳的客家女性。我们从以上诸多日常习俗中识别到的特色也基于这个流程，并且这个流程的发生与归宿都指向更为深层的理念识别。

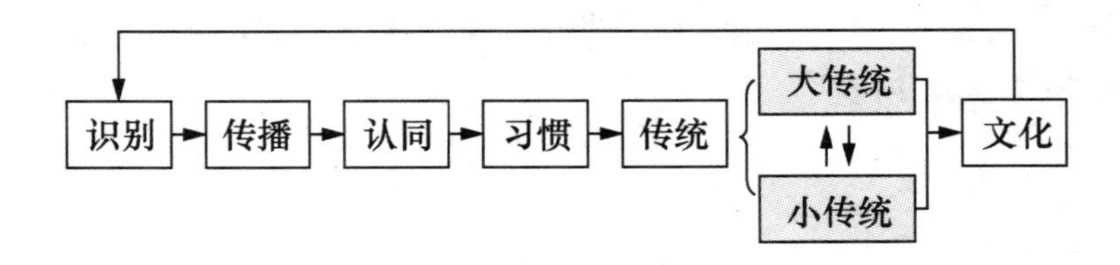

图 6－13　大、小传统的形成及其关系

第七章　艺术吟唱

——客家服饰艺术与客家人的情感世界

服饰作为人类衣食住行的重要内容，是文学创作的表现题材，如唐代诗人孟郊的《游子吟》："慈母手中线，游子身上衣。临行密密缝，意恐迟迟归。谁言寸草心，报得三春晖。"既歌吟了世间伟大的母爱，也描绘了一幅充满生活气息的女红图。文学自它诞生之日起，其"源于生活，反映现实"即成为其最为鲜明的个性。特别是由群众集体创作、口耳相传的民间文学，更是对劳动群众的生产、生活和内心情感的真实记录鲜话与反映。

生活在赣闽粤边区崇山峻岭中的客家人，民间文学异常发达，形式有山歌、民谣、采茶戏、故事和俗语（谚语、歇后语）等。其中以客家山歌内容最为丰富，流传范围最广，有首客家山歌很形象地唱出了客家人对山歌的钟情喜爱："山歌紧唱心紧开，唱到云开日出来，唱到鸡毛沉落水，唱到石子浮起来。"

客家山歌用客家方言演唱，口耳相传，即兴即编，是客家人生产活动、日常生活和情感体验的真情歌唱。内容非常丰富，有行业歌、劝诫歌、情歌、祝赞歌、怀胎歌、农谚歌、时政歌等。其中最有特色、流传最广、最具影响力的当属情歌，事实上绝大部分客家山歌都是情歌，几乎占了总数的一半。[①] 它是客家人表达爱情、歌咏爱情的歌谣。有一部分情歌是传唱客家传统服饰的，表达了客家人的真情挚爱。这类歌谣情感细腻、炽热，歌词形象生动，意境优美，生活气息浓郁，具有极高的文学艺术价值。

本章主要以客家山歌为分析文本，兼析其他民间文学形式来探讨客家服饰文化所折射出来的客家人的情感世界。

---

① 李秀峰：《浅谈梅州客家山歌》，《法制与社会》2009 年第 5 期。

第一节 爱情信物

客家服饰在客家人的人生礼仪中扮演着重要的角色，是客家人联结亲情、友情等情感的重要纽带。其实，客家服饰在客家人的爱情生活中，同样具有举足轻重的作用。在客家山歌的传唱中，有大量关于客家传统服饰作为爱情信物的传唱。在赣南兴国有一首山歌《十送郎》，歌唱了客家姑娘送给情郎的十件信物，其中八件是传统服饰，一件是装饰物品。它们分别是鞋、袜带、荷包（香包）、袜底（鞋垫）、罗布巾、褡裢、肚兜、风披和牙牌。说明客家情人之间互赠服饰信物是非常普遍的，而定情信物的服饰品类也是非常丰富的。《十送郎》唱道：

一送郎，盖子鞋，送给情郎脚下趿；嫩嫩绳子密打底，嫡亲哥哥当草鞋。

二送郎，袜带两头花，情郎系在膝头下；风吹袜带飘飘起，莫让别人伸手摸。

三送郎，送荷包，亲手绣起亲手交；嘱咐情郎要记得，两家情义莫丢了。

四送郎，水烟筒，情郎食烟拿手中；郎食烟来妹点火，熊烟当得好烟浓。

五送郎，牙牌白连连，牙牌扣在郎胸前；解开衣衫见牙牌，如同娇莲在面前。

六送郎，袜底送一连，妹讲仁义唔讲钱；两家情义有长久，麻石搭桥行万年。

七送郎，七尺罗布巾，日里擦汗夜擦身；手巾系在郎身上，当得老妹生肉身。

八送郎，褡裢挂郎肩，中秋十五月团圆；嘱咐哥哥一句话，别人再好莫去连。

九送郎，肚兜送情郎，送倨哥哥出外方；脚踏四方方方利，赚到铜钱转家乡。

十送郎，送风披，遮风避雨保佑你；郎在外面多保重，早日回来结夫妻。

除了上述提到的服饰物品外，衣衫和草帽等服饰也是客家人经常用来互赠的爱情信物。以下按服饰品类来展开论述。

一　鞋

赣南采茶戏《打鞋底》唱道：

正月是新年，手拿花鞋连（缝），打正（纳好）了鞋底，实在是送表哥，本当打鞋底。

《花鞋歌》唱道：

正月是新年，手拿花鞋连，连起花鞋等郎拜新年，都呀里格郎当索哟，等郎拜新年。

粤东乳源山歌《刘三妹调》唱道：

正月里来掂鞋来，先掂一双又嫌短，后掂一双又嫌长，长长短短穿过夜，明日等妹绣一双，左边绣到麒麟对狮子，右边绣到金鸡对凤凰。

赣南民歌《红绣鞋》唱道：

一见红绣鞋，小妹乐开怀；做好红绣鞋，新郎上门来。

会昌山歌《难道家中冇双鞋》唱道：

老妹站在对面排，好比正月桃花开，哥哥问妹一句话，有冇烂鞋提双倨，哥哥砍柴就砍柴，平白之间来问倨，看你日日打赤脚，难道家中冇双鞋。

兴国山歌《合拢一团耐心挼》唱道：

……哇哩连偓就连偓，剪好布匹做好鞋；青布鞋子有郎着，打哩赤脚骂过偓。八寸青布做双鞋，任郎着来任郎扰……

鞋作为日常必须用品，在古代多为女红项目之一，并且成年男子穿的鞋一般由配偶或情人制作。成年男子能否常穿新鞋，时常成为判断他是否单身的一个指标。《难道家中冇双鞋》这首山歌中的男子看上了中意的女子，又不好直言，就借自己没鞋穿表明单身，欲求与姑娘结好。《打鞋底》中“花鞋连”是情人送鞋民俗中定情的暗示，两只连好的鞋传达“生死相连，永不分离”的寓意。

鞋被作为爱情信物还有两个原因：

一是鞋总是成双，总是左右配合行走，寓意有情人成双成对，相互偕同走在生活的道路上。如兴国山歌《花不逢春不乱开》中唱道：

一双赤脚配双鞋，哥哥连妹分不开；一斤猪肉做两块，折秤除非拿刀来。

二是鞋在一针一线的制作中倾注了客家女性的真挚情感，将鞋送给心上人，自然也是送上了自己的心愿。如闽西客家山歌《送郎草鞋一片心》唱道：

送郎草鞋一片心，十重布子九重新；步步钩针线连线，折断几多钩线针。

客家地区妇女的勤劳是出了名的，形容客家妇女勤劳的“锅头灶尾，田头地尾，针头线尾”就有女红一项。因此，用服饰作为爱情信物相赠，一般是客家姑娘所为，如山歌：“往时一味踏石街，穿破几多烂草鞋，自从同妹断了线，三双皮鞋一手买。”道出了一位客家男子和恋人分手后，无人赠鞋，只能在市场上买鞋穿的窘境。但也有例外的情况，也有男子买鞋送姑娘的情形，如另一首无题山歌唱道：

新买花鞋束束花，送妹着紧好上下，送妹着紧好行路，看哥唔到看脚下。

女红是一项辛苦的差事，在许多客家山歌中都有所表现，特别是制作那些寓意丰富的荷包、褡裢、鞋等需要精工的服饰，所花费的时间和精力都是超乎想象的。有时或许是因为爱情还未公开，客家姑娘只能偷偷摸摸地制作，把真情融入服饰制作的过程中，如粤东南雄山歌《十月绣花鞋歌》叙述了一位客家姑娘为情郎绣花鞋时的相思苦恋：

正月绣花是新年，细妹手拿花鞋剪，想起偓个哥，想送偓同年；
二月绣花是花草，细妹双手拿荷包，想起偓个哥，实在要做到；
三月绣花是清明，细妹花样绣唔成，想起偓个哥，实在要得紧；
四月绣花是立夏，细妹手拿鞋底打，想起偓个哥，唔怕家娘骂；
五月绣花是端阳，龙船下水闹洋洋，想起偓个哥，细妹好思量；
六月绣花是伏天，妹子做鞋在手边，想起偓个哥，来到拿过佢；
七月绣花是立秋，细妹同郎上山游，想起偓个哥，花鞋在家丢；
八月绣花是中秋，我郎丢妹冷啾啾，想起偓个哥，妹子没风流；
九月绣花是重阳，亲哥买猪又买羊，想起偓个哥，带妹过重阳；
十月绣花是冷天，妹子花鞋在手边，想起偓个哥，实在好可怜。

客家地区至今婚嫁迎娶“定红单”时都会有“绣花利师”一项。“绣花利师”是指男方付给女方结婚彩礼的一部分，用以酬谢姑娘赠送男方绣花鞋垫、鞋或其他服饰物品。这类鞋垫常会绣上“花好月圆”等字样，以表达对美满婚姻的祝愿，有的在鞋垫中央绣上一个“正”字，表示以正压邪，姑娘一是希望自己的真情能保佑情人度过各种艰难险阻，二是希望情人能走正道，不为其他诱惑所吸引而走邪路。[①] 这类服饰倾注了客家姑娘深厚的感情。

二　荷包（香包）

儿童端午节时佩戴的香囊与荷包中的香包在功能形式方面有相似之处，都会在空囊中放入一些菖蒲根或艾叶或五谷。此外也有以下两点区别：一是，使用的对象不同。荷包中的香包形制是用来赠送情人、爱人的礼物，都是在成年人中使用，特别是在待婚青年中使用。二是，造型与装饰不同。儿童佩戴的香囊有一部分是网状造型，并且，绣花纹饰不丰富，

① 钟福民：《从客家女红艺术看客家女性品格》，《赣南师范学院学报》2006 年第 4 期。

偶尔绣些麒麟或八仙。成人传情的香包有桃心形、如意形、石榴形、长形、方形、三角形、圆形等，还有索口形、翻口形等。并且绣花纹样围绕爱情、生殖、前程主题较为丰富，具体有八仙、七姑星、牛郎、文官或武官等人物纹样，鸳鸯、金鸡、凤凰、龙、麒麟或鲤鱼等动物纹样，牡丹、石榴或藤蔓等植物纹样，如意、福、禄、寿、喜等符号文字纹样。如赣南山歌《绣荷包》唱道：

一绣荷包绣起头，绣起荷包送情郎。
二绣金鸡绣起头，绣起金鸡对凤凰。
三绣芙蓉绣起头，绣起芙蓉对牡丹。

以“绣荷包”为题的山歌，在全国各地均有传唱，尽管各地歌词曲调不尽相同，但题材内容的相似性很大，都是以绣荷包送情郎为主线。在赣闽粤边客家地区，客家姑娘利用闲暇时间精心制作的荷包，很讲究美观，往往有大量的吉祥图案或文字装饰，也有许多寓意。赣南兴国山歌《绣荷包》唱道：

一绣荷包立锁沿，想只荷包两三年，哥哥想要开口哇，妹为情意不为钱。

二绣荷包立锁须，绣起荷包来想你，郎想荷包装银子，妹想同郎结夫妻。

三绣荷包竹叶青，绣起荷包上郎身，荷包唔敢朋友见，朋友见了起谋心。

四绣荷包四面兰，妹想哥哥难上难，妹想哥哥千百转，哥哥想妹一时间。

五绣荷包五条龙，老妹连郎唔嫌穷，你也苦来偃也苦，桃花落地一样红。

六绣荷包六朵莲，妹坐中间郎坐边，虽然还没结夫妻，打只眼拐心也甜。

七绣荷包绣七星，七岁同郎到如今，从小因为搞笑起，唔晓搞笑变当真。

八绣荷包绸布镶，做起荷包送情郎，送给别人唔舍得，送给情哥透心凉。

九绣荷包九点红，荷包旁边绣灯笼，瓦屋唔怕连夜雨，灯笼唔怕扫地风。

十绣荷包叶拖拖，情哥拿到稳稳带，交代情哥一句话，要娶老婆就讨偓。

这首兴国山歌犹如一首美妙的情诗，以少女的口吻形象地描绘了一位客家姑娘为情郎做“荷包”，暗想与之结为夫妻的美好想象。通过“十绣荷包”，一一道出该女子内心的隐秘爱情：“妹为情意不为钱”，“妹想同郎结夫妻”，“交代情哥一句话，要娶老婆就讨偓”，体现了她大胆的示爱和对情郎的一片深情厚意；姑娘和情郎青梅竹马，是因为搞笑（开玩笑）而发生感情的，所以感情深厚。“你也苦来偓也苦，桃花落地一样红”，体现了门当户对、两情相悦的知足；哪怕现在他们“还没结夫妻”，却是“打只眼拐（抛媚眼）也心甜”，充满了甜情蜜意。真挚的感情最终落到精致的荷包来传达，小小的荷包成了客家年轻人的爱情信物。

香包是荷包的一种形式。以“绣香包”为主题传唱的客家山歌有许多，并且有时还因为地理环境的不同，而产生多个不同的版本，尽管歌词不尽相同，但内容却大同小异，如粤东南雄山歌《十二绣香包歌》又名《鲤鱼灯歌》唱道：

正绣香包正起头，十人过了九人睁；花朵边有铜钱把，几朵花朵在心头。

二绣香包绣出样，花朵想烂妹心肠；郎要麒麟对狮子，妹要金鸡对凤凰。

三绣香包绣三方，千两黄金万两姜；千两黄金都唔要，就要香包送情郎。

四绣香包绣四方，灯盏火下绣鸳鸯；绣起鸳鸯都成对，鸳鸯成对妹成双。

五绣香包绣五龙，五龙含水又含风；雷公轰轰落大水，点点落在妹房中。

六绣香包绣六重，上绣狮子下绣龙；绣起黄龙云中走，绣起狮子下海中。

七绣香包绣七星，绣起天上七颗星；绣起天上七姐妹，三年过了吕洞宾。

八绣香包绣八方，绣对鲤鱼过大江；绣起大路水中起，绣条小路进妹房。

九绣香包绣九重，上绣狮子下绣龙；绣只狮子滚彩球，绣起黄龙变麒麟。

十绣香包绣十官，绣个文官对武官；两边绣起金銮殿，等我亲哥进朝官。

十一绣香包绣得清，绣个香包送亲人；绣了几多南京线，拗断几多绣花针。

十二绣香包又一年，绣个香包郎过年；郎要正月十五日，妹要元宵闹花灯。

这首山歌在兴国县也有流传，在仁化县则称作《绣香包》或《月姐歌》：

正月香包绣牡丹，好花落了姐伤心，郎要麒麟对狮子，姐要金鸡对凤凰。

二月香包绣二行，绣个香包铜钱大，绣个香包铜钱圆，百样花朵香包藏。

三月香包绣三行，姐在房中绣鸳鸯，姐在房中绣鸳鸯，鸳鸯成对姐成双。

四绣香包绣四行，郎在厅中写字行，郎在厅中写字行，字行成对姐成双。

五月香包绣五龙，五龙含凤又含龙，娇郎打来江边过，箭箭射来都成龙。

六月香包绣六行，上楼发火下楼光，照见我郎白如雪，照见我姐白如霜。

七月香包绣七行，绣起织女会牛郎，绣起天上七姐妹，绣起神仙下凡来。

八月香包绣八行，绣起八仙翻大江，绣起天上峨眉月，绣起天上月团圆。

九月香包绣九行，九月九日是重阳，旁人哇俚绣得好，不晓老人在何方。

十月香包绣十行，绣起文官对武官，绣起文武两边排，真命天子坐朝纲。

十一月香包绣得起，绣个香包郎带起，绣个香包娇郎带，嘱咐娇郎莫转人。

十二月香包绣得起，绣个香包郎带去，绣个香包娇郎带，娇郎带去过新年。

此外，赣闽粤边区的荷包中还常见钱包、本命包、烟袋包的形质，它们同样是定情信物。如广昌小调《十绣荷包》唱道：

红绣荷包绿绣沿，姐姐相好几多年，头发齐眉相合起，几多恩情在心里，二绣荷包两边红，里绣鸳鸯外绣龙，几时绣得荷包起，红纸包来送我郎。

清化山歌《新做荷包一朵花》唱道：

新做荷包一朵花，一心做来喊哥拿，哥哥拿去唔敢戴，好比杨梅暗开花。

兴国山歌《园中芥菜起了芯》中唱道：

荷包绣来白布里，你想俚来俚想你；你想荷包装烟食，想你来做夫妻。

兴宁石马山歌《新绣荷包两面红》唱道：

新绣荷包两面红，一面狮子一面龙，狮子上山龙下海，唔知几时正相逢。

在赣闽粤边区“荷包”是使用较多的情感信物，这是因为荷包有

“包裹”之意，能将客家女性的真挚情感包裹起来送给情郎，如典型的本命包就是姑娘将自己的生辰装荷包送给情郎，寓意愿意托付终身。能“包裹”住两人的情爱与誓言，见证两人的爱情。其实小小荷包，已经寄托了绵绵无尽的情意，它美丽而又纯净，含蓄而又明朗。荷包虽小，却把客家女子的情和爱、思与恋全都“包”在了里面，成了爱情的象征。

三　褡裢

赣南兴国山歌《十绣褡裢》唱道：

一绣褡裢簇簇新，花针落地妹姓寻（秦）；
妹绣褡裢送情郎，新鲜款式正来兴；
早先也冇褡裢样，亏哩老妹起谋心[①]；
左边寻到右边转，上村寻哩过下村；
熬掉几多穿心夜，食掉几多冷点心；
唔好意思当面做，躲到门背塞两针；
褡裢做给哥哥带，树大唔敢起横心。

二绣褡裢是花朝，坑公朵子妹姓槽（曹）；
同郎相识冇几久，姻缘说合初相交；
唔晓哪个咁多嘴，开口同偓屋下嘲；
兄弟骂偓几多次，爷娘打偓几多道；
因致情郎名下事，羊肉冇食惹身骚；
别人要讲由佢讲，别人爱嘲由佢嘲；
月光自有团圆日，头世姻缘折唔了。

三绣褡裢叶又兰，棉花朵子妹姓弹（谭）；
褡裢绣给哥哥带，妹绣褡裢冇清闲；
绣到三更并半夜，绣到丑时月落山；
园中蔬菜唔想理，总想躲稳在房间；
兄弟姐妹两三个，行进行出有人监；
灶前背后偓姥管，出门三步爷佬拦；

① 谋心，指用心偷偷地学。

妹格心事郎唔晓，烂甏打钉两头难[①]；
褡裢绣起哥哥带，心机去掉一大担。

四绣褡裢叶又青，秤砣朵子妹姓沉（陈）；
左边绣只金狮子，右边拿来绣麒麟；
中间绣棵摇钱树，脚下绣只聚宝盆；
观音坐莲绣一朵，两边童子拜观音；
褡裢绣起哥哥带，哥哥带哩要领情；
三个盐砣吞落肚，长年月久莫淡心。

五绣褡裢是端阳，花轿朵子妹姓扛（江）；
褡裢绣起哥哥带，郎带褡裢要在行；
一来躲掉你兄弟，二来躲开你爷娘；
上圩下县尽管带，在家唔敢摆排场；
朋友面前莫乱哇，莫讲同妹有来往；
燕子衔呢口要紧，蜘蛛吐丝肚中藏；
石灰下甏要加盖，唔敢露出外边扬；
两人名声都要紧，君子要求两面光。

六绣褡裢叶尾斜，铁脚朵子妹姓马；
情哥会来倨屋里，炒好瓜子泡好茶；
晓得哥哥走哩路，煮好点心郎宵夜；
鱼丝拿来打底子，八块头牲面上遮；
中间四只荷包蛋，还有蒜弓炒蛤蟆；
双手端给哥哥食，郎坐上来妹坐下；
虽然招待唔算好，永远记着妹名下。

七绣褡裢叶又红，倒吊朵子妹姓钟；
褡裢绣起哥哥带，妹绣褡裢冇轻松；
一年三百六十日，刚刚绣掉三百工；

① 两头难，两头打补丁加固。难，谐音，双关。

吩工躲到间上绣，哥哥壁背敲光窗；
情哥轻轻喊三句，吓哩老妹弹弹动；
扁担引水来唔得，碰到爷娘在家中；
别人看到犹事可，爷娘捉到拳头冲；
打就打在郎身上，痛就痛在妹心中；
老妹哇事你要信，你莫当作耳边风；
安置哥哥你去转，日后自然团得拢。

八绣褡裢绣八仙，浆糊朵子妹姓粘（严）；
俚郎时常外边走，绣起褡裢郎装钱；
褡裢绣哩三格子，起头一格装“花边”；
第二格子装纸票，第三格子装零钱；
一年三百六十日，日日铜钱平袋沿；
好比槽下打油样，哨哨滴滴冇断线；
老妹祝赞有灵准，下掉帽子出头天。

九绣褡裢是重阳，裁缝尺子妹姓量（梁）；
哥哥食斋保老妹，老妹食斋保情郎；
九皇坛上跌“圣筶”，妹做随来郎做阳；
两人跪倒发誓愿，许佢香烛竹篙长；
车子打线要长久，石壁脑上变湖洋；
丝线十年唔褪色，两人情义天样长。

十绣褡裢丁丁圆，绣起褡裢郎过年；
褡裢交到情哥手，交代哥哥几句言；
礼物虽小情义重，送俚哥哥莫弃嫌；
走州过府拿来带，唔会跌苦有时行；
单耳镬子当天煮，口食黄连妹心甜；
妹绣褡裢当红叶，两人相交订百年；
哥哥十八妹十七，八七十五月团圆。

褡裢是客家男子用的钱袋。这首山歌与兴国《绣荷包》相似，都是讲述客家姑娘制作服饰送情郎的故事，但情节却大相径庭。《十绣褡裢》中的姑娘显然没有《绣荷包》中姑娘的大胆直白，相反由于自己羞涩、世俗的嘲笑和父母的不解，只能把炽烈的情感隐藏心底，化作手中的女红，偷偷摸摸地绣。同时还细心交代情郎不要在熟人面前随意挑明他们的恋爱关系，在家不要讲排场，戴褡裢要避开兄弟父母，只有在“上圩下县”、“走州过府”时拿来戴。但愿褡裢当“红叶”（即媒人），成就百年之好。

褡裢也是客家姑娘常送给情郎的服饰物品，和荷包一样充满寓意，所绣纹样与形象与荷包常相同。在兴国山歌《褡裢贴花》中，对褡裢的绣（贴）花纹样与形象有详细的吟唱：

一贴门神金狮子，二贴金鸡对凤凰；
三贴桃园三结义，四贴鲤鱼游长江；
五贴五龙来献宝，六贴童子拜仙娘；
七贴天上七姐妹，八贴八仙显灵光；
九贴芙蓉花九朵，十贴百官排两行；
十贴好花妹贴尽，贴花褡裢送情郎。

四　肚兜

赣南兴国山歌《绣肚兜》唱道：

一绣肚兜正动针，乾隆年间正来兴；走到南山脱个样[1]，瞒了屋下咁多人；推哇寻药去下村。

二绣肚兜正剪样，白纸拿在妹手上；一来花朵莫走色，二来花朵莫走样；哥哥带了情更长。

三绣肚兜正起头，老妹去了心机谋；手拿通书查日子，空忙时间唔起头；要佢时辰金满斗。

四绣肚兜花叶兰，想起肚兜妹为难；面子要剪杭州缎，里子要剪苏州蓝；红花绣在绿叶间。

五绣肚兜花叶浓，上层狮子下层龙；哥哥出门做生意，财源茂盛

① 脱个样，照别人的样式，用纸描下来。

咁兴隆；金银财宝赚得拢。

六绣肚兜花叶尖，绣起肚兜郎装钱；中间绣了摇钱树，招财童子在两边；亲郎带哩有时行。

七绣肚兜花叶开，绣起天上七姐妹；四姐匹配崔文瑞，玉皇罚佢凡间来；要同情郎共一堆。

八绣肚兜花叶黄，绣起肚兜想情郎；肚兜可怜老妹做，夜夜冇歇到天光；蚊叮虫咬蛮难当。

九绣肚兜是重阳，哥哥来到妹间房；看完肚兜煮夜宵，杀只鸡子炖酒娘；晓都唔晓到天光。

十绣肚兜正立冬，绣起肚兜妹冇松；百般花朵都绣尽，绣个八仙飘云中；邪神邪鬼唔敢动。

十一绣肚兜一冬下，寄信哥哥要来拿；三工之内郎要到，白布裹来蓝布遮；偷偷拿转郎屋下。

十二绣肚兜整一年，绣起肚兜郎过年；绣起肚兜郎来用，时刻带在郎身边；两家情义万万年。

肚兜又称“抹胸”，是中国传统服饰中护胸腹的贴身内衣。《清稗类钞》记载：“抹胸，胸间小衣也，一名抹腹，又名抹肚；以方尺之布为之，紧束前胸，以防风寒内侵者，俗称兜肚。男女皆有之。”因肚兜为贴身物，一般妇女只为自己、丈夫、儿女制作。这首山歌表现了客家姑娘精心构思，辛苦施绣，暗中相送，盼结夫妻的情景。

五　带子

还有一种使用较多的服饰信物是带子，具体包括袜带、腰带、围裙带等形质，这是因为带子有缠绕、系结的特点，客家人借此寓意两人情感紧相连，永远不分离。如平和民歌《带子缠妹妹缠郎》唱道：

新做围裙尺七长，送给阿妹围身上；围裙安有红丝带，带子缠妹妹缠郎。

《带子虽短情义长》唱道：

五月初五是端阳，送郎带子五尺长；阿哥莫嫌带子短，带子虽短情义长。

兴国山歌《绣袜带》唱道：

一绣袜带绣白㸸，绣起袜带送哥哥，只要哥哥情义好，袜带用得妹几多？

二绣袜带红布裡，妹绣袜带亲郎系，千万不要别人晓，你为偓来偓为你。

三绣袜带缎子沿，哥哥系在膝头边，十字街上行三转，人人都哇好娇莲。

四绣袜带四方裁，半夜三更赶起来，一天避了亲子嫂，二来避了亲爷偓。

五绣袜带是端阳，袜带一双鞋一双，问声哥哥哪时要？等偓寻人好相帮。

六绣袜带天气热，天河水热绣唔得，手上出哩咪咪汗，再好绸缎会落色。

七绣袜带绣七星，绣起天上七姑星，七朵莲花开六朵，还有一朵等郎君。

八绣袜带绣对花，寄信哥哥要来拿，大明大白唔敢送，至今还在枕头下。

九绣袜带久久长，绣起袜带斋九皇，九皇坛上准个告，两人情分天样长。

十绣袜带绣百般，绣起文官对武官，挑花绣朵妹晓得，蛮难绣出郎心肝。

十一绣袜带绣寿桃，百般花朵都绣交，好花就要结好果，两人情义莫丢掉。

十二绣袜带就一年，袜带送到郎身边，袜带绣哩七个字：荣华富贵万万年。

六　衣衫

无题山歌二首唱道：

(1) 妹送毛衣软绵绵，唔知毛线几多钱，人工做了几多日，过后好算手工钱。

(2) 一条担竿肉肉软，对面来个伢心肝，身上衣衫偃做个，纽扣系偃亲手安。

赣南上犹山歌《阿哥送衫妹送鞋》唱道：

(男) 老妹送偃一双鞋，着起新鞋去逢街，上街走来下街转，几多眼珠看到偃。

(女) 阿哥送偃新衫衣，偃着新衫去逢圩，上街走来下街转，通圩冇人敢来比。

爱情信物不单是女性送给男性，男性也会时常购买信物送给女性。常见的信物有衣衫、花鞋，如上犹山歌《阿哥送衫妹送鞋》唱到的“阿哥送偃新衫衣”。这些服饰虽不是男性亲手制作，但是精挑细选中仍然倾注了情感。

七 其他

除了上述服饰物品常成为赣闽粤边区使用较多的爱情信物外，还有首饰、手帕、草帽、围身裙、手巾等物件被用来传情达意。

1. 耳环——无题山歌二首唱道：

(1) 新打耳环胡椒花①，交了耳环交绉纱②，问妹交情交几久，交到河里方水下。

(2) 新打耳环鎏哩金，嘱妹连郎爱真心，莫学灯笼千百眼，爱爱蜡烛一条心。

2. 戒指——无题山歌唱道：

新打戒指红纸包，上昼打来下昼交，同妹交情发过誓，先讲断情

---

① 胡椒花：即装饰有胡椒花形的耳环。

② 绉纱：过去客家妇女用绉纱做的头巾。

雷火烧。

3. 手帕——赣南宁都洛口山歌《帕子虽短情却长》：

新做手帕四四方，送给细妹遮太阳。细妹莫嫌手帕短，帕子虽短情却长。

兴国山歌《花不逢春不乱开》其中唱道：

新买手帕四四方，送给老妹做嫁妆；手帕中间七个字，两人情义万年长。

4. 草帽——宁都洛口山歌《新做草帽圆叮当》：

新做草帽圆叮当，要买草帽买一双。哥一顶来妹一顶，好比日头对月亮。

5. 斗笠——无题山歌唱道：

新买笠麻画石榴，送给阿哥遮日头，遮得日头抵得雨，免得阿哥顾两头。

6. 围裙、手巾——兴国山歌《合拢一团耐心挼》中唱道：

新做兰裙四只角，做起兰裙老妹着；冇钱哥哥剪带子，有钱哥哥打银索。……送郎要送蓝手巾，日里擦汗夜在身……

第二节　爱情生活

客家山歌除了大量传唱作为爱情信物的服饰物品外，也记录了客家人多姿多彩的爱情生活。

一 暗恋

无题山歌唱道：

新做蓝衫铺托肩，旧年[①]约妹约到今，琵琶无线弹弦胆，暗切心肝肚里音。

另一首无题山歌唱道：

新买绣鞋菊花心，旧年想妹想到今，铁打荷包难开口，六月火窗[②]难兼身。

《剪刀生锈难开口》唱道：

阿妹做衫用花针，旧年想你到如今；剪刀生锈难开口，六月火炉难近身。

《有针没线样般缝》唱道：

有针没线样般缝？有琴没弦样般弹？麻布洗面初相识，两人开口难对难。

《见妹穿的一身蓝》唱道：

见妹穿的一身蓝，心想过河没渡船；脚踏深潭唔到底，手攀花树唔到边。

以上几首山歌都以服饰起头作引，分别用“琵琶无线”、“铁打荷包”“剪刀生锈”“有琴没弦”和“过河没船”来表现客家青年男女心生暗恋，却无法表白的情形。

① 旧年：去年。

② 火窗：又称火笼，冬天取暖用具，六月最是不得身的，此处借喻。

二　表白

《假丢银簪倒转寻》用“假丢银簪”故意制造偶遇机会“同郎讲句话”，来表现客家少女表露心迹的羞涩心理：

阿妹做水过田塍，后面跟来一个人；心想同郎讲句话，假丢银簪倒转寻。

《十七十八头发多》描绘了客家少女梳妆时情窦初开，用眼神来表白心迹的景象：

十七十八头发多，又会梳来又会摸，又会绣花织带子，又会斜眼看哥哥。

兴国山歌《井底淘沙慢慢深》唱出了一位客家男子因喜欢上姑娘，故意借口无鞋穿，向姑娘讨鞋穿来表白的情形：

世上跌苦[1]就是倨，夜里上床冇双鞋；村中出哩能干妹，有冇烂鞋讨双倨。……

兴国山歌《郎打哟嗬也闲情》道出了一位客家男子想同穿着蓝衫的客家姑娘谈恋爱的情景：

远看老妹着身蓝（衫），至今哥哥手唔闲；明朝哥哥较闲得，四两棉花消停弹（谈）。

三　约会

南雄县山歌《巧梳妆》，描绘了客家少女梳妆时，大胆与恋人约会时的情景：

清早起，巧梳妆，忽听得门外响叮当，双手打开门两扇，小亲哥

① 跌苦：丢脸，倒架子。

快进妹绣房。

闽西山歌《笠子流水妹留郎》，描绘了客家姑娘留宿情郎到天亮的情景：

一顶笠子圆当当，笠子流水妹留郎；笠子流水点点滴，老妹留郎到天光。

四 离别

闽西客家山歌《送郎送到大路边》用“头顶笠麻隔重天”喻示离别容易相见难的道理：

送郎送到大路边，送郎送到大井前；古镜上尘难见面，头顶笠麻隔重天。

五 相思

兴国山歌《园中芥菜起了芯》，描绘了客家姑娘因相思而内心澎湃，失魂落魄，导致无法集中精力做事的情形：

妹在屋下织绫罗，哥在门前唱山歌；山歌一唱心头乱，织错几尺花绫罗；你哇要怪哪一个？……老妹绣房绣花巾，陡然想起郎家门；左手丢掉花丝线，右手丢了绣花针；想郎想得跌掉魂。……

表现因相思而做错事主题的山歌，还有许多。如，无题山歌二首唱道：

（1）想郎想到天大光，头昏眼花爬起床，着身衫裤少纽扣，手摸头发代梳妆。

（2）日里想妹晕豺豺，夜里想妹到鸡啼，三餐食饭打坏碗，心想穿屐着到鞋。

《口骂桨槌心想郎》唱道：

井边打水洗衣裳，双手洗来眼看郎；失手桨槌打手指，口骂桨槌心想郎。

《想拿笠麻拿簸箕》唱道：

想拿笠麻拿簸箕，心中想妹妹唔知；写信妹又唔晓看，口信又怕旁人知。

闽西山歌《洗得衣裳云样白》描写了一位客家姑娘洗白衣裳，期待穿起见情郎的情景：

月光光，夜风凉，芭蕉树下洗衣裳；洗得衣裳雪样白，明朝穿起等情郎。

无题山歌表现了相思的痛楚：

茶麸洗衫起白泡，阿哥走哩妹心焦，想起阿哥出目汁，手巾拭烂几十条。

六　失恋

《着袜唔知脚下暖》唱道：

着袜唔知脚下暖，脱袜才知脚下寒；交情唔知情咁好，断情才知割心肝。

《要倨遮雨才知差》唱道：

阿哥好比烂笠嫲，阿妹丢倨天井下；有日上天落大雨，要倨遮雨才知差。

粤东大埔三河山歌《新买笠嫲红带安》：

新买笠嫲红带安，一心拿来妹斫竿，三月斫竿日子短，盲曾聊到情又断。[1]

无题山歌四首唱道：

（1）落雨着屐就丢鞋，连过别人就丢倨，尼姑偷食红炆肉，两样心肠食乜斋。

（2）往时一味踏石街，穿破几多烂草鞋，自从同妹断了线，三双皮鞋一手买。

（3）三尺白布染青蓝，交情容易断情难；当初交情哥心头，断情也爱妹心甘。

（4）两丈八布做耍衣，钩针密缝连到你，你今来讲断情话，单重马褂妹无理。

以上山歌表现了客家青年男女失恋情形，有难过，有埋怨，有叹惜，也有理解和无奈。

七　其他

始兴县清化山歌《新做荷包一朵花》则记述了恋情未公开或男子不好意思在众人面前展示恋人所赠荷包的情景：

新做荷包一朵花，一心做来喊哥拿，哥哥拿去唔敢戴，好比杨梅暗开花。

兴国山歌《合拢一团耐心挼》则道出了一对恋人因恋爱而名声在外的情形：

三尺白布下染缸，白布下去蓝布上；两人名声出哩外，漂唔尽来洗唔光。……

---

① 斫，砍；盲曾聊到，才聊了一会儿。盲曾，未曾，没有。

粤东五华龙村山歌《新做凉帽启里穿》描绘了一位客家姑娘眉目传情、秋波暗涌的甜蜜爱情生活：

新做凉帽启里穿，蓝布安唇挑带安；凉帽肚里打眼拐，眼拐打来割心肝。

无题山歌描绘了一幅情侣纺纱织布的劳作场景图：

阿哥织布妹纺纱，你抛梭来偓转车，织好三丈织九六①，两人合心做起家。

第三节　爱情观念

客家山歌在写作手法上继承了诗经表现手法，采用的修辞手法主要有比兴、双关和重叠等，其中比兴手法也常以客家服饰作比和起兴。而民歌中的比，是比附事理、借物言志，有明喻、隐喻、借喻等形式。在客家山歌中，比喻不仅仅是“彼物与此物”关系，也是情感与形象的关系，情感是本体，形象是喻体。② 我们可以从客家服饰的比兴中，窥到一些客家人的生活观念和审美情趣，而爱情观尤为明显。

一　朴素的忠贞观念

对歌《一针双线结头多》唱道：

男：大嫂前情有也无？有了前情莫恋哥。一男只有配一女，两男一女事头多。

女：阿哥前情有也无？妹有前情样奈何。只有一针穿一线，一针双线结头多。

---

① 三丈、九六：两种不同长度的布匹。

② 刘晓春、胡希张、温萍：《客家山歌》，浙江人民出版社2007年版，第71页。

闽西山歌《一针两线结头多》唱道：

一支（杆）秤杆配一砣，一个锅盖配一锅，一针只有配一线，一针两线结头多。

这两首山歌形象地用“针—线”、“秤—砣”、“锅—盖”等物品的配对关系来表现客家人朴素的爱情忠贞观念。“一针穿一线”、“一称配一铊”、“一锅配一盖”比喻“一男配一女”；“一针双线”的结果只能是“结头多”，同理“两男一女”的结局也只能是“事头多”。忠贞的爱情观念在客家社会得到尽情地赞扬与歌吟，闽西山歌《郎是针来妹是线》：

郎有情来妹有情，铁树磨成绣花针；郎是针来妹是线，针行一步线就跟。

《无题》山歌唱道：

做衫爱做吉安蓝①，一身着得两身赢，连郎爱连有情个，同生同死一样甜。

兴国山歌《花不逢春不乱开》中唱道：

一双赤脚配双鞋，哥哥连妹分不开。……

闽西山歌《老妹好比原匹布》唱道：

两个五百系一千，两个六月系一年；老妹好比原匹布，任郎裁剪任郎连。

背叛爱情则会受到众人指责，负心人自己也会心怀羞愧，不敢再见当初恋人：

---

① 吉安蓝：布名，指过去江西吉安出产的土蓝布，质厚实。

门前梨树晒花鞋，当初讲过净连偓，今日恋了三四只，哪有面目来见偓。

轻浮的举动和不忠的爱情，是会招来世俗的嘲笑的。如以下三首山歌：

兴国山歌《虾公笑出眼珠仁》（逗情）唱道：

男着白衫白灵灵，女着白衫上灰尘；男着白衫贪花子，女着白衫引邪人。……

无题山歌二首唱道：

（1）草鞋打成六条纲，一边短来一边长，亲哥有心恋细妹，又怕妹子骂一场。

草鞋打来六条纲，当面对哥说端详，莫拿细妹当草鞋，穿掉一双又一双。

（2）衫袖脱节线来连，穿笃篓子篾来缠，湖鳅上手爱捉稳，莫来溜到别人田。

二　平等、自由观念

闽西山歌《你要听歌唱你听》唱道：

你要听歌唱你听，唔要嫌妹穿的烂布筋；唔要嫌妹穿的烂布瘩，布筋布瘩八十斤。

《白衫白裤白手巾》唱道：

白衫白裤白手巾，白手同妹来交情；阿妹唔是要钱个，思量阿哥打单身。

《无题》山歌唱道：

竹篙晒衫拉拉横[①]，各人相好[②]各人行，谁人敢来乱干涉，官司打到北京城。

传统的恋爱、婚姻观念讲究门当户对，但从山歌《你要听歌唱你听》可以看出，贫穷的客家姑娘并没有因为贫穷就不追求自己的爱情。在《白衫白裤白手巾》中则刚好相反，表现客家姑娘不嫌贫爱富的品格。而在无题山歌中，则明确表达了客家青年男女不惧官司排除阻碍，也要大胆追求自己的爱情的观念。这些歌谣无不体现出客家人追求平等相爱，自由相恋的爱情观念。

三　谨慎、认真的态度

无题山歌唱道：

（1）新做蓝衫莫太蓝，新交人情莫太甜，唔深唔浅过耐洗，唔冷唔热过耐行。

（2）哥爱做衫买布来，日间无闲夜间裁；裁衫爱拿快较剪，恋妹爱拿真心来。

《晒衫要晒长竹篙》唱道：

你要交情只管交，切莫交到半中腰；洗衫要洗长流水，晒衫要晒长竹篙。

《麻衣挂壁不丢情》唱道：

郎有情来妹有情，二人有情真有情，两人好到九十九，麻衣挂壁不丢情。

以上山歌无不流露出客家人对待爱情谨慎、认真，希望长长久久的态

① 拉拉横：客家话，打横向。
② 相好：知心人。

度。这符合客家人的族群性格：常以衣冠士族自居的客家人，虽然来到赣闽粤边区生活，远离了政治、文化中心，但祖祖辈辈深受儒家文化的浸淫，骨子里的传统思想比较浓厚，对待婚姻爱情的态度是严肃的。

四　务实作风

《新打戒指》说明客家人结婚择偶门当户对的观念和务实的作风：

新打戒指裹赤金，打得阿哥去定亲。有钱定个人家女，毛钱[①]定个二头亲。

宁都洛口男女山歌对唱，表现了客家人找对象时的精打细算：

男：九十九两八斤一，要钱妹子不要贪。若是要到要钱妹，自己身上着烂衫。

女：八十八两六斤四，冇见哥哥咁会算。早得三年冇恋妹，也冇见你穿绸缎。

五　积极进取精神

赣南山歌《劝郎歌》其中唱道：

六劝亲郎做文章，文章好比绣花样，事先买好红绿线，飞针走线任你行，胸有成竹绣鸳鸯。

该首山歌表现了客家女性期望恋人能“做好文章，出人头地”的积极进取精神。而最能表现客家人积极进取恋爱观念的是革命山歌，如兴国山歌《十二月做鞋送郎歌》唱道：

一做套鞋正来兴，拿起布料动银针，起初也冇套鞋样，可怜老妹费哩心。

二做套鞋布两重，送给哥哥莫嫌熊，穿起套鞋前方去，你莫思想妹房中。

---

① 毛钱，即冇钱，没钱。

三做套鞋就一双，做起套鞋送亲郎，革命工作要努力，消灭敌人有风光。

四做套鞋亲郎穿，不会长来不会短，穿起套鞋打胜仗，追得敌人冇地钻。

五做套鞋用哩心，哥哥穿起当红军，一心消灭国民党，无产阶级来专政。

六做套鞋好排场，送给哥哥去前方，穿起套鞋追顽敌，千难万险无阻挡。

七做套鞋帮双添，嘱咐哥哥心莫偏，路旁野花莫去采，记得屋下有娇莲。

八做套鞋成一连，老妹送到郎身边，哥哥打开平等路，老妹才有自由权。

九做套鞋送亲郎，亲郎穿哩身健康，冲锋陷阵跑得快，多杀敌人多缴枪。

十做套鞋正立冬，套鞋做起好几双，亲哥穿起去打仗，打得敌人不见踪。

十一做套鞋霜雪天，工农士兵笑连连，反动政府打倒了，无产阶级掌政权。

十二做套鞋就一年，做双套鞋来过年，革命胜利回家转，转到家里陪娇莲。

这首革命山歌叙述了一位客家姑娘做鞋送情郎上前线，并鼓励情郎“多杀敌人多缴枪”，最终打倒反动政府，建立革命政权的故事。从每节的前部分表现做套鞋整一年的铺叙中，可以感到一双小小的套鞋融入了客家姑娘对情郎无限的爱恋；从每节的后部分讲述客家姑娘对情郎的声声鼓励中，又可以窥见客家姑娘深明大义的品格。无疑，客家姑娘已将自己的对情郎的个人情感融入伟大的革命事业中去了，表现了客家人积极进取的精神。

赣南是著名的中央苏区，被誉为“红色故都”，其中瑞金、兴国、于都等地是中央苏区的核心地域。当年，中央苏区受到国民党军事上的疯狂围剿和经济上的封锁围困，红色政权面临着敌我尖锐斗争和自身人员、物资匮乏的局面，红军亟须扩充队伍、扩大生产和鼓舞士气。兴国山歌灵活的演唱方式，丰富的表现内容，独特的艺术魅力，很快成为红色政权号召苏区人民参军参战、增产增收和鼓舞士气的有力号角。一大批客家山歌被改编成了革命山歌，从而使客家山歌焕发出新的生命力，并随着红军转战南北而唱遍中国。

另外一首兴国革命山歌则叙述了一对恋人在红军出发前夜，用对歌形式话别，彼此鼓励的情景：

女：哎呀嘞——
一盏油灯结灯花，妹做军鞋坐灯下；
厚厚铺来密密缝，送给阿哥好出发。

男：哎呀嘞——
阿妹做鞋到深夜，抽得鞋绳响沙沙；
明朝出发来告别，要说几多心里话。
……

女：哎呀嘞——
鸡啼三遍月影斜，千言万语一句话：
妹送阿哥上前线，等你回来再成家。

临别之夜，一盏油灯，一双布鞋，临行密缝，千言万语化作声声鼓励，不舍之情纳入千层鞋中……对歌一直唱到鸡啼三遍，最后“千言万语一句话，妹送阿哥上前线，等你回来再成家”，表现了客家人视革命事业高于儿女私情的观念。然而，由于战争的残酷，“等你回来再成家”这样庄严的承诺，却往往成为一种美好的想象，唯独留下双双草鞋和布鞋在诉说那段母送子、妹送哥、妻送夫当红军的故事。其中，赣南瑞金陈发姑“七十五双草鞋，守望红军丈夫七十五载”的真人真事感人肺腑。

陈发姑出生在瑞金县武阳区石水乡下山坝一个贫苦农民的家庭，19岁与朱吉薰结成了恩爱夫妻。1931 年，中华苏维埃共和国定都瑞金，陈发姑动员丈夫参加了红军。1934 年，由于红军第五次反“围剿”失利，红军开始了举世闻名的二万五千里长征，朱吉薰也奉命随部队北上。临行前夜，丈夫对陈发姑说：“革命胜利的那一天，我一定会回来。”陈发姑把自己熬夜缝制的一套衣服和一双布鞋塞进丈夫的背囊，也深情地对丈夫说："红军是我让你参加的，我一定会等你回来！"正是这一句诺言，让她等待了七十五年，守望了半个多世纪。

红军走后，国民党军队重新占领瑞金，陈发姑先是不幸被捕，后又开始了十几年的逃亡生涯。全国解放后，陈发姑一直没有等回自己的丈夫。政府进行调查，认为她的丈夫可能在长征途中失踪了，也可能牺牲了。但她始终坚信丈夫没有死。她身倚门框，脚踏门槛，每年为丈夫编织一双草鞋，直至双目失明也从不间断……青丝白发，岁月留痕，门槛被踏出了深深的凹痕。直至第七十五双草鞋，一百一十五岁（2008 年）的陈发姑老人至死也没有等回自己的丈夫。这段由草鞋编织的"最悲壮的红色爱情经典"令人动容，令人致敬。

陈发姑将自己对丈夫的深情融入一双双的草鞋中，既深情诠释草鞋成双成对的寓意，也充分演绎了军民鱼水之情。或许从陈发姑的故事中，我们更能理解"鞋"之于客家人的意义，它既是客家人成双成对的爱情信物，也是客家人与中央苏区红军军民鱼水情的见证。可以说，陈发姑将个人的感情和对红军的热爱演绎得淋漓尽致。

上述山歌和故事讲述了三位客家妇女不同的"草鞋爱情"故事，却表现了她们同一种品格——将爱情融入革命事业，积极入世，勇于进取的精神品质。南康山歌《新打草帽十八萦》也表现了恋人间彼此鼓励，积极进取，将爱情与事业相统一的情怀：

新打草帽十八萦，哥哥一顶妹一顶；哥哥戴起上前线，妹妹戴起搞生产。

哥哥放哨守边疆，保卫祖国保家乡；妹妹后方搞建设，多打粮食支前方。

男子前方上前线，妇女后方搞生产成为中央苏区客家人再正常不过的一种生活方式。据统计，兴国县当时全县人口仅 23 万，其中参军参战的青壮年就达 8 万。为了保卫红色政权，客家妇女在后方积极组成代耕队、洗衣队、慰劳队，制作大量草鞋送给红军。赣南采茶戏《麻窝草鞋一双双》唱道：

红旗满山岩哎，鲜花遍地开
人人都把红军爱，姐妹们送鞋来，姐妹们送鞋来
麻窝草鞋亲手呀编，送给我格红军穿哎
跟着毛泽东战斗在井冈山，红旗一举顶着天……

采茶戏《双双草鞋送红军》唱道：

打双草鞋送红军，表我干人一片心。亲人穿起翻山岭，长征北上打敌人。

兴国山歌《妇女慰劳红军歌》中唱道：

革命高潮已到来，扩大红军更应该。红军缺少鞋和袜，我为红军做草鞋。……

《写信歌》其中唱道：

男：四月写信夏初长，新鞋收到两三双，全排同志都羡慕，夸赞老妹手艺强。

……

男：十月写信正立冬，问妹有冇闲人工，部队正需布草鞋，几可带领姐妹缝?

女：一封书信转家乡，亲郎嘱托记心上，连夜组织妇慰队，十万草鞋送前方。

《慰劳红军歌》唱道：

妹子提肉嫂提鞋，婆婆挽篮鸡蛋来，人人都唱慰劳歌，慰劳红军喜心怀。

厚厚底子密密缝，双双新鞋送英雄，爬山跑路打胜仗，消灭白匪建奇功。

一双草鞋四条纲，送给红军上前方，前方杀敌要勇敢，要把敌人

一扫光。

一双草鞋一片心，红军打仗为人民，人人争送慰劳品，双双草鞋送红军。

苏区妇女顶刚强，革命重担挑肩上，白天田中搞生产，夜做草鞋送前方。

妇女常做布草鞋，慰劳红军力量大，红军穿起去打仗，消灭敌人更加快。

油菜花开满塅黄，慰劳红军理应当，五十万双草鞋送红军，穿起草鞋打胜仗。

……

红军《回答苏区妇女同志的慰劳歌》：

冬天到来雪纷纷，妇女同志真热心，赶做卅万双布草鞋，送到前方给红军。

妇女同志真劳心，常做草鞋送我们，穿起草鞋跑得快，勇敢冲锋杀敌人。

一双草鞋千万针，红军穿了记在心，五次围剿要粉碎，捉到匪首谢你们。

穿了草鞋精神爽，好比猛虎出山岗，猛虎不如红军勇，敌人见到就投降。

一双草鞋四条纲，送给红军情意长，红军杀敌更勇敢，缴到枪支用船装。

双双草鞋送红军，红军打仗为人民，人人争送慰劳品，一双草鞋一片心。

由上可知，客家人支援红军，保卫家乡，一次慰劳红军的草鞋就多达“十万双”“三十万双”和“五十万双”。从反复提到的数十万双鞋的数据可知，这绝不是山歌艺术表现手法的艺术夸张，而是客家人送鞋的行为已经突破了“老妹送情郎”的个人情感，是民间群体行为。客家人送给红军的草鞋有稻草鞋和布草鞋两种，从山歌内容来看，不乏结实耐穿的布草鞋。布草鞋的制作工艺要比稻草鞋繁复得多，耗时费日，都是客家妇女的精工之作。从赠鞋的规模和质量可知，客家人把红军当作了自己的亲人。

小结

综上所述，客家服饰是客家山歌艺术的重要表现内容之一。通过客家山歌对客家传统服饰的艺术吟唱，真实再现了客家人的爱情生活，并反映了客家人朴素的爱情观念。

一　客家服饰是客家恋人之间传情表爱的重要信物

充当爱情信物的服饰品类非常丰富，既有比较私密的香包、肚兜，也有非常普通的鞋子、衣衫、手巾等。这些物品均为寻常物品，非名贵之物，反映了客家族群生存状态较为艰辛的事实，同时也体现了客家人艰苦朴素的品格。赠送服饰爱情信物以女送男为多，但也不乏男送女的现象，这体现了传统的男女分工之别，也表现了客家妇女勤劳的品质。

二　客家人的爱情生活是甜美而多姿多彩的

面对爱情，他们也会经历表白的羞涩、相思的煎熬、甜蜜的生活和分手的无奈等情感体验，但这却真实地展现了一幅幅充满浓郁生活气息的爱情图画。

三　客家人的爱情观念传统而朴素

客家人自诩“衣冠士族”，又恪守“宁卖祖公田，不忘祖宗言”，其思想深受中原传统儒家文化的熏陶，骨子里保留了传统思想的烙印，反映在爱情生活上，忠贞、谨慎、积极进取等思想观念非常鲜明。

结　论

本书第二章至第七章完成了对赣闽粤边区客家服饰从视觉识别到行为识别再到理念识别的过程，是形成客家服饰文化与艺术识别系统的关键，在不同层面指向客家文化与精神特质。

一　客家服饰的视觉识别系统，属物质性的“器物文化”

客家服饰具体包括服饰的品类系统、服饰造型、服饰色彩和服饰构成等内容。这些给人们整体的视觉感知是：幽古神秘、简练实用和质朴大方。客家成年男子的传统服饰朴素、大方；客家成年女子的传统服饰简练、实用、拙朴、大气、平素、典雅、平和、灵动、幽古、神秘，在客家传统服饰中特色最鲜明，最能集中反映客家文化；客家儿童的传统服饰艳丽、灵动、自然、神秘，特色也较鲜明，也能集中反映客家文化。

客家服饰的视觉效果指向客家精神及文化，具有地域文化、族群文化的标识特点，表明客家服饰的视觉（物质）系统具有符号性。

二　客家服饰的行为识别系统，属动态性的“活动文化”

首先，“观象制器”是客家服饰行为的基本方式；此外，服饰行为包括服饰材料生产及选择工序、工艺流程等“工艺文化”和穿戴程序、保洁工序、存放方式等“习俗文化”。客家服饰的工艺文化整体表现出自然、手工、真诚的特点。客家服饰的原材料及服饰工艺多样、俭朴、自然，较少受礼制思想束缚，具有“多维审美”的功能。此外，在客家服饰的习俗文化中，充分展示了“实用与伦理”、“实用与审美”、“实用与情感”、“伦理与审美”、“伦理与情感”、“情感与审美”交叉统一的多层功能，展示了大、小传统相互转换、融于一体的关系。

客家服饰行为识别系统的特色又依赖客家人处处为客，处处为家的迁徙生活，特别是在迁徙的“动态生存空间”中得到强化。客家人“动态生存空间”现象可以说明客家人是跋山涉水、披荆斩棘、颠沛流离、风餐露宿迁徙之后生存下来的中原汉人。他们多数在体质上具有一定优势，迁徙也锻炼了他们的体质，特别是客家女性在迁徙与生活的磨炼中变得更为强健。1965 年郭沫若先生到梅县视察时，他看到水田中赶着牛把着犁耕作的客家妇女，她们一边吟唱山歌一边奋力劳作，不由得感慨万千，挥笔写下了“梅江浩浩东南去，鼓荡熏风据上游。健妇把犁同铁汉，山歌入夜唱丰收”的诗句，鲜活地指出了客家女性的形象特点。这些特点与服饰直接发生相互促进的作用，如体质特点要求客家人为了行走与劳动时轻松、舒适，不分男女都穿大裆裤，上衣也比江南其他水乡宽松；独立于衣服之上的饰物比中原服饰少，并且装饰多与服装结构融合在一起，等等；宽松、质朴的服饰特点也强化着人们对“健妇”形象的识别。

客家服饰的行为识别系统也是视觉识别系统的基础，也就是说只有在行为活动中客家服饰的视觉特色才能找到更好的传播渠道，更生动、快速地被人们识别、传播，从而形成认同、养成习惯，促成客家服饰文化与艺术特色的群体性。

三　客家服饰的理念识别系统，属抽象性的“精神文化”

客家文化本质精神源于“移民生活及移民精神”，具体表现为客家人在“动态生存空间”中形成的“开拓精神”和“落差心理”，具有代表性的理念口号是“宁卖祖宗田，不忘祖宗言”。这反映了客家人现实的在无奈中坚守，在坚守中适应、拓新的心路历程。它们一样影响着客家传统服饰的精神内核：（1）在“生存”指引下，赋予服饰祈吉心理；（2）不断追求服饰的实用性，实现物质与精神同步的理想；（3）在“主”与

“客”的心境中不断强化角色归属和重塑主人的“自我”形象。这些又使得客家服饰具有生态美及相关哲学观念。

客家服饰的心理、精神、审美和哲学正是理念识别系统的具体内容。客家传统服饰的理念识别系统是视觉识别系统构形的内核、是行为识别系统实施的路标，视觉识别系统又是理念识别系统的物化，行为识别系统又是视觉识别系统和理念识别系统结合的纽带。三者相互依存、协调统一，形成客家服饰文化特色的识别系统。

综上所述，我们从客家服饰特色的识别系统解读到了诸多信息：

（1）客家服饰特色的最主要动机源于“生存”指引下对“实用”的追求；

（2）客家服饰特色的重要功能是实用、伦理、审美和情感的统一；

（3）客家服饰特色的要旨是尊重先民文化，在独特的历史经历中一脉相承，充分展现独特文脉；

（4）客家服饰特色的最典型风格是基于汉服的多种文化碰撞、对比的结果；

（5）客家服饰特色的深化是伴随客家民系的形成、发展，得到群体性认同的结果；

（6）客家服饰特色的最关键点是由有着客家生活及心理体验，并富有生活激情的客家人在日常生活中创造的。

这些是识别客家服饰特色最基本且核心的要点，也是启示客家现代服饰建构的要点。

参考文献

一 历史典籍

1. 陈成国点校:《周礼・仪礼・札记》，岳麓书社1989年版。
2. 戴吾三编:《考工记图说》，山东画报出版社2005年版。
3. （明）冯梦龙:《喻世明言》，赵俊玠等校注，陕西人民出版社1985年版。
4. （清）郭庆藩撰:《庄子集释》全四册，王孝鱼点校，中华书局1961年版。
5. 何宁撰:《淮南子集释》，中华书局1998年版。
6. 靳极苍详解:《周易》，山西古籍出版社2003年版。
7. 程树德:《论语集释》第四册，程俊英等校，中华书局1990年版。
8. （宋）李昉等编:《太平广记》第七册，中华书局1961年版。
9. 李文娟等释注:《管子》，广州出版社2001年版。
10. （汉）刘向校:《山海经》，吉林摄影出版社2006年版。
11. 罗义俊:《老子入门》，上海古籍出版社2006年版。
12. （清）阮元:《十三经注疏》，中华书局1980年版。
13. （清）沈寿口述:《雪宧绣谱图说》，张謇整理，王逸君译著，山东画报出版社2004年版。
14. （宋）司马光编著:《资治通鉴》第一册，（元）胡三省注，中华书局1956年版。
15. （汉）司马迁:《史记》，岳麓书社2001年版。
16. （明）宋应星:《天工开物》，中国社会出版社2004年版。
17. （明）陶宗仪编纂:《说郛》卷六十九《萤雪丛说》，中国书店1986年版。
18. （清）吴敬梓撰:《儒林外史》，中华书局2009年版。
19. 谢华编注:《黄帝内经》，内蒙古文化出版社2005年版。

20. 许嘉璐主编:《二十四史全译》,汉语大词典出版社2004年版。
21. (汉)许慎撰,(清)段玉裁注:《说文解字注》,浙江古籍出版社1998年版。
22. 徐澍:《易经》,张新旭译,安徽人民出版社1992年版。
23. (元)薛景石:《梓人遗志图说》,郑巨欣注释,山东画报出版社2006年版。
24. 于夯译注:《诗经》,书海出版社2001年版。
25. 赵尔巽等:《清史稿》第十二册,中华书局1976年版。

二 地方志

1. 陈一堃修,邓光瀛纂:《连城县志》(民国二十七年石印本影印),(台北)成文出版社1975年版。
2. 崇义县志办公室校注:《崇义县志》(明嘉靖壬子旧志),崇义县志办公室1987年版。
3. (明)戴璟、张岳等纂修:《广东通志初稿》,据明嘉靖刻本影印,《北京图书馆古籍珍本丛刊》。
4. 福建省武平县县志编纂委员会:《武平县志》,中国大百科全书出版社1993年版。
5. 傅枢弼主编:《定南县志》,江西省定南县县志编纂委编,内部发行,江西赣州印刷厂,1990年。
6. 赣州地区地方志编撰委员会编:《赣州府志》(同治版重印),内部发行,1986年。
7. 江西省崇义县编史修志委员会编:《崇义县志》,海南人民出版社1989年版。
8. 江西省全南县县志编纂委编:《全南县志》,江西人民出版社1995年版。
9. 江西省大余县志编纂委编:《大余县志》,三环出版社1990年版。
10. 胡太初修,赵与沐纂:《临汀志》,长汀县地方志编纂委员会整理,福建人民出版社1990年版。
11. 江西省赣州地区地方志编纂委员会编:《赣州地区志》,新华出版社1994年版。
12. 罗中坚等编纂:《宁都直隶州志》重印本,赣州地区志编纂委员会编纂,内部发行,1987年。

13. 赖盛庭总编:《石城县志》，江西省石城县县志编委会编，书目文献出版社 1989 年版。
14. 李瑞照等校注:《大余县志》（校注重版），大余县编史修志领导小组，内部发行，1984 年。
15.（清）李世熊撰:《宁化县志》（清同治八年重刊本影印），（台北）成文出版社 1967 年版。
16. 李忠东主编:《于都县志》，于都县志编纂委员会编，新华出版社 1991 年版。
17. 江西省龙南县志编修工作委员会办公室编纂:《龙南县志》，中共中央党校出版社 1994 年版。
18. 福建省连城县地方志编纂委员会:《连城县志》，群众出版社 1993 年版。
19. 广东连平县地方志编纂委员会:《连平县志》，中华书局 2001 年版。
20. 林才丰校注:《安远县志》（同治版重印本），江西省安远县志编纂委员会办公室编，新华出版社 1993 年版。
21.（清）林述训:《韶州府志》，（台北）成文出版社 1966 年版。
22. 刘庆芳主编:《瑞金县志》，瑞金县志编纂委员会编，中央文献出版社 1993 年版。
23.（清）刘国光、谢昌霖等纂修:《长汀县志》（清光绪五年刊本影印），（台北）成文出版社 1967 年版。
24.（清）刘溎年修，邓抡斌等纂:《惠州府志》，清光绪七年刊本，（台北）成文出版社 1966 年版。
25.（清）刘广聪纂:《程乡县志》，据清康熙三十年刻本影印，《日本藏中国罕见地方志丛书》。
26. 龙川县镇志编纂委员会:《佗城镇志》，内部发行，2005 年。
27. 罗中坚等编篡:《南安府志》，南安府志补正（同治戊辰重镌），赣州地区志编纂委办编，赣州印刷厂承印，1987 年。
28. 宋鸣总纂:《赣州市志》，赣州市地方志编纂委员会编，中国文史出版社 1999 年版。
29. 上杭县地方志编纂委员会:《上杭县志》，福建人民出版社 1993 年版。
30. 石大金主编:《赣县志》，江西省赣县志编纂委员会编，新华出版社 1991 年版。

31. 唐小峰等总纂:《宁都县志》，宁都县志编辑委员会编，宁都印刷厂，1986 年。
32. 天启《赣州府志》卷三《舆地志 · 土产》。
33. 王达观主编:《寻乌县志》，江西省寻乌县志编纂委员会编，新华出版社 1996 年版。
34. 王慧君等主编:《梓山镇志》，于都梓山镇人民政府与于都县地志办内部印刷，2002 年。
35. 文开金等主编:《南康县志》，南康县志编纂委员会编，新华出版社 1993 年版。
36. （清）吴宗焯:《嘉应州志》，光绪二十七年本。
37. 谢一栋主编:《上犹县志》，江西省上犹县志编纂委编，内部发行，江西省上犹印刷厂，1992 年。
38. （清）叶廷芳等纂修:《永安县三志》，道光影印本，（台北）成文出版社 1964 年版。
39. 永定县地方志编纂委员会:《永定县志》，中国科学技术出版社 1994 年版。
40. （清）曾日瑛等修，李绂等纂:《汀州府志》（清乾隆十七年修 · 同治六年刊本影印），（台北）成文出版社印行 1967 年版。
41. 曾田春主编:《会昌县志》，会昌县志编纂委编，新华出版社 1993 年版。
42. 福建省漳平市地方志纺纂委员会:《漳平县志》，生活 · 读书 · 新知三联书店 1995 年版。
43. 政协龙川县委员会文史委员会编:《龙川文史》1998 年第 19 辑。
44. 钟良佑主编:《雩都县志》（同治版 · 重印），于都县志编纂委员会编，于都县印刷厂，1986 年。
45. 钟荣涵等编纂:《岭背镇志》，于都县岭背镇人民政府与于都县地志办编，1997 年。
46. 钟荣涵编纂:《桥头乡志》，于都县桥头乡人民政府与于都县地志办编，赣州佳意企划印务有限公司，1999 年。
47. 江西省兴国县志编纂委员会编辑室编:《兴国县志》，兴国县印刷厂印刷，1988 年。
48. 江西省兴国县志编纂委员会编:《兴国县志》，赣州品新艺术印装中心承印，2001 年。
49. 江西省信丰县志编纂委编：《信丰县志》，江西人民出版社 1990 年版。
50. （清）朱维高修，杨长世纂：《瑞金县志》、《续修瑞金县志》、《上犹县志》（康熙），日本藏中国罕见地方志丛刊，书目文献出版社 1992 年版。

三　中文著作

1. 方李莉、李修建：《艺术人类学》，生活·读书·新知三联书店 2013 年版。
2. 方湘侠主编：《民间美术：湖北陶器、糖塑、银饰》，湖北美术出版社 1999 年版。
3. 房学嘉：《客家民俗》，华南理工大学出版社 2005 年版。
4. 福建省博物馆编：《福州南宋黄升墓——妇女服饰》，文物出版社 1982 年版。
5. 福建省博物馆编：《福州南宋黄升墓》，文物出版社 1982 年版。
6. 高春明：《中国古代的平民服装》，商务印书馆 1997 年版。
7. 管彦波：《中国头饰文化》，内蒙古大学出版社 2006 年版。
8. 郭丹、张佑周：《客家服饰文化》，福建教育出版社 1995 年版。
9. 汉声编辑室编著：《中国女红——母亲的艺术》，北京大学出版社 2006 年版。
10. 韩振飞等：《古城赣州》，江西美术出版社 1992 年版。
11. 华梅：《中国服饰与中国文化》，人民出版社 2001 年版。
12. 黄希庭：《人格心理学》，浙江教育出版社 2002 年版。
13. 黄钰钊主编：《客从何来》，广东经济出版社 1998 年版。
14. 靳之林：《抓髻娃娃》，广西师范大学出版社 2001 年版。
15. 靳之林：《抓髻娃娃与人类群体的原始观念》，广西师范大学出版社 2001 年版。
16. 李芽：《中国历代妆饰》，中国纺织出版社 2004 年版。
17. 林惠祥：《中国民族史》上册，商务印书馆 2002 年版。
18. 刘纲纪，范明华：《易与美学》，沈阳出版社 1997 年版。
19. 孟晖：《中原女子服饰史稿》，作家出版社 1995 年版。
20. 刘晓春：《仪式与象征的秩序：一个客家村落的历史、权力与记忆》，商务印书馆 2003 年版。

21. 刘佐泉：《太平天国与客家》，河南大学出版社 2005 年版。
22. 楼慧珍等编著：《中国传统服饰文化》，东华大学出版社 2003 年版。
23. 骆崇骐：《中国历代鞋履研究与鉴赏》，东华大学出版社 2007 年版。
24. 罗香林：《客家研究导论》，上海文艺出版社 1992 年版。
25. 罗勇主编：《“赣州与客家世界”国际学术研讨会论文集》，人民日报出版社 2004 年版。
26. 邱紫华：《东方美学史》，商务印书馆 2003 年版。
27. 瞿明安、居阅时编：《中国象征文化》，上海人民出版社 2001 年版。
28. 宋全等：《中国少数民族史话》，中央民族大学出版社 2000 年版。
29. 沈从文编著：《中国古代服饰研究》，上海书店出版社 1997 年版。
30. 施联朱编著：《畲族风俗志》，中央民族学院出版社 1989 年版。
31. 苏钟生等主编：《第六届国际客家学研讨会论文集》，北京燕山出版社 2002 年版。
32. 孙家骅等主编：《手铲下的文明：江西重大考古发现》，江西人民出版社 2004 年版。
33. 谭元亨、黄鹤：《客家文化审美导论》，华南理工大学出版社 2001 年版。
34. 陶立璠：《民俗学概论》，中央民族学院出版社 1987 年版。
35. 读图书时代编：《图说清代女子服饰》，中国轻工业出版社 2007 年版。
36. 万陆：《客家学概论》，江西高校出版社 1995 年版。
37. 王东：《那方山水那方人：客家源流新说》，华东师范大学出版社 2007 年版。
38. 王金海：《现代实用服饰美学》，重庆出版社 1986 年版。
39. 王维忠等编绘：《艺用服饰资料》，辽宁美术出版社 1993 年版。
40. 谢重光：《客家源流新探》，福建教育出版社 1995 年版。
41. 谢重光：《客家形成发展史纲》，华南理工大学出版社 2001 年版。
42. 谢重光：《客家文化与妇女生活：12—20 世纪客家妇女研究》，上海古籍出版社 2005 年版。
43. 谢重光：《客家文化述论》，中国社会科学出版社 2008 年版。
44. 熊国英：《图释古汉字》，齐鲁书社 2003 年版。
45. 许嘉璐：《中国古代衣食住行》，北京出版社 1988 年版。
46. 徐杰舜编著：《雪球——汉民族的人类学分析》，上海人民出版社

1999 年版。
47. 许南亭、曾晓明编著:《中国服饰史话》,中国轻工业出版社 1989 年版。
48. 辛艺华、罗彬:《土家族民间美术》,湖北美术出版社 2004 年版。
49. 杨学芹、安琪:《民间美术概论》,北京工艺美术出版社 1990 年版。
50. 杨源:《中国民族服饰文化图典》,大众文艺出版社 1999 年版。
51. 杨源主编:《民族服饰与文化遗产研究论文集》,云南大学出版社 2005 年版。
52. 杨源主编:《中国民族服饰工艺研究》,云南大学出版社 2006 年版。
53. 杨国枢主编:《文化心理学的探索》,台湾大学,1996 年。
54. 杨宏海、叶小华编著:《客家艺韵》,华南理工大学出版社 2005 年版。
55. 杨国:《符号与象征:中国少数民族服饰文化》,北京出版社 2000 年版。
56. 余英时:《士与中国文化》,上海人民出版社 1987 年版。
57. 袁仄:《中国服装史》,中国纺织出版社 2005 年版。
58. 张嗣介:《赣南客家艺术》,黑龙江人民出版社 2006 年版。
59. 张祖基等:《客家旧礼俗》,(台北)老古文化事业股份有限公司 1994 年版。
60. 郑婕编:《图说中国古代人体装饰》,世界图书出版公司西安公司 2006 年版。
61. 中国民族博物馆:《中国民族服装研究》,民族出版社 2003 年版。
62. 朱和平:《中国服饰史稿》,中州古籍出版社 2001 年版。
63. 周大鸣:《当代华南的宗族与社会》,黑龙江人民出版社 2003 年版。
64. 周建新等:《江西客家》,广西师范大学出版社 2007 年版。
65. 周雪香主编:《多学科视野中的客家文化》,福建人民出版社 2007 年版。
66. 周汛等:《中国古代服饰大观》,重庆出版社 1995 年版。

四 译著

1. 爱德华·泰勒:《人类学——人及其文化研究》,连树声译,上海文艺出版社 1993 年版。
2. 爱德尔:《中国访问记录》,《客家人种志略》,1890 年版。
3. 伯格:《人格心理学》,陈会昌等译,中国轻工业出版社 2000 年版。

4. 贝斯特：《认知心理学》，黄希庭等译，中国轻工业出版社 2000 年版。
5. C. 恩伯、M. 恩伯：《文化的变异——现代文化人类学通论》，杜彬彬译，辽宁人民出版社 1988 年版。
6. 丹纳：《艺术哲学》，傅雷，安徽文艺出版社 1991 年版。
7. E. H. 贡布里希：《秩序感——装饰艺术的心理学研究》，杨思梁等译，浙江摄影出版社 1987 年版。
8. 恩斯特·卡西尔：《人论》，甘阳译，上海译文出版社 1986 年版。
9. 费尔迪南·德·索绪尔：《普通语言学教程》，高名凯译，商务印书馆 1980 年版。
10. 劳格文主编：《客家传统社会》，中华书局 2005 年版。
11. 卢卡契：《审美特征》，徐恒醇译，中国社会科学出版社 1986 年版。
12. 卢梭：《爱弥儿》，李平沤译，商务印书馆 1996 年版。
13. 鲁道夫·阿恩海姆：《艺术与视知觉》，腾守尧等译，四川人民出版社 1998 年版。
14. 乔治·桑塔耶纳：《美感》，缪灵珠译，中国社会科学出版社 1982 年版。
15. 柳宗悦：《民艺论》，徐艺乙主编，孙建君等译，江西美术出版社 2002 年版。
16. 玛丽琳·霍恩：《服饰：人的第二皮肤》，乐竞泓等译，上海人民出版社 199 年版。
17. 尼科洛夫：《人的活动结构》，张凡琪译，国际文化出版公司 1988 年版。
18. 乔纳森·弗里德曼：《文化认同与全球性过程》，郭建如译，高丙中校，商务印书馆 2003 版。
19. 荣格：《分析心理学的理论与实践》第三卷，成穷等译，生活·读书·新知三联书店 1991 年版。
20. 罗兰巴特：《流行体系：符号学与服饰符码》，敖军译，上海人民出版社 2000 年版。
21. 苏珊·朗格：《艺术的问题》，滕守尧译，南京出版社 2006 年版。
22. 苏珊·朗格：《情感与形式》，刘大基译，中国社会科学出版社 1986 年版。
23. 乌尔里希·贝克等：《全球化与政治》，中央编译出版社 2000 年版。

24. 原田淑人：《中国服装史研究》，黄山书社 1988 年版。

五　中文论文

1. 白晓剑、宋守标：《前额上的风光——赣南客家虎头帽前额图案探析》，《赣南师范学院学报》2009 年第 5 期。
2. 蔡驎：《历史上汀江流域的地理环境——客家形成的自然背景考》，《陕西师范大学学报》（哲学社会科学版）2007 年第 3 期。
3. 柴丽芳：《“客家”民系的历史文化背景对其传统服饰风格的影响》，《安徽文学》2008 年第 4 期。
4. 柴丽芳：《客家大裆裤的结构与工艺分析》，《广西纺织科技》2009 年第 1 期。
5. 陈春声：《地域认同与族群分类——1640—1940 年韩江流域民众“客家观念”的演变》，《客家研究》创刊号（台北）2006 年 6 月。
6. 陈东生、刘运娟、甘应进：《客家儿童服饰研究》，《武汉科技学院学报》2007 年第 12 期。
7. 陈东生、刘运娟、甘应进：《论福建客家服饰的文化特征》，《厦门理工学院学报》2008 年第 2 期。
8. 陈金怡：《客家服饰之“俭”及其对现代设计的启示》，《丝绸》2009 年第 3 期。
9. 陈金怡、赵英姿：《客家婚庆礼仪服饰的文化表现》，《艺术评论》2013 年 11 期。
10. 陈耿之：《畲族的发源地与畲族的文化影响》，《学术研究》2004 年第 10 期。
11. 罗勇：《略论明末清初闽粤客家的倒迁入赣》，《客家学研究》1996 年第 3 期。
12. 罗勇：《“客家先民”之先民——赣南远古土著居民析》，《赣南师范学院学报》2004 年第 5 期。
13. 弭希荣：《两希文化融合的历史根源》，《社会科学战线》2002 年第 7 期。
14. 范强：《客家妇女蓝衫服饰》，《装饰》2006 年第 7 期。
15. 方李莉：《艺术人类学研究的当代价值》，《民族艺术》2005 年第 1 期。
16. 郭起华：《从客家服饰看客家文化特质》，《韶关学院学报》2008 年第 1 期。

17. 高中华：《生态美学：理论背景与哲学观照》，《江苏社会科学》2004年第2期。
18. 金惠，陈金怡：《论客家服饰的边缘审美》，《丝绸》2005年第8期。
19. 黄秉生：《生态美感本质论》，《广西民族学院学报》（哲学社会科学版）2002年第6期。
20. 黄向春：《客家界定中的概念操控：民系、族群、文化、认同》，《广西民族研究》1999年第3期。
21. 刘美崧：《论南海王国古越人与闽粤赣边区客家先民的历史关系》，《中南民族学院学报》（人文社会科学版）2001年第3期。
22. 刘利霞：《赣南客家刺绣图案和文化特征研究》，《黄河之声》2013年第20期。
23. 李筱文：《从客家服饰看其文化与南方民族文化之融合》，《中央民族大学学报》（哲学社会科学版）2002年第5期。
24. 李小燕：《客家传统服饰谈》，《广东史志》2002年第3期。
25. 李辉等：《客家人起源的遗传学分析》，《遗传学报》2003年第9期。
26. 廖云白：《客家吉祥文化——铃帽》，《寻根》2003年第1期。
27. 孙倩倩：《客家妇女服饰研究》，《重庆科技学院学报》（社会科学版）2012年第22期。
28. 吴永章：《客家人生仪礼中的中州渊源》，《中州学刊》2003年第5期。
29. 吴永章：《客家民俗中的越、僮之风》，《嘉应学院学报》（哲学社会科学版）2004年第4期。
30. 魏丽：《浅谈客家传统服饰的特点》，《文化学刊》2008年第5期。
31. 万幼楠：《赣南"赣巨人""木客"识考》，《中南民族学院学报》1995年第3期。
32. 王建刚、刘运娟、甘应进、陈东生：《客家服饰与色彩浅析》，《东华大学学报》（社会科学版）2009年第3期。
33. 周广亚、刘彦军撰：《中西人格心理的比较研究》，《天中学刊》2007年第2期。
34. 肖承光等：《客家服色中的蓝色情结》，《赣南师范学院学报》2003年第2期。
35. 谢重光：《畲族在宋代的形成及其分布地域》，《韩山师范学院学报》

2001 年第 1 期。
36. 熊青珍、周建新:《凉帽与客家妇女服饰色彩的呼应》,《装饰》2006 年第 3 期。
37. 熊青珍、周建新:《从审美角度审视陶瓷青花与客家妇女蓝衫服饰的色调美》,《中国陶瓷》2009 年第 5 期。
38. 熊青珍:《客家妇女服饰色彩与陶瓷青花装饰的结合》,《美术观察》2009 年第 2 期。
39. 许怀林:《客家与移民文化》,《第 6 届国际客家学研讨会论文集》,北京燕山出版社 2002 年版。
40. 许桂香、司徒尚纪:《岭南服饰历史变迁与地理环境关系分析》,《热带地理》2007 年第 2 期。
41. 俞敏、崔荣荣:《凤凰装与畲族传统服饰文化探究》,《纺织学报》2010 年第 10 期。
42. 辛艺华、罗彬:《土家织锦的审美特征》,《华中师范大学学报》(人文社会科学版)2001 年第 3 期。
43. 张海华、肖承光:《客家童帽文化初探》,《赣南师范学院学报》2006 年第 1 期。
44. 张海华、肖俊:《客家民间竹器的文化内涵》,《山东工艺美术学院学报》2006 年第 3 期。
45. 张海华:《客家传统制器思想初探》,《客家文化特征与客家精神研究》,黑龙江出版 2006 年版。
46. 张海华、周建新:《江西三南客家妇女头饰——冬头帕》,《装饰》2006 年第 10 期。
47. 张海华、周建新:《客家传统服饰纹样的视觉特征及其文化心理解析》,《郑州轻工业学院学报》2009 年第 6 期。
48. 张海华等:《江西宁都南云村客家中秋节俗考察——竹篙火龙节》,《客家文化研究通讯》2009 年第 10 期。
49. 张天涛:《赣南客家传统服饰的礼制特点和色彩纹样》,《艺术理论》2008 年第 4 期。
50. 张顺爱、黄丽芸:《赣南客家绣花帽》,《广西民族大学学报》(哲学社会科学版)2009 年第 S1 期。
51. 庄英章:《试论客家学的建构:族群互动、认同与文化实作》,《广西民族学院学报》（哲学社会科学版）2002 年第 4 期。
52. 钟福民：《从客家女红艺术看客家女性品格》，《赣南师范学院学报》2006 年第 4 期。
53. 周建新：《客家研究的文化人类学思考》，《江西师范大学学报》（哲学社会科学版）2003 年第 4 期。
54. 周建新：《族群认同、文化自觉与客家研究》，《广西民族学院学报》（哲学社会科学版）2005 年第 2 期。
55. 周建新：《族群文化和社会性别双重视野下的客家女性研究》，《客家》2006 年第 2 期。
56. 周建新：《在路上：客家人的族群意象与文化建构》，《思想战线》2007 年第 3 期。
57. 周建新：《地域性与族群性：客家民间信仰的文化图像》，《广西民族大学学报》（哲学社会科学版）2010 年第 3 期。
58. 周建新、钟庆禄：《赣南客家传统服饰原材料之历史考察》，《华南农业大学学报》（哲学社会科学版）2010 年第 9 期。
59. 周建新、张海华：《多元情结：客家传统服饰色彩探析》，《艺术研究》2011 年第 1 期。
60. 周建新、钟庆禄：《客家服饰的艺术传唱与真实再现——以客家山歌为分析文本》，《艺术评论》2012 年第 10 期。
61. 周思中、张琳：《明清赣南客家妇女服饰的历史演变》，《创意与设计》2013 年第 4 期。
62. 赵莉：《闽西客家传统服饰研究》，《山东纺织经济》2013 年第 3 期。
63. 邹春生：《客家传统服饰文化》，《寻根》2014 年第 2 期。
64. 郑惠美：《台湾客家蓝衫》，《客家文博》2013 年第 2 期。

六　学位论文

1. 陈文红：《当代赣南畲族与客家族群关系研究——以信丰田村为个案的调查》，硕士学位论文，中央民族大学，2010 年。
2. 陈金怡：《客家服饰研究——论客家服饰的设计意识》，硕士学位论文，天津工业大学，2005 年。
3. 宋佳妍：《台湾客家妇女服饰之研究：1900—2000 年》，硕士学位论文，台湾辅仁大学，2004 年。
4. 杨舜云：《从传统到创新：台湾客家服饰文化在当代社会的过渡与重

建》，硕士学位论文，台湾辅仁大学，2008年。

5. 杨玉琪：《赣南客家女红艺术与女性生活》，硕士学位论文，赣南师范学院，2013年。

6. 钟庆禄：《客家传统服饰研究》，硕士学位论文，赣南师范学院，2011年。

后　记

当我在电脑键盘上敲下最后一个字符时，心中既有书稿完成的欣喜和释然，也有对书稿质量的忐忑和不满意。这部著作是在我主持的国家社科基金艺术学项目最终研究成果的基础上修改而成的。我所学专业并非艺术学，当初之所以选择从艺术人类学的视角去研究客家服饰，主要基于两个方面的因素：一是我博士毕业后曾在北京服装学院的中国民族服饰博物馆和民族服饰中心工作，对民族服饰有一定的了解和认识；二是我长期从事客家文化研究，客家服饰是客家文化的一个重要内容，但又缺乏系统的掌握。有了在北京服装学院工作的经验，于是我自调离北京后，在新的工作岗位从事教学科研工作之余，一直在寻找机会以便实现这个心愿。2008年，我以“赣闽粤边区客家服饰的艺术人类学研究”为题申报了当年的国家社科基金艺术学项目，幸运的是最终获得立项，这是我所在的赣南师范学院首次获得该类别课题，同时也是该年度江西省唯一获准立项的项目，实现了学校在国家级科研课题上的一个零的突破。课题立项后，我和课题组成员立即投入了紧张的调查研究中，先后多次前往赣南、粤东和闽西的客家地区开展田野调查，查文献、访艺人、看实物，经过两年多的忙碌工作，我们提前将完成的最终研究成果提交全国艺术科学规划办结题鉴定，获得评审专家高度评价，最终以“优秀”的成绩顺利通过鉴定。结题后，由于忙于其他工作，书稿很长时间被束之高阁。

我担任江西省高校人文社科重点研究基地客家研究中心主任后，经过共同努力，客家研究中心发展迅速，先后获批为江西省高校人文社科重点研究一类基地、江西省首批非物质文化遗产研究基地、江西省2011协同创新中心。为进一步扩大赣南师范学院在客家学界的学术影响、提升学术话语权，我决定在原有出版的“赣南师范学院客家研究中心学术文库”和《客家学刊》的基础上，策划出版一套高质量、高水平的客家研究著作，取名为“客家研究视新野丛书”，构建起更加完备的成果库。“客家研究新视野丛书”旨在选取当前客家学界一批中青年学者的最新研究成果，力图呈现研究论著视野的新颖性、学术的前沿性和学科的多样性，建构客家研究的理论体系，扩大客家学在国内外学术界的影响。这个计划得到了客家研究中心诸位同人的大力支持和客家学界同人的热烈响应，不多久就收到了江西、广东、福建、北京等地多位青年才俊的大作，这些成果是博士学位论文或国家社科基金项目的研究成果。本书与其他7部著作一并被编入“客家研究新视野丛书”第一辑，在这里，十分感谢这些学者的鼎力支持，也衷心期望该丛书的第二辑、第三辑……能够连续出版下去，成为客家研究水平提高和研究领域拓展的引领者。“客家研究新视野丛书”由江西省高校人文社科重点研究基地、江西省2011协同创新中心和国家社科基金重大招标项目“客家文化研究”的经费资助出版。长江学者特聘教授、国务院学位委员会学科评议组成员、中山大学周大鸣教授为丛书作序，谨此致以衷心的感谢。

本书由我和张海华副教授负责完成，但也凝聚着不少人的心血和智慧。广东嘉应学院美术学院熊青珍教授曾参与了本课题研究，她为本书提供了不少粤东地区的客家服饰材料。赣州市博物馆钟庆禄助理馆员在繁忙的工作中，不畏烦琐，不仅补充了不少与客家服饰相关的考古材料和客家山歌，而且还对本书的部分章节进行了修改，尤其是第三章吸收了他的硕士论文的部分成果，谨此致以诚挚谢意。我的研究生樊坤和周映同学对书稿文字以及参考文献进行了梳理和校对。本书的出版也得到诸多同事、好友的关心，在此一并表示感谢。特别要衷心感谢的是我国著名民族服饰研究专家、中国妇女儿童博物馆副馆长杨源教授，她曾经是我在北京工作期间的领导，多年来，她亦师亦友，对我十分关照，这次又亲自拨冗作序，为本书增色不少。我女儿周子晴活泼可爱，让我在烦闷的书稿修改中可以享受到轻松和愉悦，也把这本书送给她，真心祝愿她健康成长，开开心心，愿家人幸福美满！由于我们的水平有限，本书不可避免地存在不少错误，敬请批评指正，不吝赐教。

谨以这部拙著作为我新的人生旅程和学术生涯开启的纪念和祈愿。

周建新

2014年9月23日于天伦山下

2015年3月16日改于深圳海滨小区